3ステップでしっかり学ぶ MySQL入門

改訂第3版

WINGSプロジェクト 山田奈美［著］／山田祥寛［監修］

技術評論社

本書の使い方

本書は、MySQLを使ったデータベース操作の方法を学ぶ書籍です。
各節は、次の３段階の構成になっています。
本書の特徴を理解し、効率的に学習を進めてください。

その節で解説する内容を簡単にまとめています

実際に手順を追ってMySQLの操作を行います

キーワードや、SQL文の内容を、文章とイラストでわかりやすく解説しています

練習問題

各章末には、学習した内容を確認する練習問題がついています。解答は、巻末の283ページに用意されています

◉サンプルプログラムについて

本書で扱っているサンプルプログラムは、以下のサポートページからダウンロードしてください。ダウンロード直後は圧縮ファイル（ZIPファイル）の状態になっていますので、適宜展開してから使用してください。

https://gihyo.jp/book/2024/978-4-297-13919-3/support

はじめに

数ある書籍の中から本書を手に取ってくださった読者の皆さん、ありがとうございます。
本書は、データベースをこれから学ぼうという初学者の方を対象とした入門書です。
解説は、MySQLで進めていますが、本書で学ぶ基礎知識は、ほかのデータベースを利用する上でも役に立つものとなっています。
私もそうでしたが、最初はコマンドラインを使うことすら、抵抗があるかもしれません。でも、恐れることはありません。
ひとつひとつ、ていねいにマネして入力するうちに、すぐに慣れてきます。

また、データベースの操作に使うコマンドは、中学英語程度のカンタンなものなので、学習を進めるうちに、「こんな風に入力したら、どんな結果がでるのかなぁ。」なんて思いはじめ、いろいろ試し出したら占めたものです。もう、楽しくなってきています。

本書が、皆さんにとってデータベースとの良い出会い＆思い出の一冊となり、今後の役に立つことを祈っています。

なお、本書に関するサポートサイトを以下のURLで公開しています。FAQ、オンライン公開記事などの情報を掲載していますので、合わせてご利用ください。

https://wings.msn.to/

最後にはなりましたが、タイトなスケジュールの中で筆者の無理を調整いただいた技術評論社の編集諸氏、手抜きな時短料理をおいしく食べてくれた息子に心から感謝いたします。

2023年12月吉日　山田奈美

目次

第4章 データ型と制約

第5章 データベースの操作

第6章 レコードの並べ替えと集計

第7章 データベースの高度な操作

第8章 MySQLとPHP

◉免責
本書の内容およびサンプルファイルは、以下の環境にて動作確認を行っています。

・OS	Windows 11 Pro
・ターミナル	PowerShell 7.3.7
・Webブラウザ	Google Chrome バージョン117
・MySQL	MySQL Community Server 8.0.34
・Apache	Apache HTTP Server 2.4.57
・PHP	PHP 8.2.11
・Visual Studio Code	Visual Studio Code 1.83.0

本書で紹介し、ダウンロードサービスで提供するプログラムの著作権は、すべて著者に帰属します。これらのデータは、本書の利用者に限り、個人・法人を問わず使用できますが、再転載や再配布などの二次利用は禁止いたします。

本書に記載された内容は、情報の提供のみを目的としています。したがって、本書を用いた運用は、必ずお客様自身の責任と判断によって行ってください。これらの情報の運用の結果、いかなる障害が発生しても、技術評論社および著者はいかなる責任も負いません。
また本書記載の情報は2023年12月現在のものを掲載しています。ご利用時には、変更されている可能性があります。

以上の注意事項をご承諾いただいた上で、本書をご利用願います。これらの注意事項に関わる理由に基づく、返金、返本を含む、あらゆる対処を、技術評論社および著者は行いません。

第1章

データベースとは何か？

1 データベースとは

予習 データベースについて理解する

本書のテーマであるMySQLは、もっとも人気のあるデータベース製品の1つです。
データベースとは「コンピュータに蓄積されたデータの集合」のことです。ここでは、データベースの定義や種類について、もう少し詳しく見ていくことにしましょう。

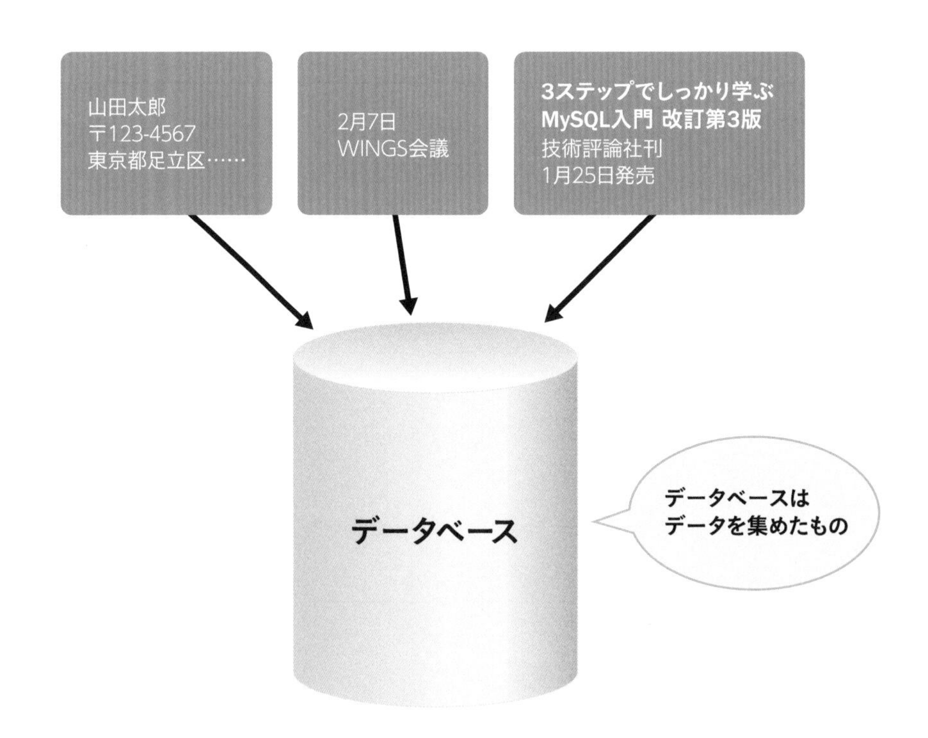

理解 データベースについて

ステートメントについて

データベース（DataBase）とは、「コンピュータに蓄積されたデータの集合」のことです。ただし、ただ無作為にデータが集められているだけでは意味がありません。たとえば、人の名前や住所、買った本の値段、今日の予定など互いに関係のないデータをいくら集めてもデータベースにはなりません。しかし、人の名前と住所だけをまとめれば「住所録」データベースになりますし、予定情報に絞って集めれば「予定帳」データベースに、本の名前や値段、感想などを集めれば「蔵書」データベースになるでしょう。
つまり、データベースとは、「コンピュータに**＜目的を持って＞蓄積したデータの集合**」と言えます。

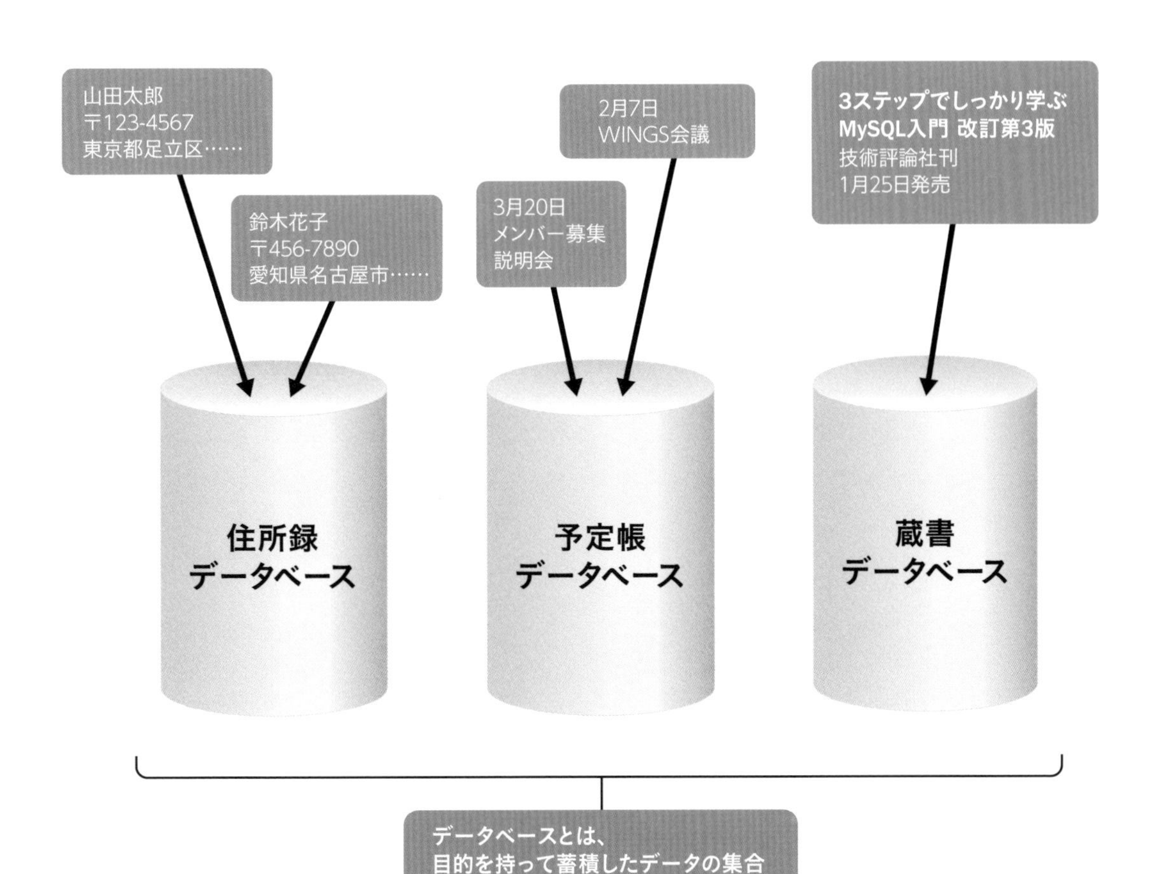

データベースという言葉の定義

データベースという言葉は、文脈によって指す内容が異なることがあります。これらは必ずしも厳密に区別されませんが、それぞれが違うものなのだ、という程度には理解しておきましょう。

1 狭い意味でのデータベース

まさにデータを蓄積する箱であり、本来の意味でのデータベースです。

2 データベース管理システム（DBMS：DataBase Management System）

データベースにデータを出し入れしたり、データベースへのアクセスを管理したりするためのソフトウェアです。一般的に、データベース製品として提供されるのは 1 2 の部分です。本書で学ぶMySQLもここに含まれます。

3 アプリまでを総称したデータベース

データベースを利用するためのデータベース連携アプリを含めて、データベースと呼ぶ場合もあります。

図書館の蔵書データベースを例に取ると、データベースおよび管理システムと、これにアクセスするための検索アプリまでの総称として、データベースと呼んでいます。

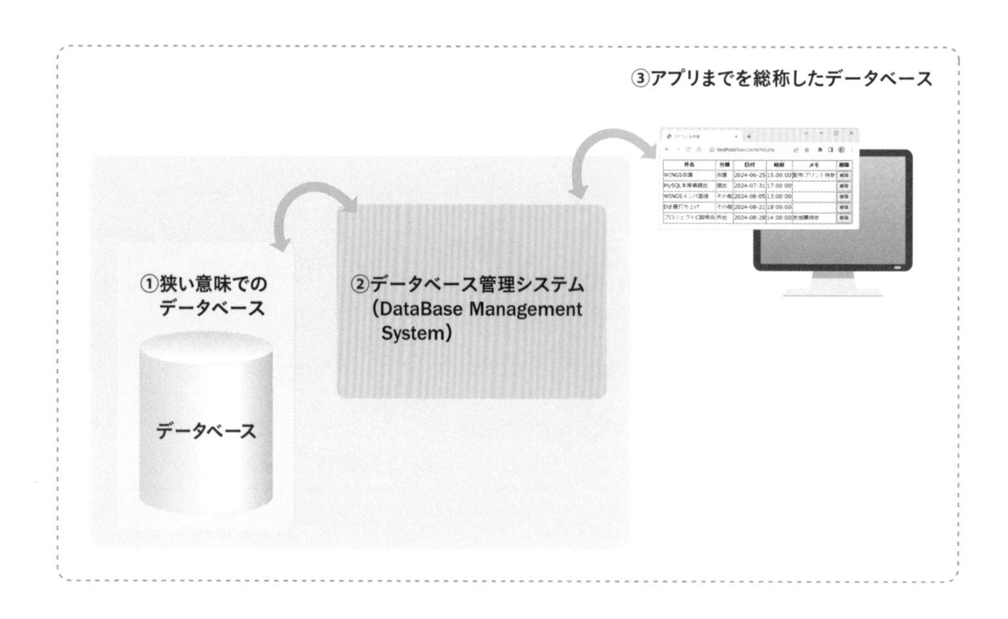

データベース管理システム

データベース管理システムの仕事について、もう少し詳しく見ておきましょう。たとえば、データの妥当性や整合性のチェック、複数のユーザが使用する場合の権限管理、複数のユーザがデータを変更しようとした場合に起こりうる矛盾の回避など、これらはすべてデータベース管理システムの役割です。
データベース管理システムとは、「データベースを正しく運用し、データを安全に保管するためのソフトウェア」です。

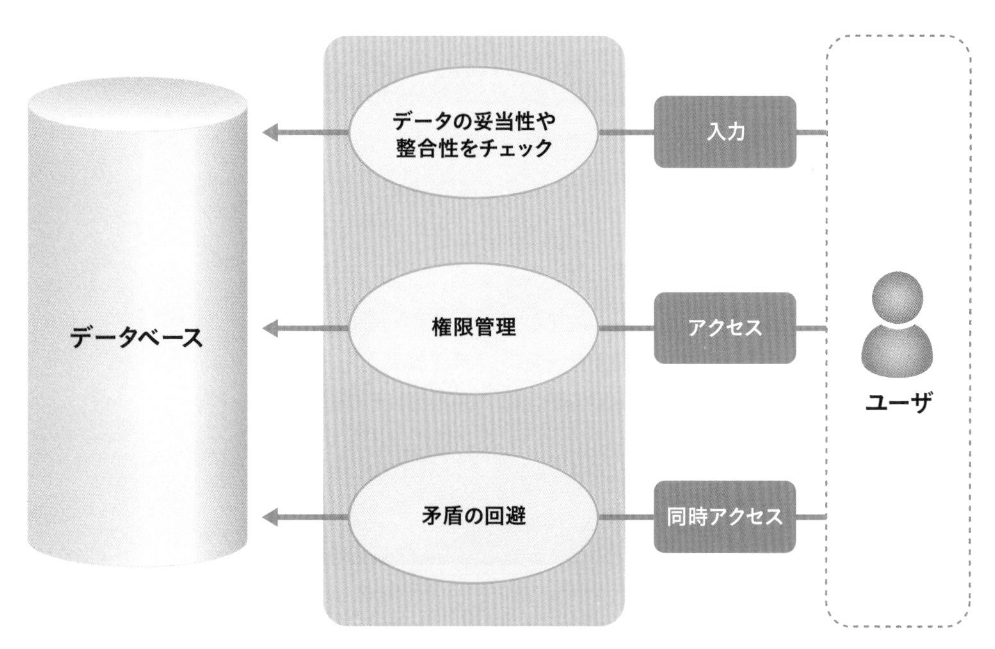

まとめ

- ▶データベースとは、コンピュータに目的を持って蓄積したデータの集合
- ▶データベースは文脈によって、データベース管理システム、データベース連携アプリを指すこともある

データベースの種類

予習 データベースのさまざまな種類を知る

ここまででデータベースがどのようなものなのか、だんだんイメージできてきたでしょうか。実は、一口にデータベースと言っても、その形態はさまざまです。データをどのように格納するかによって、データベースにはさまざまな種類があるのです。ここでは、具体的にどのようなデータベースがあるのかを見てみましょう。

データベースにはさまざまな種類がある

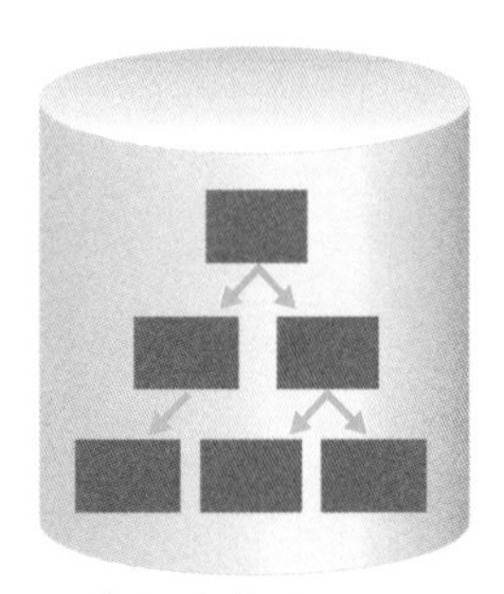

階層型データベース

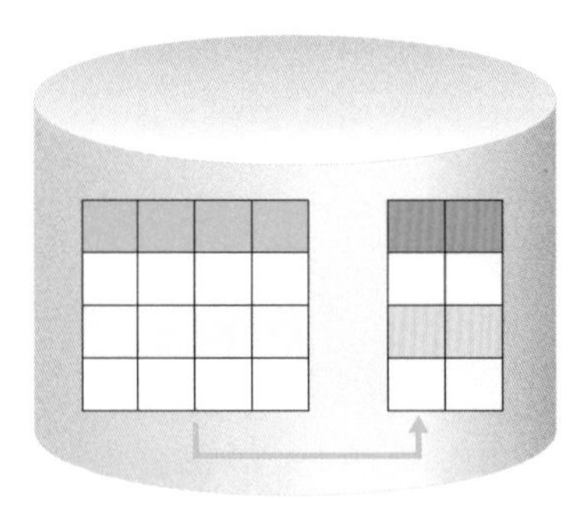

リレーショナルデータベース

Key	Value
001	Value1
002	Value2
003	Value3
…	…

Key-Value型データベース

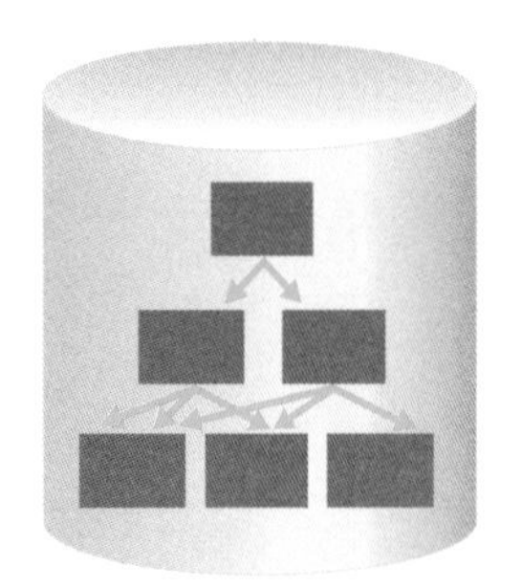

ネットワーク型データベース

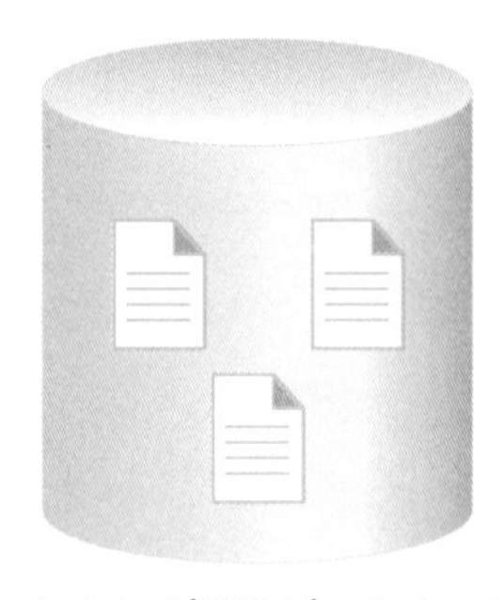

ネイティブXMLデータベース

1

理解 さまざまなデータベース

リレーショナルデータベース

データをExcelのような表形式で持つデータベースです。表同士が関連付けられているのも特徴です。現在、もっとも主流とされているデータベースで、無条件にデータベースといった場合には、リレーショナルデータベース（RDB：Relational DataBase）を指すと考えてよいでしょう。

本書で扱うMySQLも、リレーショナルデータベースに分類されます。リレーショナルデータベースについては、次の節で詳しく解説します。

社員番号	名前	所属部門	入社年
120	山田	総務	2000
150	鈴木	総務	2001
201	井上	営業	2002

表同士が関連付けられている

データを表形式で持つデータベース

社員番号	日付	勤務時間
120	2024-2-21	8.5
120	2024-2-22	8.0
150	2024-2-21	7.5
201	2024-2-21	8.0
201	2024-2-22	8.5

階層型データベース

データをツリー構造で持っているデータベースです。1つの親データが複数の子データを持ち、それぞれの子データがさらに複数の孫データを……という構造です。1つの子が複数の親を持つことはありません。あるデータにアクセスするために、常にルートが図のように1本に決まるため、データアクセスがカンタンというメリットがあります。古い汎用機システムではよく使われていた形式のデータベースですが、現在ではあまり使われることはありません。
階層型データベースの発展形として、1つの子データが複数の親データを持てるようにしたネットワーク型データベースもあります。

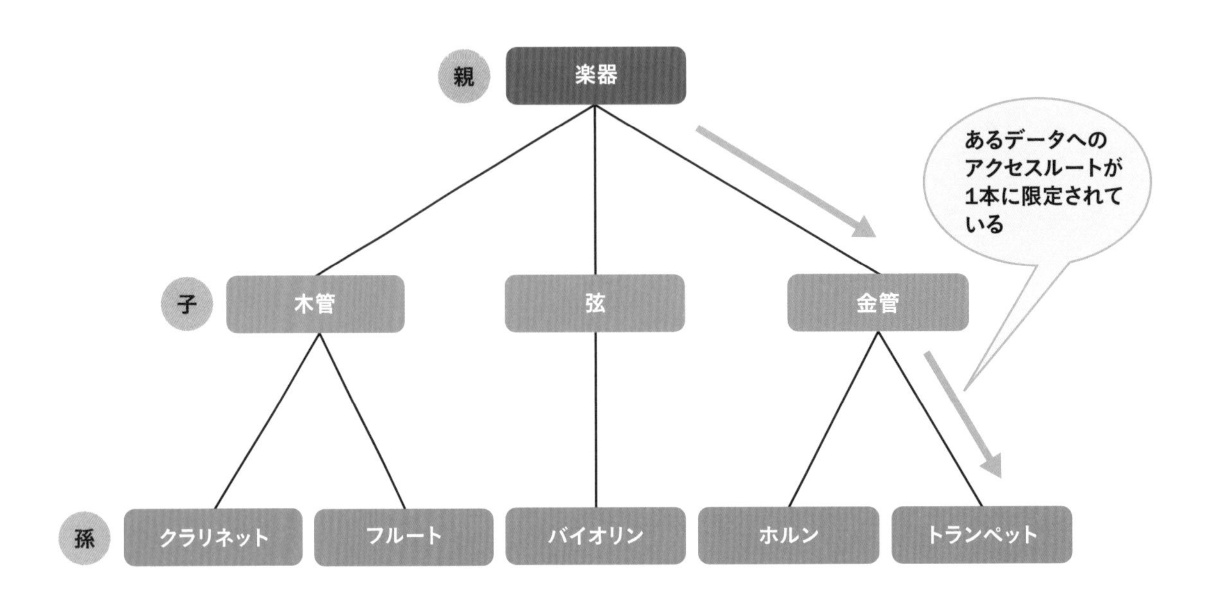

ネイティブXMLデータベース

XML（eXtensible Markup Language）という形式のデータがインターネット上で普及するにともない、使用されるようになったデータベースです。XML文書をそのまま格納することができます。
XMLとは、データの意味や構造を<book>、<title>のタグの形式で表現できる言語です。本書での紹介は割愛しますが、詳しくは「10日でおぼえるXML入門教室 第2版」（翔泳社）などの専門書を参考にしてください。

Key-Value型データベース

Key-Value型データベースは、名前の通り、データをキー／値のセットで管理するデータベースです。リレーショナルデータベースに比べると構造が単純である分、複雑なことはできませんが、その分、スケーラビリティに優れています（＝データ量が増えても、コンピュータを増やすことでアクセス負荷を散らすのが簡単です）。この辺は、リレーショナルデータベースが苦手とするところなので、管理するデータの性質によって使い分けるケースが増えています。クラウドで利用されることも多く、キーワードだけでも押さえておくと良いでしょう。

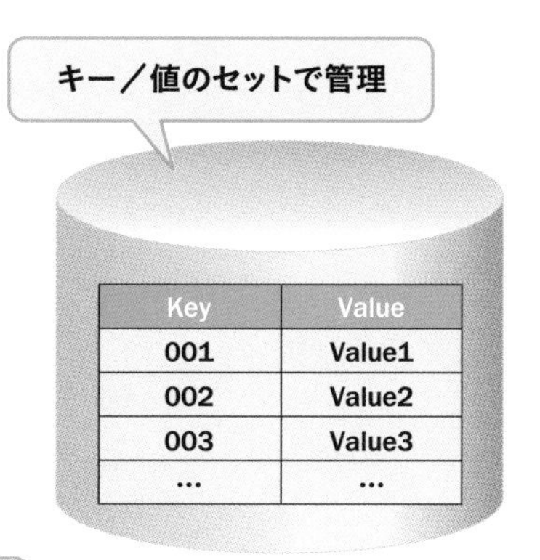

表同士は関係を持たない

Key	Value
001	Value1
002	Value2
003	Value3
…	…

分散しやすい

Key	Value
001	Value1
002	Value2
003	Value3
…	…

まとめ

- ▶データベースには、階層型データベースやネイティブXMLデータベース、Key-Value型データベースなど、さまざまな種類がある
- ▶現在もっともよく使われているデータベースは、リレーショナルデータベース

3 リレーショナルデータベースとは

予習 リレーショナルデータベースについて理解する

リレーショナルデータベースは、現在もっとも主流とされているデータベースです。そして、本書で学ぶMySQLもまた、リレーショナルデータベースに分類されるデータベース製品です。
ここでは、データが格納されるテーブルや、テーブル同士の関係など、リレーショナルデータベースの基本的な概念について理解します。

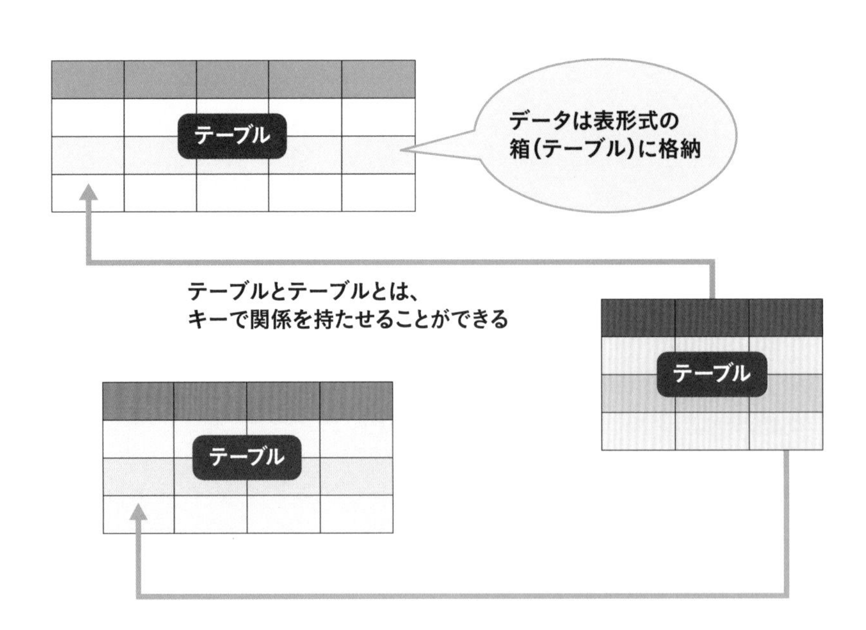

理解 リレーショナルデータベースについて

テーブルとレコードとフィールド

リレーショナルデータベースでは、データを表のような形式で格納します。これを**テーブル**と呼びます。ちょうどExcelのワークシートのようなものと考えてもよいかもしれません。

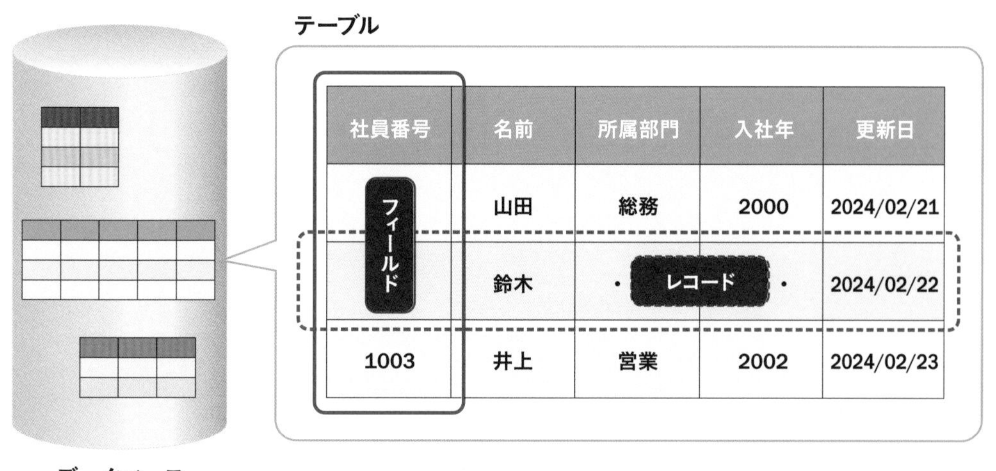

テーブル
社員番号
名前
所属部門
入社年
更新日
フィールド
山田
総務
2000
2024/02/21
鈴木
レコード
2024/02/22
1003
井上
営業
2002
2024/02/23
データベース

テーブルに格納されている1件1件のデータのことを**レコード**、レコードに含まれるそれぞれの項目のことを**フィールド**、または**カラム**（列）と呼びます。図の例でいえば、「山田」さんや「鈴木」さんといったデータの1つ1つがレコードであり、「社員番号」や「所属部門」といった項目がフィールドに相当します。

テーブルの分割

1つのデータベースには、複数のテーブルを用意することができます。1つのテーブルに何から何まで詰め込む必要はありません。たとえば、以下の図は「書籍テーブル」と「著者テーブル」、「出版社テーブル」とを別々に用意した例です。このように、それぞれ関係するレコードごとに異なるテーブルに分割して情報を持てるのが、リレーショナルデータベースのよいところです。

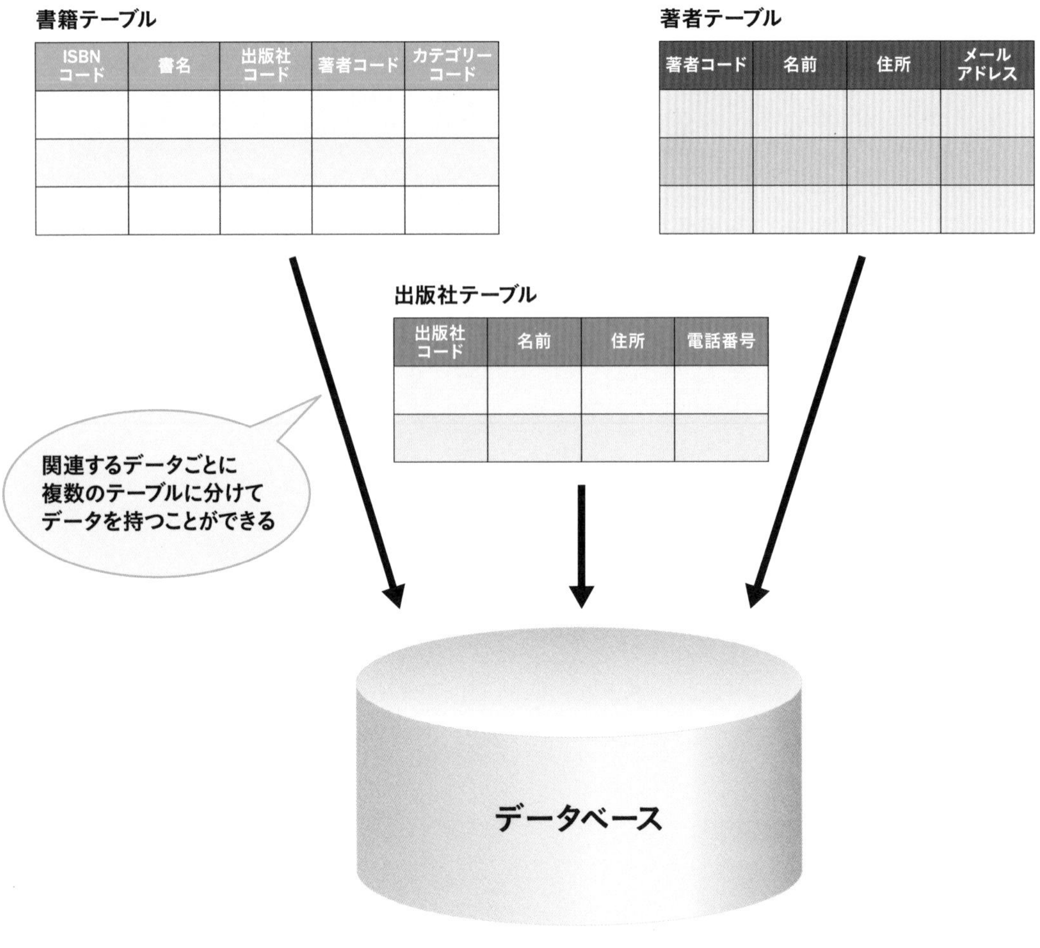

書籍テーブル

ISBNコード	書名	出版社コード	著者コード	カテゴリーコード

著者テーブル

著者コード	名前	住所	メールアドレス

出版社テーブル

出版社コード	名前	住所	電話番号

関連するデータごとに複数のテーブルに分けてデータを持つことができる

データベース

主キーと外部キー

データベース内の複数のテーブルには、それぞれレコードを識別するためのキーを用意しておくのがポイントです。下図の例では、「著者テーブル」の「著者コード」フィールドがキーになります。このキーのことを**主キー**（プライマリキー）と呼びます。

また、主キーと関連付けるために他のテーブルに用意された参照用のキーのことを**外部キー**と呼びます。図の例では「書籍テーブル」の「著者コード」フィールドです。

リレーショナルデータベースでは、主キーと外部キーとを互いに関連付けることで、異なるテーブルのレコードを結び付けることができるのです。

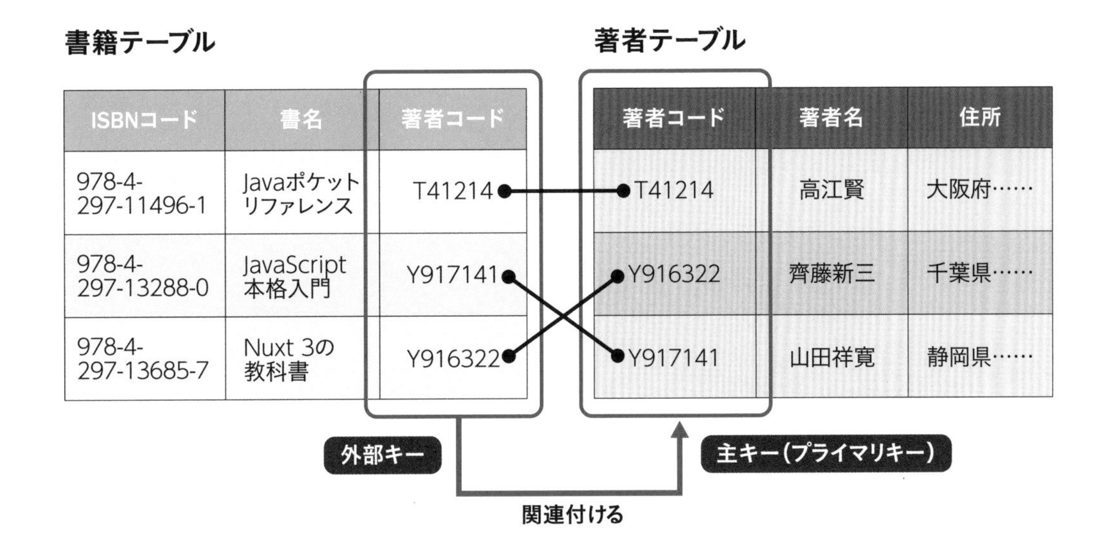

まとめ

- ▶**リレーショナルデータベースはテーブルと呼ばれる表からできている**
- ▶**テーブルに格納されるデータの１件１件をレコード、それぞれの項目をフィールドと呼ぶ**
- ▶**複数のテーブルは主キーと外部キーの関係によって結び付けることができる**

4 リレーショナルデータベースの種類

予習 リレーショナルデータベースの種類を知る

リレーショナルデータベースにも、さまざまな製品があります。ここでは、リレーショナルデータベースにはどのような製品があるのか、そして、本書で扱うMySQLがどのような製品であるのかを確認しましょう。

理解 リレーショナルデータベースの種類

リレーショナルデータベースには、主要なものだけでも以下のような製品があります。

名称	概要
Oracle	現時点でもっともよく使われている商用データベース
Microsoft SQL Server	Windows環境でシェアの高い、マイクロソフト開発の商用データベース
MySQL	パフォーマンスの高さに定評があるオープンソースのデータベース
MariaDB	MySQLから派生したデータベース。Linuxでの標準採用も増加
PostgreSQL	古くから日本国内で人気の高い、オープンソースのデータベース
SQLite	アプリへの組み込み用が中心の軽量データベース
Microsoft Access	Microsoft Officeに含まれる個人用途のデータベース

この中で、本書がMySQLを選択しているのは、ズバリ、無償で使えるデータベースの中では古くからの定番で、広く普及しているからです。
無償といっても無制限に何をやってもよいというわけではありませんので、商用利用にあたってはとくに注意が必要です。しかし、学習にあたって、なんらお金をかけることなく環境を用意できるという利点は大きいでしょう。

そして、これはMySQLに限った話ではありませんが、リレーショナルデータベースはそれぞれに共通した概念や機能を提供しています。本書で学んだことは、MySQLだけでなく、そのほかのデータベースを学習する場合にも共通して役立ちます。

まとめ

- ▶代表的なリレーショナルデータベースには、OracleやMicrosoft SQL Server、Microsoft Accessなどがある
- ▶MySQLはオープンソースで提供されている高機能なデータベース

第1章 練習問題

◉問題1

以下は、データベースについて述べた文章である。正しいものには○、誤っているものには×を付けなさい。

①(　)コンピュータに目的を持って蓄積したデータの集合をデータベースと呼ぶ。
②(　)データベース管理システムは、データの出し入れだけを管理するためのソフトウェアである。
③(　)昨今ではオブジェクト指向データベースが普及しており、その数はリレーショナルデータベースをしのいでいる。
④(　)MySQLは代表的なオブジェクト指向データベースである。
⑤(　)リレーショナルデータベースでは、データを必要に応じて複数のテーブルに格納することもできる。

ヒント 1-1〜1-4

◉問題2

以下は、リレーショナルデータベースについて述べた文章である。空欄を埋めて、文章を完成させなさい。

リレーショナルデータベースでは、[　①　]と呼ばれる表形式の入れ物にデータを格納する。[　①　]の中でデータ1件1件を[　②　]、データに含まれる個別の項目を[　③　]と呼ぶ。
[　①　]には、必ずデータを一意に特定するための[　④　]というフィールドを設けておくべきである。[　④　]と、これを参照する[　⑤　]を関連付けることで、複数のテーブルでデータを結び付けることができる。

ヒント 1-3

MySQLの基本

MySQLの構造

予習 MySQLの全体像を知る

データベースの基本を理解したところで、ここからは具体的なデータベース製品として**MySQL**に触れながら、データベースの使い方について学んでいくことにしましょう。まずは、MySQLの構造について学習します。
なお、MySQLのインストールについては、付録の**A-1**を参照してください。

理解 MySQLとデータベース

MySQLのデータベースのしくみ

MySQLには、複数のデータベースを配置することができます。データベースの中身は以下のような構成になっています。

テーブル

第1章でも説明した、レコードが格納される表形式の箱のことです。データベースの中に複数配置することができます。

インデックス

データベース中の索引のようなものです。**7-4**で詳しく解説します。

ビュー

レコードの見せ方を表す情報で、仮想のテーブルを作成する際に使います。本書では説明していません。

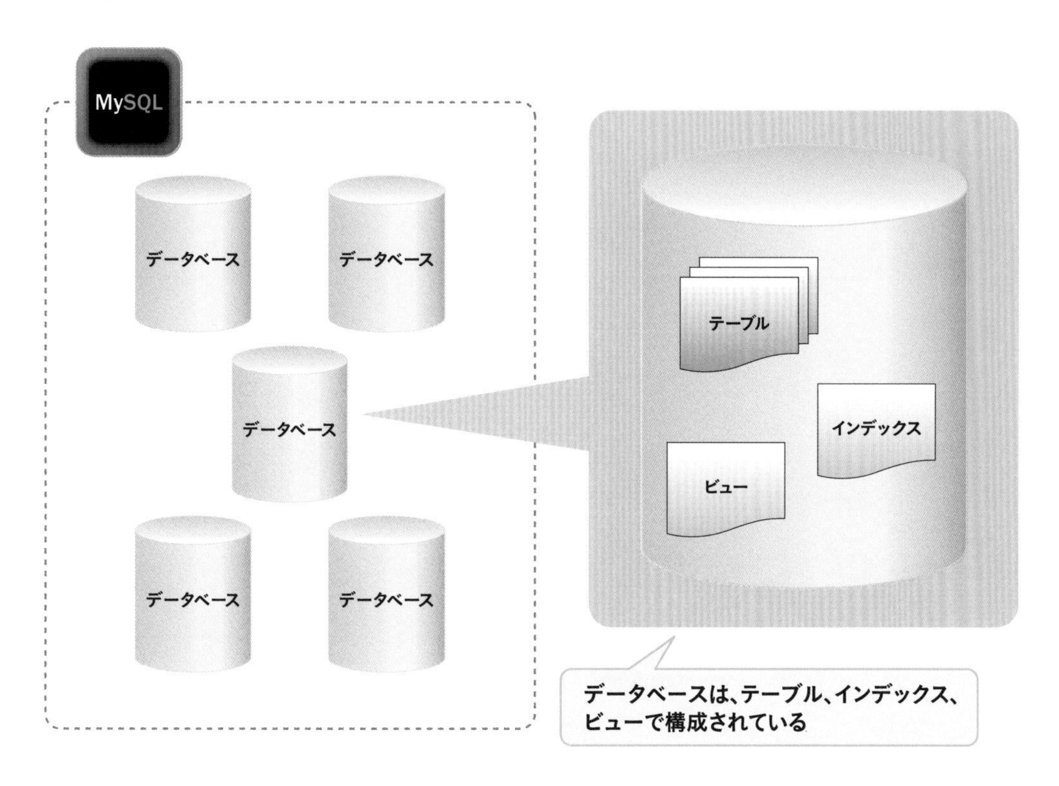

初期状態で用意されているデータベース

MySQLには複数のデータベースが配置できると説明しましたが、インストール直後の初期状態では以下のようなデータベースが用意されています。

mysqlデータベース

MySQLが動作するための基本的な情報（ユーザ情報など）を管理するためのデータベースです。

information_schemaデータベース

MySQLの構成情報を管理する検索専用のデータベースです。

performance_schemaデータベース

パフォーマンスをモニタリングするためのデータベースです。

sysデータベース

パフォーマンススキーマの情報を見るための便利な機能の集合です。

mysqlデータベースとinformation_schemaデータベースは、MySQLの動作には欠かせないデータベースなので、間違って削除などしないように注意してください。ユーザ自身のレコードも、これらのデータベースには保存するべきではありません。

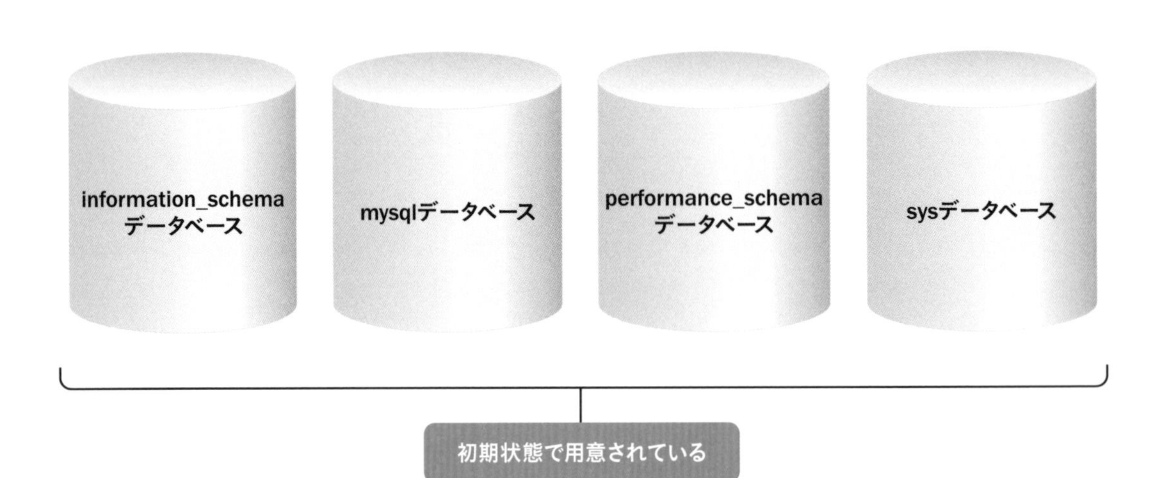

MySQLのツール

データベースを操作するために、MySQLには以下のようなツールが用意されています。

名称	概要
mysql	MySQLに接続するためのクライアントアプリ（mysqlクライアント）
mysqladmin	データベースの作成／削除をはじめ、管理系の操作を行うためのツール
mysqldump	データベースの内容をテキストファイルとして出力するためのツール
mysqlimport	テキストファイルをデータベースにインポートするためのツール
mysqlcheck	データベースの検査や修復、最適化などを行うためのツール
mysqlshow	データベース、テーブル、カラムの情報を取得するツール

このなかでとくに重要なツールが、次の節で紹介する**mysql（mysqlクライアント）**です。これは、入力されたコマンドをMySQLに伝え、MySQLで何かしら作業した結果を人間にわかりやすい形で表示するためのツールです。MySQLというソフトウェアと会話するための道具である、と言い換えてもよいでしょう。

また、**mysqldump**については**5-1**で紹介します。それ以外のツールもよく使うツールではありますが、本書では使用しません。

まとめ

- ▶MySQLは複数のデータベースで構成されており、それぞれのデータベースにはテーブル、インデックス、ビューなどを格納できる
- ▶MySQLでは、初期状態でmysql、information_schema、performance_schema、sysといったデータベースが用意されている
- ▶MySQLのツールの中でもっともよく使うツールはmysqlクライアント

2 MySQLへの接続

予習 MySQLへの接続方法を理解する

MySQLに接続するには、29ページでも説明したmysqlクライアントを使います。mysqlクライアントは、コマンドの入力で操作を行うコマンドラインツールです。難しそうに見えるかもしれませんが、まずは実際に触ってみながら、ツールに慣れていくところから始めましょう。

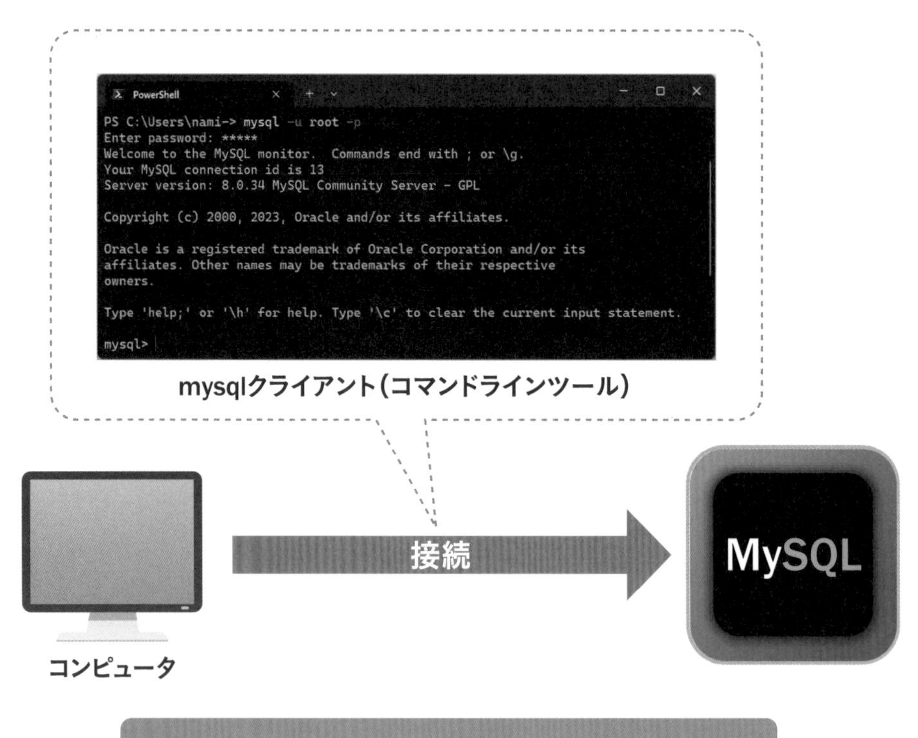

体験 mysqlクライアントを使ってみよう

1 ターミナルを起動する

スタートボタンを右クリックし、表示されたメニューから［ターミナル］をクリックします❶。

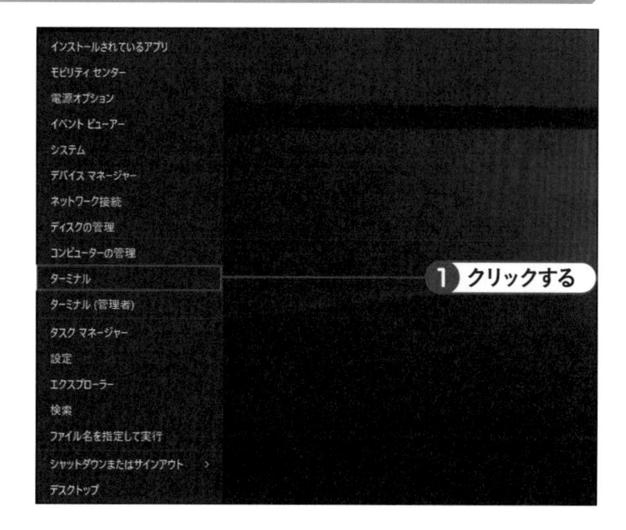

Tips

あらかじめ付録**A-1**を参照して、お使いのパソコンにMySQLをインストールしておいてください。

2 ターミナルの画面が開く

ターミナルが起動します。ユーザからの入力待ちを表す記号（プロンプト）として、「PS C:\Users\nami->」のように、現在操作しているユーザ名が表示されることを確認してください。

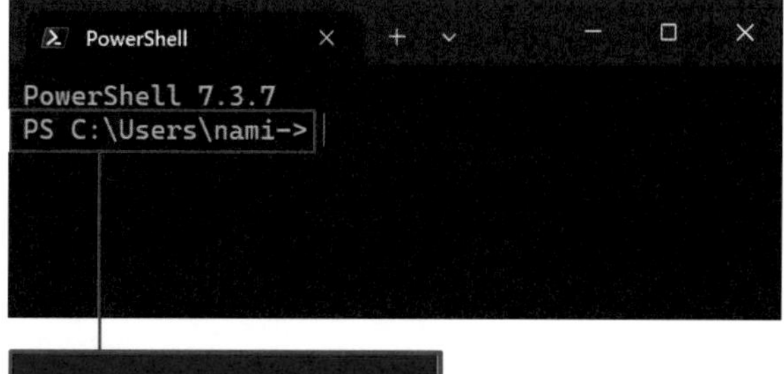

Tips

ユーザ名はお使いのパソコンによって異なります。

3 mysqlクライアントを起動する

mysqlクライアントを起動するには「mysql -u root -p 」と入力し、Enter キーを押します❶。

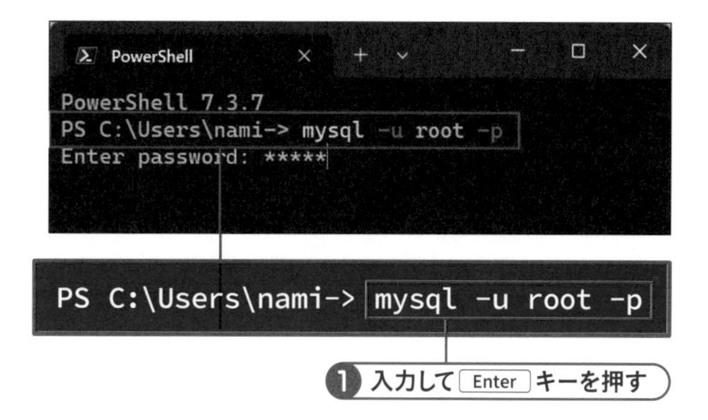

4 パスワードを入力する

「Enter password:」と表示されるので、インストール時に設定したパスワード「12345」を入力し、Enter キーを押します❶。

Tips

パスワードを間違えて入力してしまった場合は、エラーメッセージが出て元のプロンプトに戻ってしまいます。ふたたび手順3からやり直してください。

5 MySQLに接続する

ウェルカムメッセージが表示され、プロンプトが「mysql>」となります。これでMySQLに接続できました。

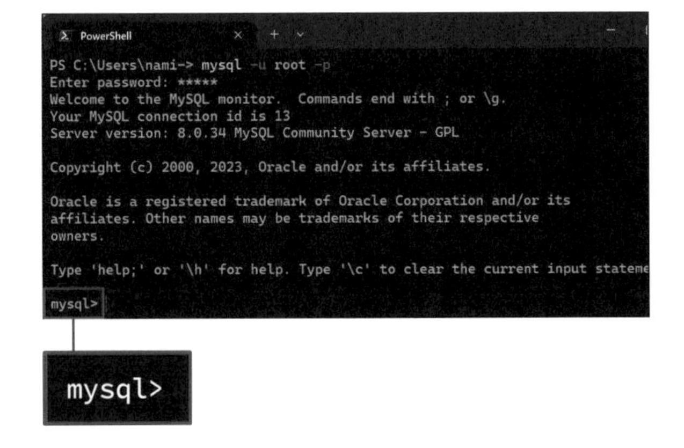

6 mysqlクライアントを終了する

mysqlクライアントを終了するには、「exit;」と入力し、Enter キーを押します❶。プロンプトが「mysql>」から最初のユーザ名（図では「PS C:\Users\nami->」）に戻れば、mysqlクライアントは終了しています。

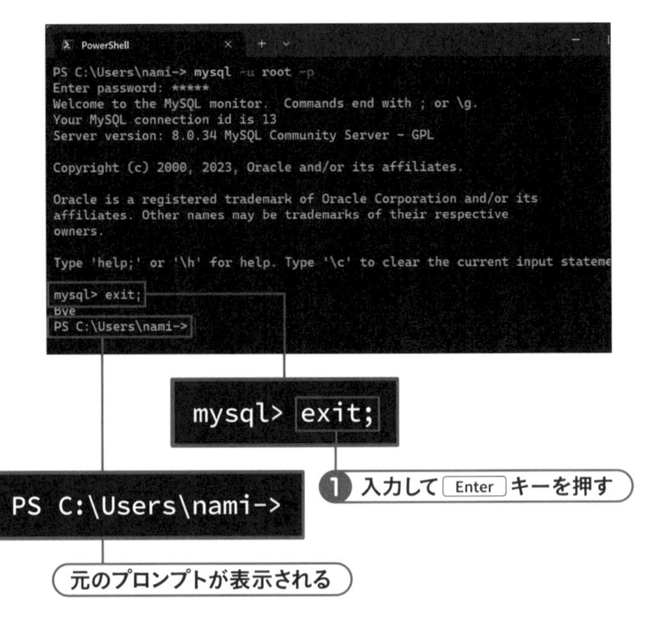

理解 mysqlクライアントの起動と終了

mysqlコマンドの構文

MySQLに接続するには、ターミナルからmysqlコマンドを使用します。mysqlコマンドの構文は次のとおりです。

▼構文

```
mysql -u ユーザ名 -p
```

-uと-pは、mysqlコマンドのオプションです。-uオプションの後ろには、ログインするときに使用するユーザ名を指定します。初期状態では管理者ユーザ(root)だけが用意されているので、ここではrootを指定します。あとからユーザを追加することもできます(ユーザの概念やユーザの追加方法については**2-4**で説明します)。
-pオプションは、あとからパスワードを入力するよ、という意味です。-pオプションを付けてmysqlコマンドを実行することで、「Enter password:」のようにパスワード入力のプロンプトが表示されます。

また、MySQLとの接続を終了してターミナルに戻るには「exit;」と入力します。

▼構文

```
exit
```

なお、mysqlクライアントが起動したことは、プロンプトを見ればわかります。プロンプトが「mysql>」になれば、mysqlクライアントが起動しています。

▶**mysqlクライアントを起動するには、mysqlというコマンドを実行する**
▶**mysqlコマンドの基本構文は「mysql -u ユーザ名 -p」**

3 データベースの作成

予習 データベースの作成方法を理解する

ここでは、mysqlクライアントからデータベースを作成してみましょう。作成したデータベースの削除や確認方法についても学習します。
ここでは、「sample」という名前のデータベースの作成と削除、「basic」という名前のデータベースの作成を行ってみます。

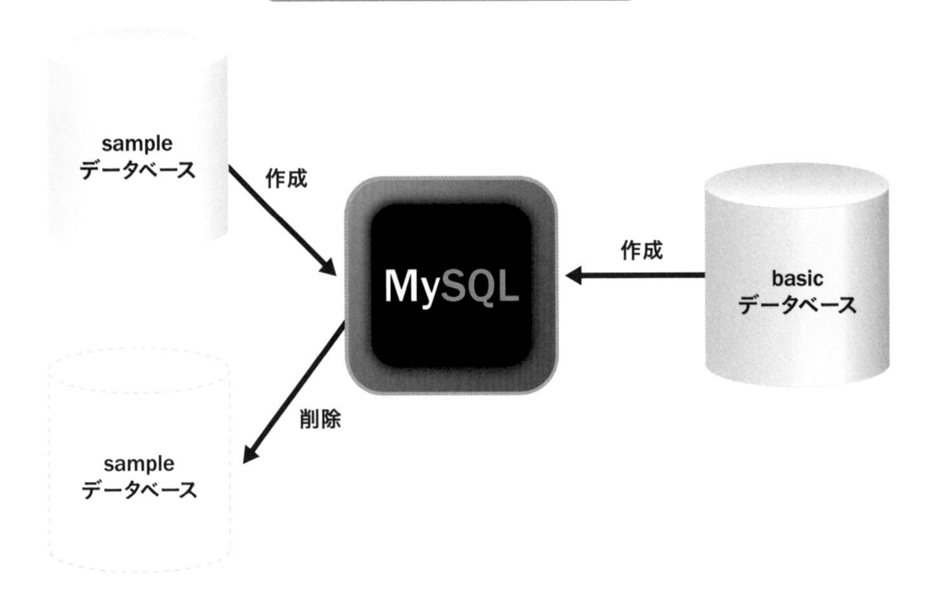

体験 データベースを作成しよう

1 mysqlクライアントを起動する

2-2の手順に従って、mysqlクライアントを起動します❶。

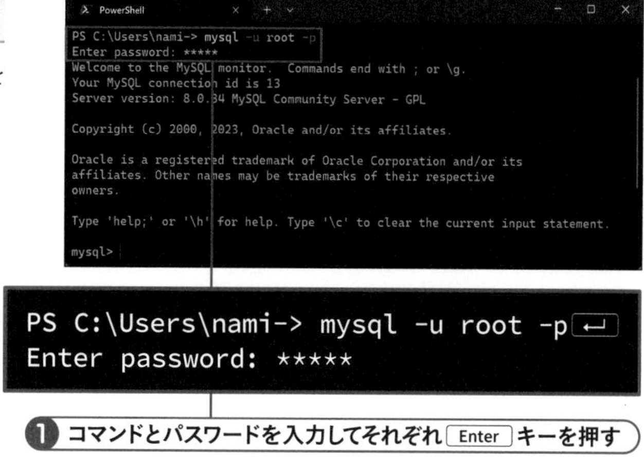

2 データベースを作成する

「sample」という名前のデータベースを作成します。右のように入力して、CREATE DATABASE命令を実行します❶。データベースが正しく作成できた場合には、成功メッセージ(「Query OK.…」)が表示されます。

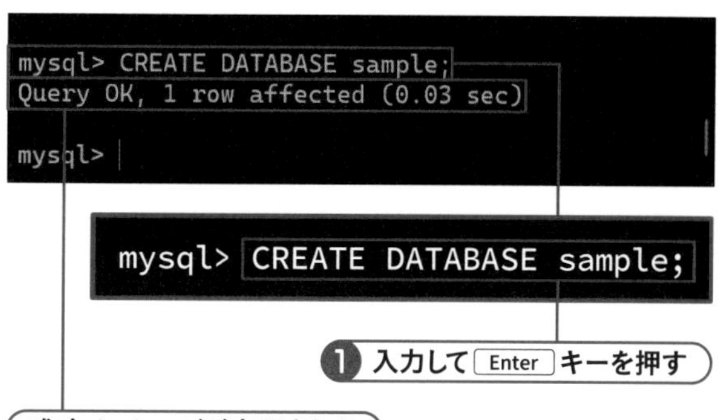

Tips

命令の最後に入れるセミコロン(;)を忘れないようにしてください。

❶ 入力して Enter キーを押す

3 作成したデータベースを確認する

sampleデータベースが作成されたことを確認してみます。右のように入力して、SHOW DATABASES命令を実行します❶。すると、データベースの一覧が表示されるので、その中に「sample」が含まれていれば成功です。

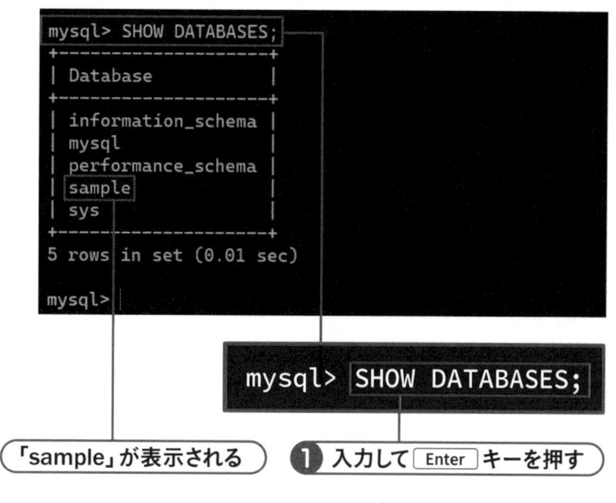

4 データベースを削除する

作成したsampleデータベースを削除します。右のように入力して、DROP DATABASE命令を実行します❶。データベースが正しく削除できた場合には、成功メッセージ（「Query OK.…」）が表示されます。

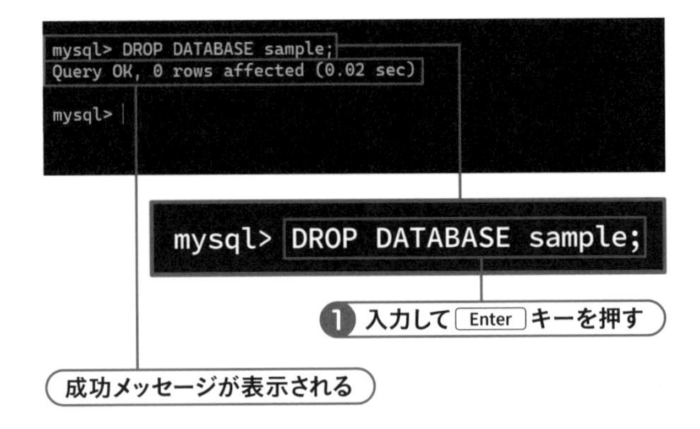
Query OK, 0 rows affected (0.02 sec)

mysql>
mysql> DROP DATABASE sample;

❶ 入力して Enter キーを押す

5 データベースを作成する

今度は「basic」という名前のデータベースを作成します。右のように入力して、CREATE DATABASE命令を実行します❶。データベースが正しく作成できた場合には、成功メッセージ（「Query OK.…」）が表示されます。

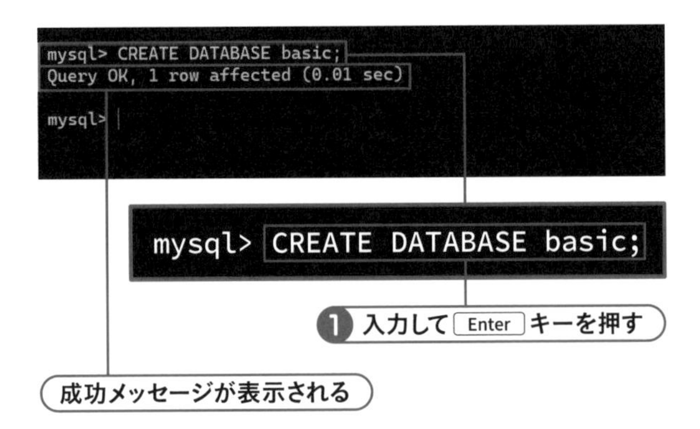
Query OK, 1 row affected (0.01 sec)

mysql>
mysql> CREATE DATABASE basic;

❶ 入力して Enter キーを押す

6 作成したデータベースを確認する

basicデータベースが作成されたことを確認してみます。右のように入力して、SHOW DATABASES命令を実行します❶。すると、データベースの一覧が表示されるので、「sample」が削除され「basic」が含まれていれば成功です。

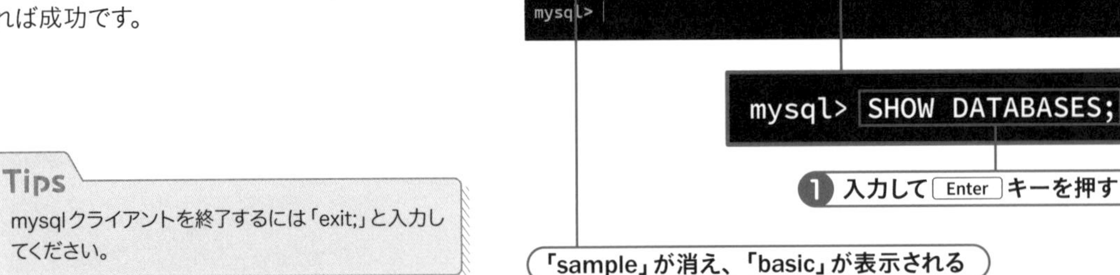

❶ 入力して Enter キーを押す

Tips
mysqlクライアントを終了するには「exit;」と入力してください。

理解 データベースと命令文

データベースの作成と削除

データベースを作成するには、CREATE DATABASE命令を使います。

▼構文

```
CREATE DATABASE データベース名
```

また、データベースを削除するには、DROP DATABASE命令を使います。

▼構文

```
DROP DATABASE データベース名
```

データベースを削除した場合、データベースの中にあるテーブルも(もちろん、その中のレコードも)まとめて削除されます。データベースを削除する場合には、本当に削除してよいものか、十分に確認したうえで行ってください。

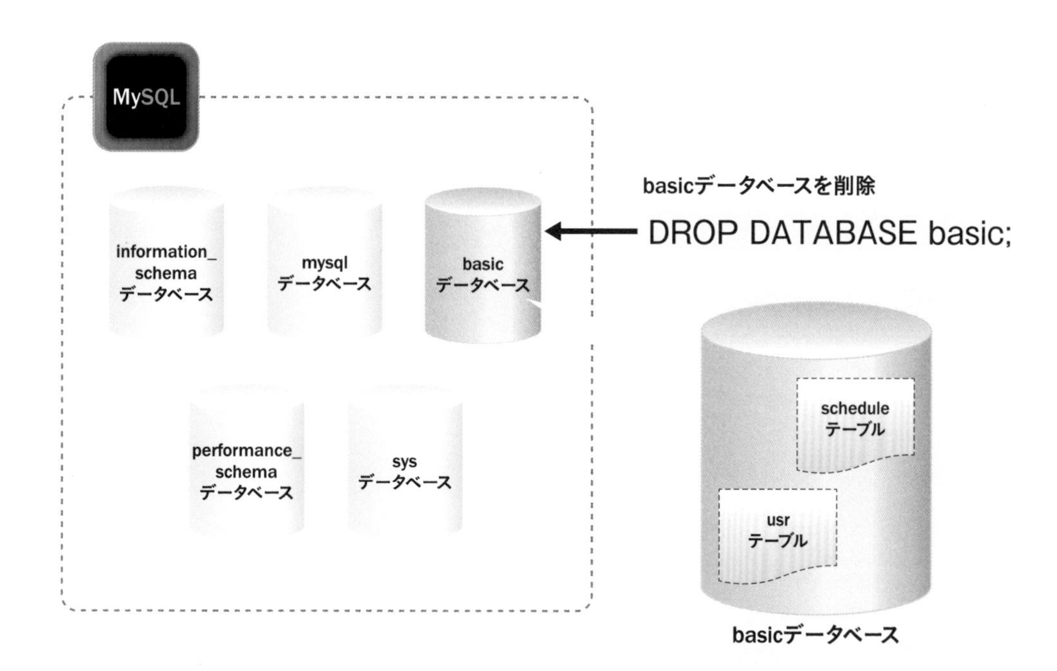

データベースの一覧表示

データベースを一覧表示するには、**SHOW DATABASES**命令を使います。

▼構文

```
SHOW DATABASES
```

表示された一覧の中にはmysql、information_schema、performance_schema、sysといったデータベースがあります。これは**2-1**でも説明した、初期状態で用意されているデータベースです。

本書ではこれらのデータベースは使用せず、新たに作成したbasicデータベースに対して作業を行うことにします。

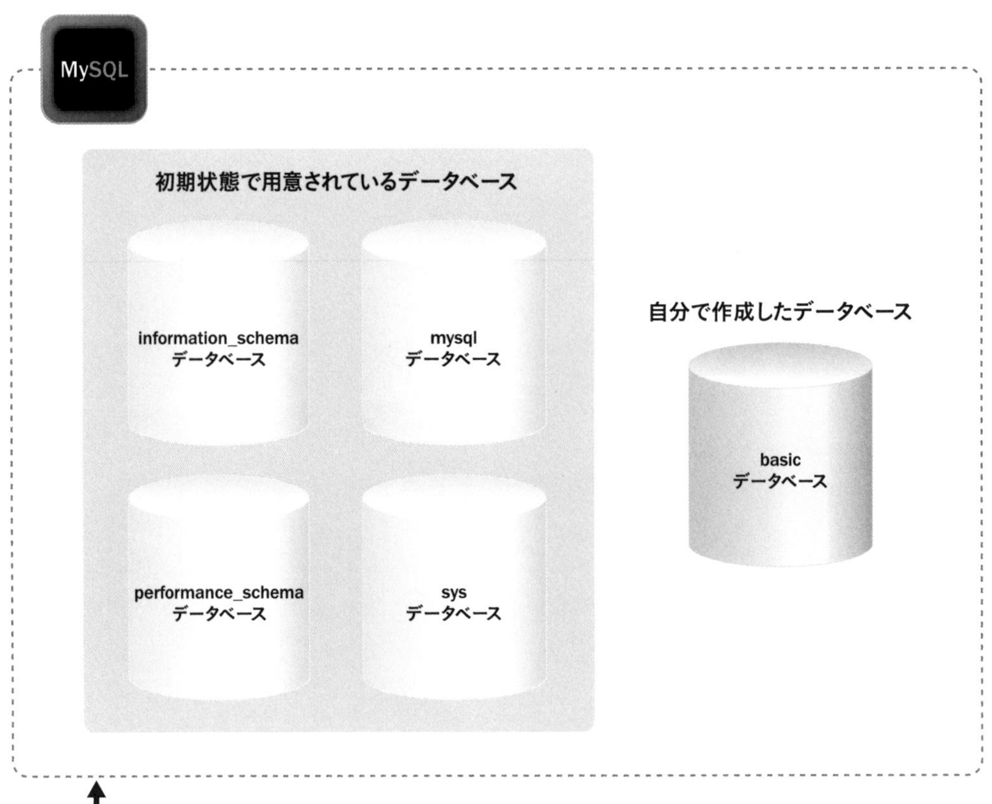

命令文の規則

最後に、MySQLの命令文の基本的な規則をまとめておきましょう。

1 命令の終わりはセミコロン(;)

命令の末尾にはセミコロン(;)を入れます。セミコロンがない状態で Enter キーを押すと、以下のように「->」が表示されます。これは「まだ命令が終わっていないので、続いて命令を入力してください」という意味です。この場合、セミコロン(;)を入力して Enter キーを押すと、命令が実行されます。

```
mysql> CREATE DATABASE sample
    ->
```

2 命令には改行や空白を含めてもかまわない

1 に関連しますが、命令の中の単語の区切りでは、適宜改行や空白を含めてもかまいません。たとえば、以下はどれもが正しい命令です。

```
mysql> CREATE␣␣␣␣␣␣␣␣␣␣␣␣DATABASE␣␣␣␣␣␣␣␣␣␣␣␣sample;  ← 空白を入れた
mysql> GRANT ALL↵   ← 改行した
    -> ON basic.*↵
    -> myusr@localhost;
```

3 予約語の大文字/小文字は区別しない

MySQLにおいて意味のあるキーワードのことを**予約語**と言います。たとえば、CREATEやDATABASEなど、命令の一部となる単語は予約語です。これら予約語の大文字/小文字は区別しません。なお、本書では予約語は大文字、そのほかは小文字で統一しています。

まとめ

- ▶データベースを作成するにはCREATE DATABASE命令を、削除するにはDROP DATABASE命令を使用する
- ▶データベースを一覧表示するにはSHOW DATABASES命令を使用する

4 ユーザの作成

予習 ユーザの概念と作成方法を理解する

ここまでは、あらかじめ用意された管理者ユーザ（root）を利用してきましたが、セキュリティなどの事情を考えれば、なんでもできてしまうrootユーザを日常的に利用することは好ましくありません。そこでここでは、自分で作成したbasicデータベースを操作するためのmyusrユーザを作成しておきましょう。
ユーザを作成する手順を通じて、ここでは、ユーザや権限という概念についても理解します。

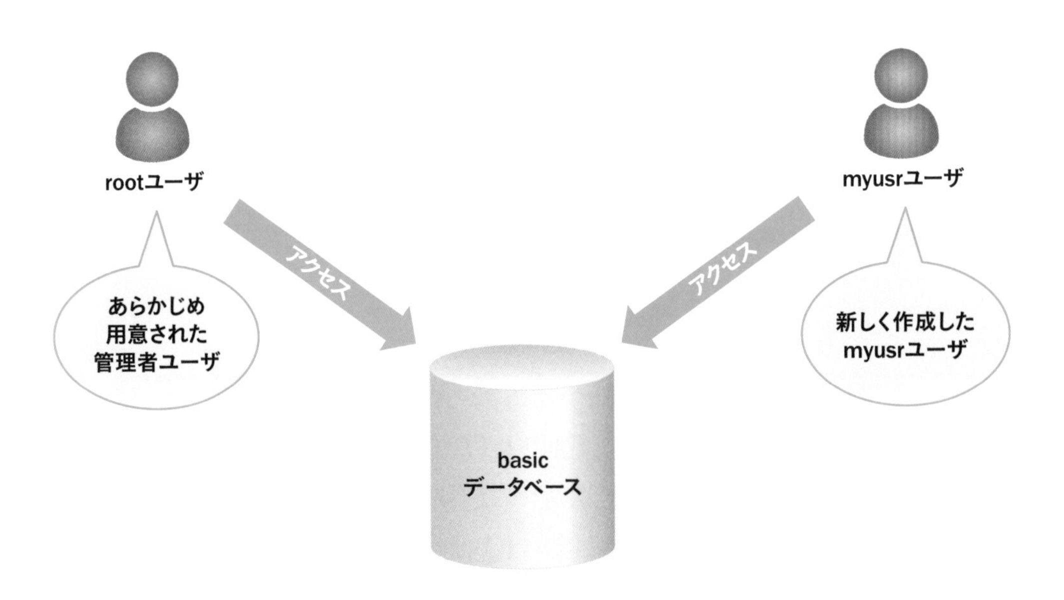

体験 ユーザを作成しよう

1 mysqlクライアントを起動する

2-2の手順に従って、mysqlクライアントを起動します。

```
PS C:\Users\nami-> mysql -u root -p
Enter password: *****
Welcome to the MySQL monitor.  Commands end with ; or \g.
Your MySQL connection id is 13
Server version: 8.0.34 MySQL Community Server - GPL

Copyright (c) 2000, 2023, Oracle and/or its affiliates.

Oracle is a registered trademark of Oracle Corporation and/or its
affiliates. Other names may be trademarks of their respective
owners.

Type 'help;' or '\h' for help. Type '\c' to clear the current input statement.

mysql>
```

❶ コマンドとパスワードを入力してそれぞれ Enter キーを押す

```
PS C:\Users\nami-> mysql -u root -p
Enter password: *****
```

2 新規のユーザを作成する

新規のユーザを作成します。右のように入力して、CREATE USER命令を実行します❶。

Tips

ここでは、パスワードが「12345」であるmyusrユーザを新規に作成しています。

```
mysql> CREATE USER myusr@localhost IDENTIFIED BY '12345';
Query OK, 0 rows affected (0.01 sec)

mysql>
```

❶ 入力して Enter キーを押す

```
mysql> CREATE USER myusr@localhost IDENTIFIED BY '12345';
```

3 myusrユーザにすべての権限を与える

手順2で作成したmyusrユーザに、basicデータベースに対するすべての権限を付与します。右のように入力して、GRANT命令を実行します❶。

```
mysql> GRANT ALL ON basic.* TO myusr@localhost;
Query OK, 0 rows affected (0.01 sec)

mysql>
```

❶ 入力して Enter キーを押す

```
mysql> GRANT ALL ON basic.* TO myusr@localhost;
```

4 mysqlクライアントを終了する

新規に作成したユーザでログインし直すため、いったんmysqlクライアントを終了します。右のように入力して、exit命令を実行します❶。図のように元のプロンプトに戻ります。

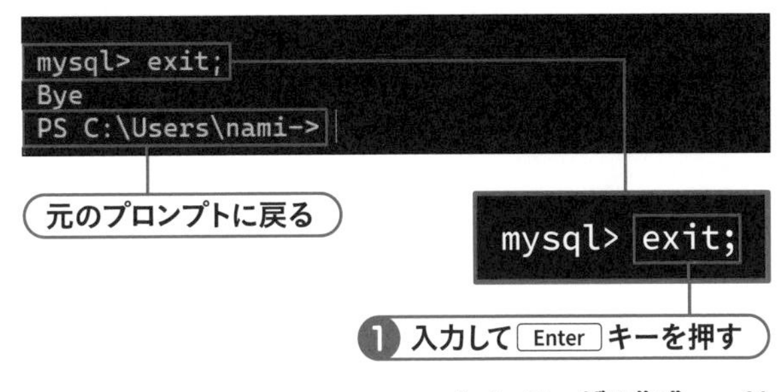

5 myusrユーザでログインする

手順2で作成したmyusrユーザで、mysqlクライアントを起動します。ターミナルで右のように入力し❶、「Enter password:」と表示されたら「12345」を入力します❷。

6 basicデータベースに移動する

myusrユーザでmysqlクライアントが起動しました。アクセス権限のあるbasicデータベースにアクセスしてみます。右のように入力して、USE命令を実行します❶。アクセスしているデータベースが変更された旨(「Database changed」)が表示されれば成功です。

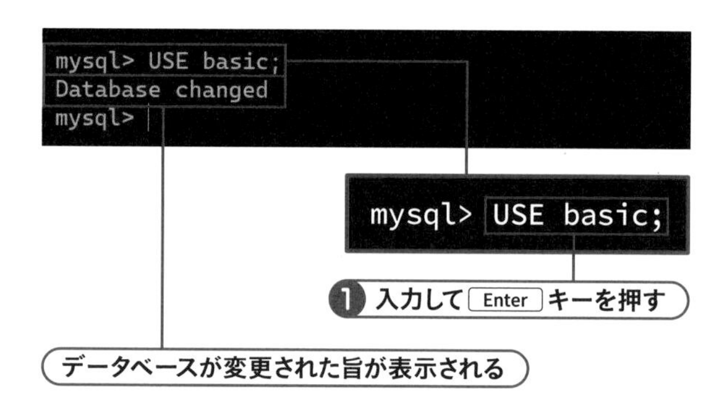

```
mysql> USE basic;
```

❶ 入力して Enter キーを押す

7 mysqlデータベースに移動してみる

続いて、初期状態で用意されているmysqlデータベースにアクセスしてみます。右のように入力して、USE命令を実行します❶。エラーメッセージが出てアクセスできませんが、これが正しい結果です。

```
mysql> USE mysql;
```

❶ 入力して Enter キーを押す

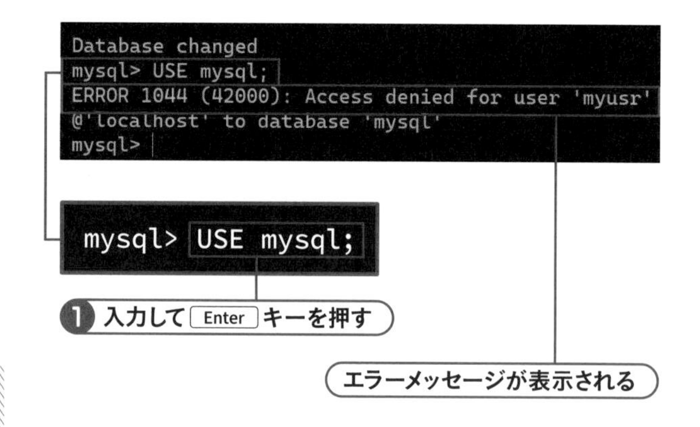

Tips

mysqlクライアントを終了するには「exit;」と入力してください。

理解 ユーザの概念と作成方法

ユーザと権限

ユーザとは、データベースを利用する人を区別するための概念です。これまで使用してきたrootユーザは便利ですが、何でもできてしまうという意味で、セキュリティ上の危うさも含んでいます。日常的に利用する場合には、「○○データベースで検索だけができるユーザ」、「○○データベースで更新と削除だけが許可されたユーザ」というように、その目的に応じたユーザを用意するべきです。「検索だけを許可する」「更新、削除だけができる」ようにするなどといった行為を、**ユーザに権限を与える**と言います。
本書では、basicデータベースに対してのみすべての権限を持つ、myusrユーザで説明を行っていきます。

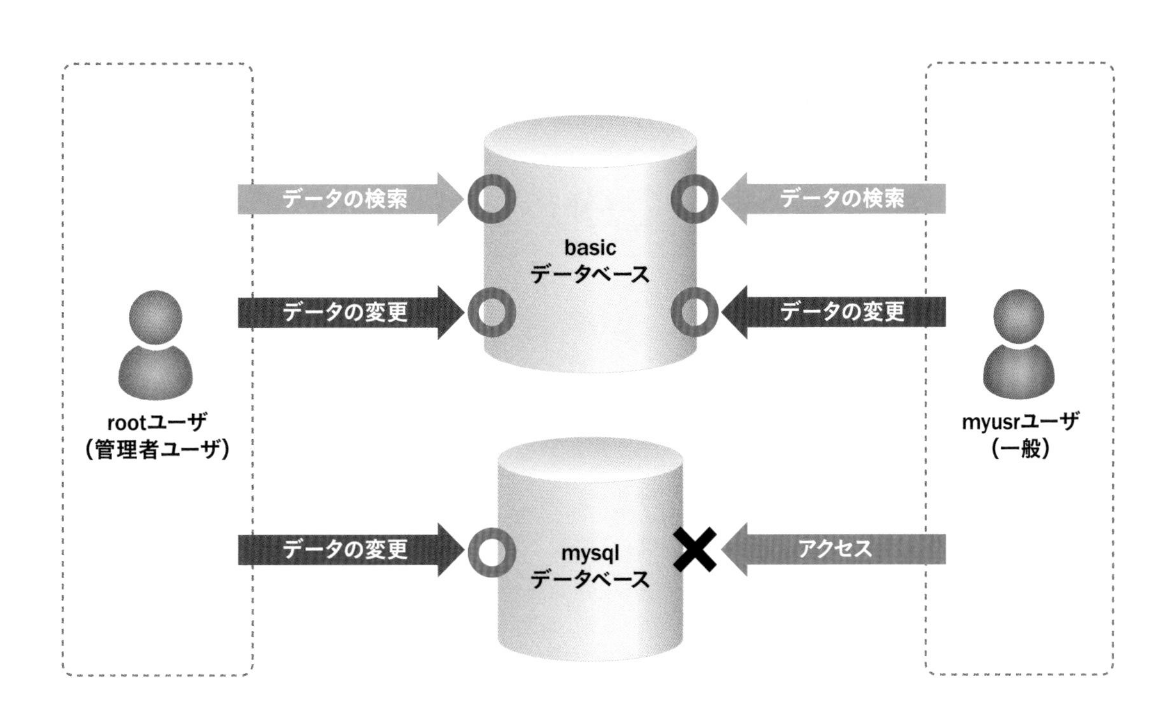

ユーザの作成方法

ユーザを新規に作成するには、CREATE USER命令を利用します。

▼構文

```
CREATE USER ユーザ名@ホスト名 IDENTIFIED BY パスワード
```

パスワードは、ここでは「12345」としていますが、実際に作成する際には第三者に類推されにくい値を設定してください。「ユーザ名@ホスト名」については、このあと、改めて説明します。

ユーザに権限を与える

作成済みのユーザに対して権限を与えるには、GRANT命令を利用します。

▼構文

```
GRANT 権限,... ON
  データベース名.テーブル名 TO ユーザ名@ホスト名
```

ちょっと複雑な命令ですが、これで「<ユーザ名@ホスト名>に対して、<データベース名.テーブル名>に対する<権限>を与える」という意味になります。手順2で実行した命令を元に説明しましょう。

1 ユーザ名@ホスト名

例ではユーザ名として新規に作成する「myusr」を指定しています。
ホスト名とは、データベースにアクセスするコンピュータです。今回の例では「localhost」を指定しているので、MySQLをインストールしたのと同じコンピュータからアクセスすることを意味します。具体的なドメイン名（gihyo.co.jpなど）を指定することもできます。

2 データベース名.テーブル名

basic.schedule（basicデータベースのscheduleテーブル）のように、権限を与えるデータベースをテーブル単位で指定することができます。ここではbasic.*としてみました。この場合「basicデータベース内のすべてのテーブル」という意味になります。逆に言うとbasicデータベースしかアクセスできず、手順7ではmysqlデータベースにアクセスできませんでした。

3 権限

指定できるおもな権限は以下の表のとおりです。
権限名は具体的な操作の種類を表しており、UPDATE（レコードの更新）、SELECT（レコードの検索）、DELETE（レコードの削除）などを指定できます。ここでは簡略化のために、ALL（すべての権限）を与えていますが、実際にはもっと細かく権限を設定するべきでしょう。

権限名	概要
ALL	すべての権限（GRANT OPTION以外）
CREATE	テーブルの作成ができる
DELETE	レコードの削除ができる
DROP	テーブルの削除ができる
INSERT	レコードの登録ができる
SELECT	レコードの検索ができる
UPDATE	レコードの更新ができる
GRANT OPTION	権限を付与できる

そのほか、指定できる権限の種類については、以下の「GRANTステートメント」解説ページも合わせて参照してください。

- **バージョン8.0（日本語）**
  https://dev.mysql.com/doc/refman/8.0/ja/grant.html

- **ユーザは、MySQLを使う人を識別するための概念**
- **検索や更新などの操作をデータベースに対してできるようにすることを「ユーザに権限を与える」と言う**
- **ユーザを作成するにはCREATE USER命令、権限を与えるにはGRANT命令を使う**

5 SQLとは

予習 SQLの基本を理解する

ここまでは「なんとなく」データベースに対して言われた命令を入力して、その結果を確認してきましたが、そろそろ構文を理解しながら、自分でも命令を書ける能力を身に付けていきたいところです。

ここまで使用してきた命令文は、**SQL**（構造化問い合わせ言語）と呼ばれる、データベースに問い合わせをするための専用言語です。言語と言ってしまうと、何やら難しく聞こえるかもしれませんが、心配することはありません。SQLは英語にもよく似た言語で、中学生レベルの英語を理解していれば、容易に読み解くことができます。

理解 SQLの基礎

以下は**2-3**で学んだ命令ですが、実は、これもSQLを使って書いた命令です。

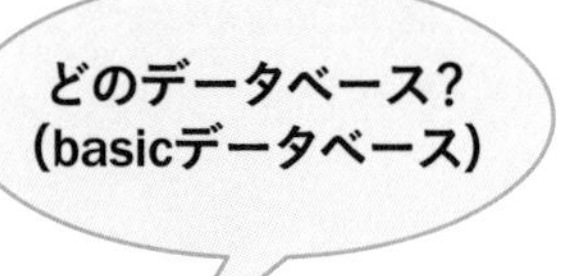

どのデータベース?
(basicデータベース)

CREATE DATABASE basic;

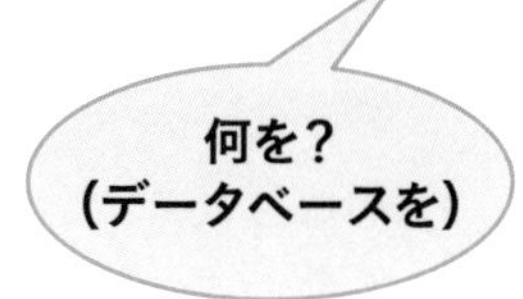

つなげて読むと「basicというデータベースを作成しなさい」という意味になります。どうですか。SQLを知らなくても十分に「何をしようとしているのか」が理解できますよね。基本的なSQLを理解することは、データベースの初心者にもそれほど難しいことではありません。

また、SQLはその目的からさらに以下の３種類に分類できます。

① **データ定義言語（DDL：Data Definition Language）**
② **データ操作言語（DML：Data Manipulation Language）**
③ **データ制御言語（DCL：Data Control Language）**

このなかでも、実際に自分でアプリを作成するときによく使うのは、ほとんどが②のデータ操作言語です。そして、その中でもSELECT命令を確実に押さえておけば、SQLの理解はほぼ完璧と思って差し支えありません。そう、たった１つの命令だけです。ずいぶんカンタンに思えてきませんか？

まとめ

▶**SQLは、データベースを操作するための標準的な言語**

第2章 練習問題

◉問題1

以下は、MySQLの基本的な事項について述べた文章である。正しいものには○、誤っているものには×を付けなさい。

①(　)MySQLには1つのデータベースしか配置できない。
②(　)mysqlクライアントは、WordやExcelと同様、グラフィカルなユーザインターフェースを持ったツールである。
③(　)今あるデータベースを確認するには、SHOW DATABASE命令を使う。
④(　)テーブルには、インデックスやビューなどといったレコードを管理するための情報を格納できる。
⑤(　)日常的にデータベースを利用する場合、まずは、なんでもできるrootユーザを使うのが望ましい。

ヒント 2-1～2-5

◉問題2

mysqlクライアントを起動し、新たにpracticeデータベースを作成しなさい。作成後は、今あるデータベースの一覧を表示しなさい。

ヒント 2-3

◉問題3

問題2で作成したpracticeデータベースのすべてのテーブルに対して、レコードの検索だけを行えるhyamaneユーザを作成しなさい。パスワードは「12345」であるものとする。また、hyamaneユーザは、practiceデータベース以外のデータベース（たとえばbasicデータベース）にはアクセスできないことを確認しなさい。

ヒント 2-4

第3章

テーブルとレコード操作の基本

1 テーブルの作成

予習 テーブルの作成方法について理解する

データベースをExcelにたとえて説明すると、データベースがワークブック（.xlsxファイル）であるとするならば、テーブルに相当するのがワークシートです。
データベースに対してレコードを格納するには、まずテーブルという器を事前に用意しておく必要があります（Excelでもワークシートがなければレコードは入力できませんので、同じことですね）。ここではまずテーブルの作り方を理解しましょう。

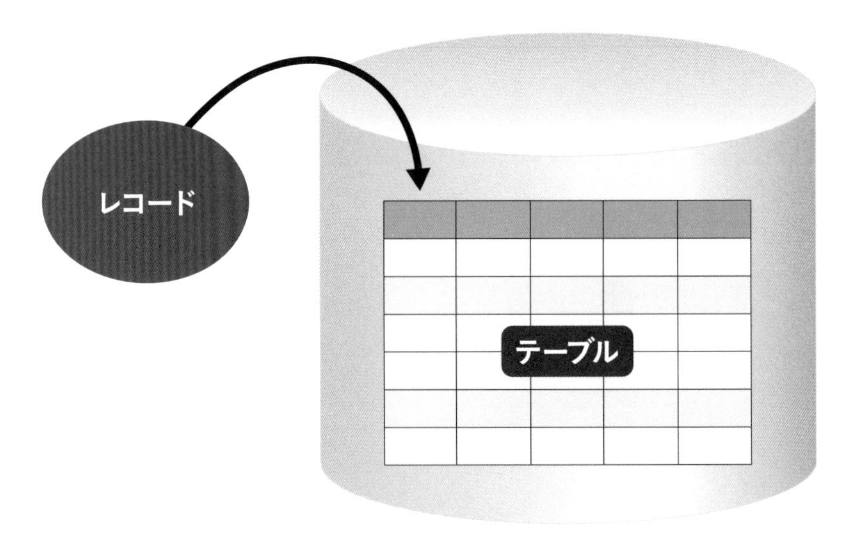
レコード
テーブル
データベース
テーブルが存在しない場合は、レコードを格納できない

体験 新しくテーブルを作成しよう

1 mysqlクライアントを起動する

myusrユーザでmysqlクライアントを起動します。ターミナルを起動して、右のように入力し❶、「Enter password:」と表示されたら「12345」を入力します❷。

Tips

「myusr」ユーザは2-4で作成しています。

```
PS C:\Users\nami-> mysql -u myusr -p
Enter password: *****
Welcome to the MySQL monitor.  Commands end with ; or \g.
Your MySQL connection id is 15
Server version: 8.0.34 MySQL Community Server - GPL

Copyright (c) 2000, 2023, Oracle and/or its affiliates.

Oracle is a registered trademark of Oracle Corporation and/or its
affiliates. Other names may be trademarks of their respective
owners.

Type 'help;' or '\h' for help. Type '\c' to clear the current input statement.

mysql>
```

❶ 入力して Enter キーを押す

```
PS C:\Users\nami-> mysql -u myusr -p↵
Enter password: *****
```

❷ 入力して Enter キーを押す

2 basicデータベースに移動する

myusrユーザでmysqlクライアントが起動しました。続いて「basic」データベースに移動します。右のように入力して、USE命令を実行します❶。アクセスしているデータベースが変更された旨が表示されれば成功です。

Tips

「basic」データベースは2-3で作成しています。

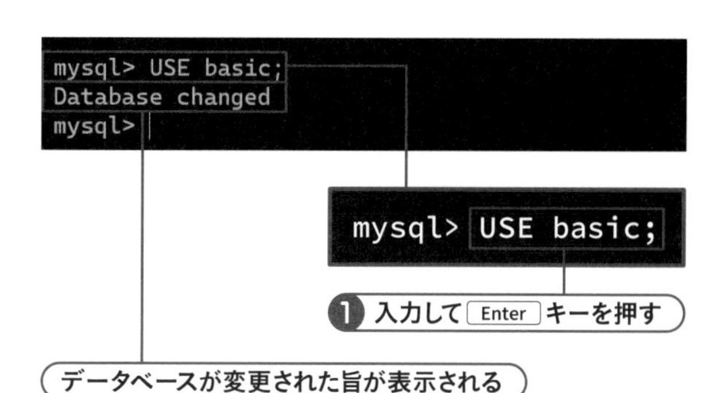

3 新規のテーブルを作成する

新規のテーブルを作成します。右のように入力して、CREATE TABLE命令を実行します❶。

```
mysql> USE basic;
Database changed
mysql> CREATE TABLE usr
    -> (uid VARCHAR(7), passwd VARCHAR(15), uname VARCHAR(20), family INT);
Query OK, 0 rows affected (0.06 sec)

mysql>
```

❶ 入力して Enter キーを押す

```
mysql> CREATE TABLE usr↵
    -> (uid VARCHAR(7), passwd VARCHAR(15), uname VARCHAR(20), family INT);
```

4 テーブルを確認する

usrテーブルが作成されたことを確認してみます。右のように入力してSHOW TABLES命令を実行します❶。すると、データベースに含まれるテーブルの一覧が表示されるので、「usr」が含まれていれば成功です。

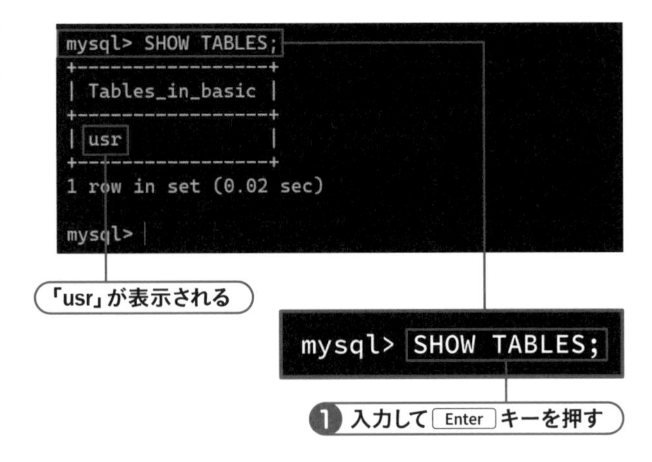

5 フィールド情報を確認する

usrテーブルのフィールド情報を確認してみます。右のように入力してSHOW FIELDS命令を実行します❶。すると、「usr」テーブルに含まれるフィールドの情報の一覧が表示されます。

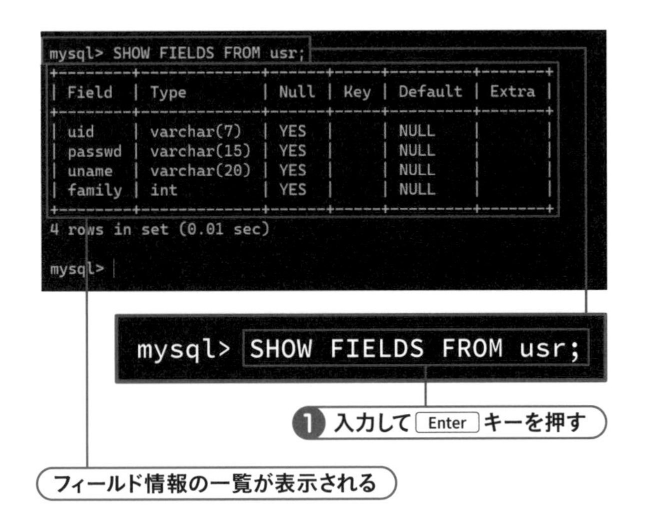

6 mysqlクライアントを終了する

mysqlクライアントを終了します。右のように入力して、exit命令を実行します❶。図のように元のプロンプトに戻ります。

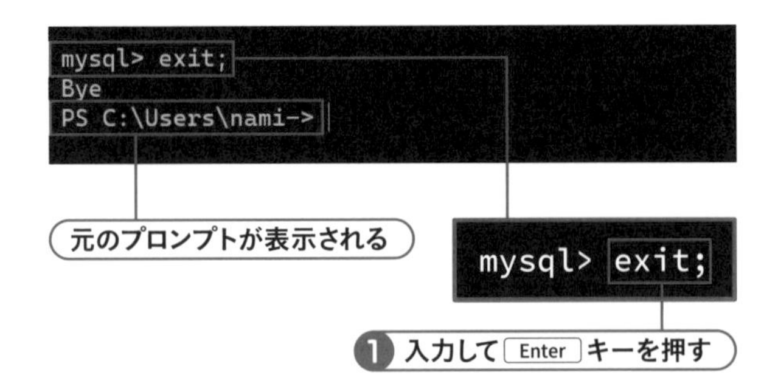

理解 テーブルの作成方法

テーブルを作成しよう

新たにテーブルを作成するには、CREATE TABLEという命令を使います。CREATE TABLE命令の基本的な構文は、次のとおりです。

▼構文

```
CREATE TABLE テーブル名 (フィールド名1 データ型1 属性1,
  フィールド名2 データ型2 属性2, ...)
```

やや長めなので難しく見えるかもしれませんが、カッコの中はフィールドの定義を繰り返しているだけです。命令は、途中で改行しても構いません。**2-3**で解説したとおり命令の終了はセミコロン「;」で表します。下図のように命令と表を比較してみれば、難しいことはありませんね。なお、属性については、ここでは必要ないので設定していません。**4-3**で紹介します。

テーブル名

```
CREATE TABLE usr
(uid VARCHAR(7), passwd VARCHAR(15)),
uname VARCHAR(20), family INT );
```

(uid: フィールド名 / VARCHAR(7): データ型 / passwd: フィールド名 / VARCHAR(15): データ型 / uname: フィールド名 / VARCHAR(20): データ型 / family: フィールド名 / INT: データ型)

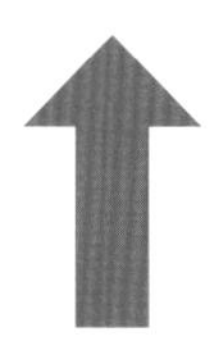

フィールド名	データ型	概要
uid	VARCHAR (7)	ユーザID
passwd	VARCHAR (15)	パスワード
uname	VARCHAR (20)	ユーザ名
family	INT	家族の人数

フィールドのデータ型

先ほどはテーブルをExcelのワークシートにたとえましたが、データベースのテーブルとExcelのワークシートとでは決定的に違うポイントがあります。それが**データ型**の存在です。データベースでは、テーブルの各フィールドにデータ型を指定する必要があるのです。
データ型とは、そのフィールドにどんな値を入れることができるのかを表す情報です。具体的には、数値や文字列、日付などの型があります。テーブルを作成する際に、これらの型を指定しておく必要があります。

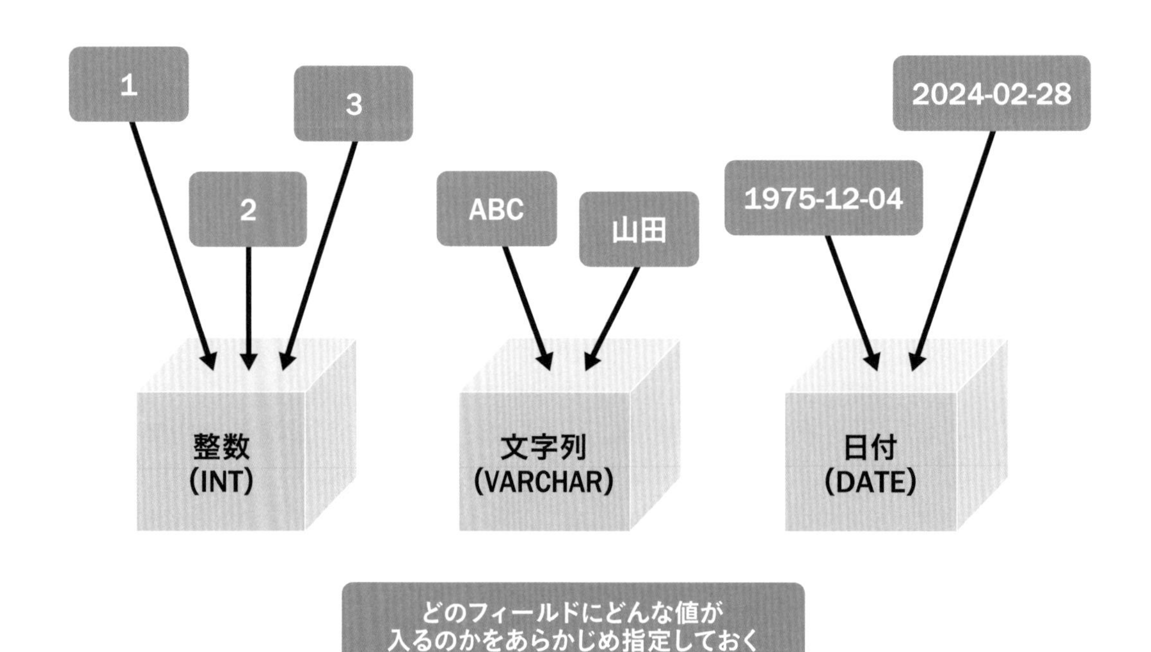

たとえば、ここでは「VARCHAR(15)」「INT」のような表記がありますが、これらがデータ型の指定です。「VARCHAR」「INT」は、それぞれ文字列や整数をセットできる型です。また、VARCHAR(15)の「(15)」はレコードの長さ、つまり「何文字まで入力できるか」を表します。

データ型はテーブルを理解するうえでキモとも言えるキーワードの1つですので、改めて**4-1**でもう一度きちんと説明します。

テーブルの内容を確認する

テーブルに含まれるフィールドを確認するには、**SHOW FIELDS**という命令を使います。SHOW FIELDS命令の基本的な構文は、次のとおりです。

▼構文

```
SHOW FIELDS FROM テーブル名
```

すると、手順5の図のように、表形式でフィールド名が表示されます。フィールド名（Field）の横にはデータ型（Type）が表示されています。そのほか、Null、Key、Default、Extraという情報がありますが、こちらについては後ほど改めて説明します。まずは、意図したフィールド名とデータ型が列挙されていることを確認しておきましょう。

もし間違ってテーブルを作成してしまった場合は、以下のようにDROP TABLE命令でテーブルを一度削除してから作り直してください。

```
mysql> DROP TABLE usr;
```

- **テーブルを作成するには、CREATE TABLE命令でテーブル名と、そこに含まれるフィールド名とデータ型を宣言する**
- **テーブル名を一覧表示するにはSHOW TABLES命令を、フィールド名を一覧表示するにはSHOW FIELDS命令を使用する**

フィールドの追加と削除

予習 フィールドを追加／削除する方法を理解する

いったんテーブルを作成してしまった後で、「あ、このフィールドも欲しかった」「このフィールドっていらないよね」ということはよくあります。その際に、テーブルを1から作成し直すのは面倒ですし、何よりレコードをすでに入力している場合には、これらレコードの入れ直しも考慮しなければなりません。
そこで、既存のテーブルはそのままに、一部のフィールドを追加／削除したい場合には、ALTER TABLE命令を使います。

usrテーブル

uid	passwd	uname	family	updated

追加

削除

updated

ALTER TABLE命令でフィールドを追加／削除する

体験 フィールドを追加／削除しよう

1 mysqlクライアントを起動する

mysqlクライアントを起動してパスワードを入力し❶、basicデータベースに移動します❷。

```
PS C:\Users\nami-> mysql -u myusr -p;
Enter password: *****
Welcome to the MySQL monitor.  Commands end with ; or \g.
Your MySQL connection id is 10
Server version: 8.0.34 MySQL Community Server - GPL

Copyright (c) 2000, 2023, Oracle and/or its affiliates.

Oracle is a registered trademark of Oracle Corporation and/or its
affiliates. Other names may be trademarks of their respective
owners.

Type 'help;' or '\h' for help. Type '\c' to clear the current input statement.

mysql> USE basic;
Database changed
mysql>
```

```
PS C:\Users\nami-> mysql -u myusr -p ↵
Enter password: *****
```

❶ コマンドとパスワードを入力してそれぞれ Enter キーを押す

```
mysql> USE basic;
```

❷ 入力して Enter キーを押す

2 フィールドを追加する

usrテーブルの末尾に、updatedフィールドを追加します。右のように入力してALTER TABLE命令を実行します❶。

```
mysql> ALTER TABLE usr ADD updated DATE AFTER family;
Query OK, 0 rows affected (0.02 sec)
Records: 0  Duplicates: 0  Warnings: 0

mysql>
```

❶ 入力して Enter キーを押す

```
mysql> ALTER TABLE usr ADD updated DATE AFTER family;
```

3 追加したフィールドを確認する

usrテーブルのフィールド情報を確認してみます。右のように入力してSHOW FIELDS命令を実行します❶。すると、usrテーブルに含まれるフィールド情報の一覧が表示されるので、「updated」が含まれていれば成功です。

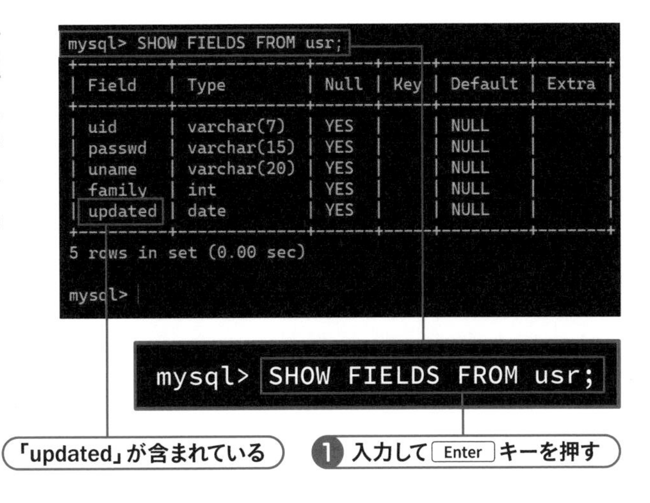

```
mysql> SHOW FIELDS FROM usr;
+---------+-------------+------+-----+---------+-------+
| Field   | Type        | Null | Key | Default | Extra |
+---------+-------------+------+-----+---------+-------+
| uid     | varchar(7)  | YES  |     | NULL    |       |
| passwd  | varchar(15) | YES  |     | NULL    |       |
| uname   | varchar(20) | YES  |     | NULL    |       |
| family  | int         | YES  |     | NULL    |       |
| updated | date        | YES  |     | NULL    |       |
+---------+-------------+------+-----+---------+-------+
5 rows in set (0.00 sec)

mysql>
```

```
mysql> SHOW FIELDS FROM usr;
```

「updated」が含まれている

❶ 入力して Enter キーを押す

4 追加したフィールドを削除する

追加したupdatedフィールドを削除します。右のように入力してALTER TABLE命令を実行します❶。

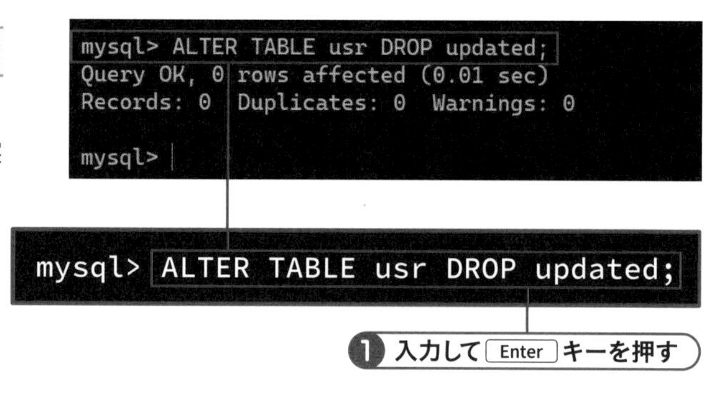
Query OK, 0 rows affected (0.01 sec)
Records: 0 Duplicates: 0 Warnings: 0

mysql>
mysql> ALTER TABLE usr DROP updated;
❶ 入力して Enter キーを押す

5 削除したフィールドを確認する

usrテーブルのフィールド情報を確認してみます。右のように入力してSHOW FIELDS命令を実行します❶。すると、usrテーブルに含まれるフィールド情報の一覧が表示されるので、「updated」が削除されていれば成功です。

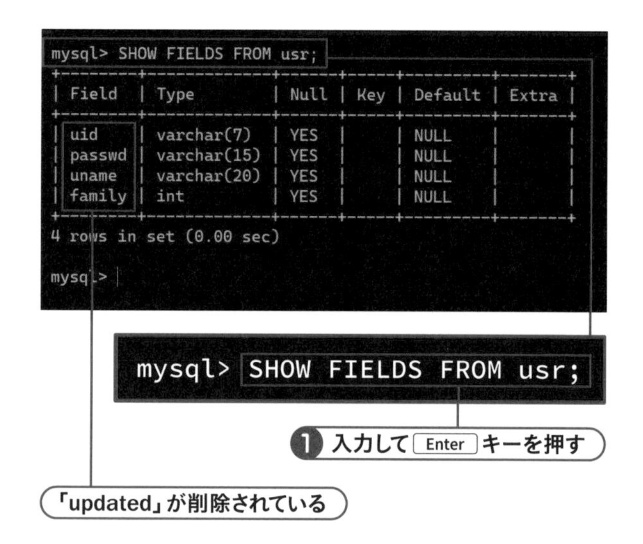

6 mysqlクライアントを終了する

mysqlクライアントを終了します。右のように入力して、exit命令を実行します❶。図のように元のプロンプトに戻ります。

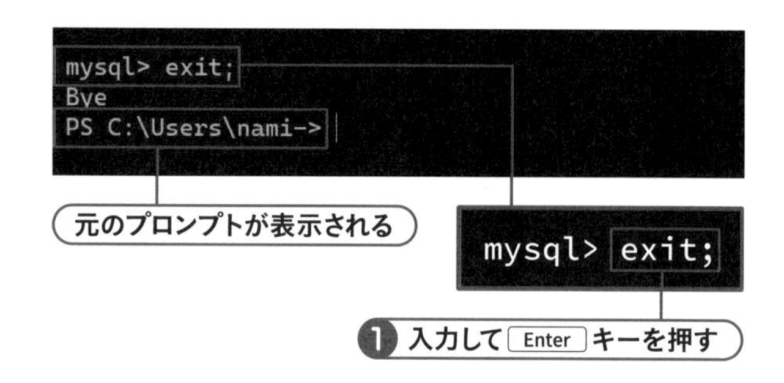

1
2
3
4
5
6
7
8
9

理解 ALTER TABLE命令について

フィールドの追加

フィールドを追加するには、ALTER TABLEという命令を使います。

▼構文

```
ALTER TABLE テーブル名 ADD フィールド定義 AFTER フィールド名
```

フィールド定義の部分には、**3-1**のCREATE TABLE命令でも紹介したように「フィールド名 データ型 属性」の形式で、フィールドの情報を宣言します。属性については、**4-3**で紹介します。手順2では、DATE型の「updated」というフィールドをusrテーブルの末尾に追加しました。

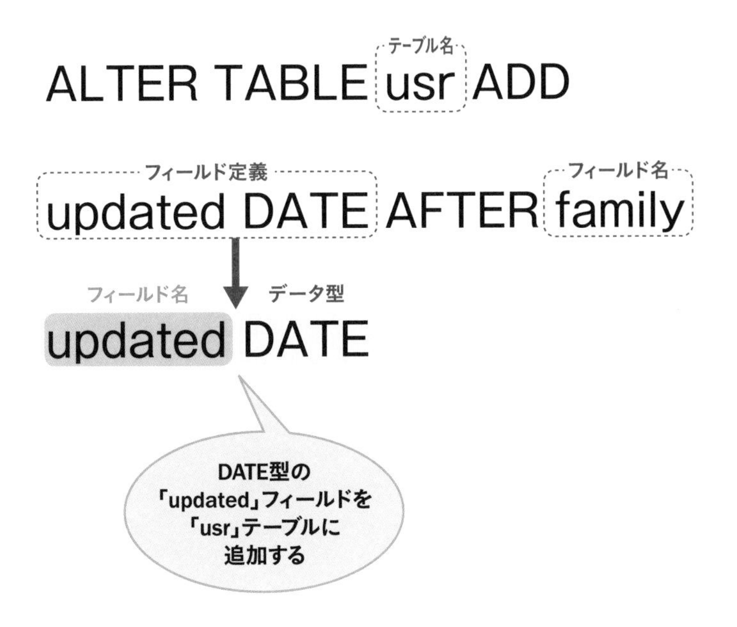

フィールドの追加位置については、60ページで説明します。

フィールドの追加位置

フィールドの追加の命令文にある「AFTER」は、フィールドをテーブルのどこに追加するかを表すものです。手順2では「AFTER family」としているので、familyフィールドの後ろにフィールドを追加しました。uidフィールドの後ろに追加したい場合は「AFTER uid」、unameフィールドの後ろに追加したい場合は「AFTER uname」とします。なお、テーブルの先頭にフィールドを追加したい場合には、「AFTER family」の部分を「FIRST」とします。

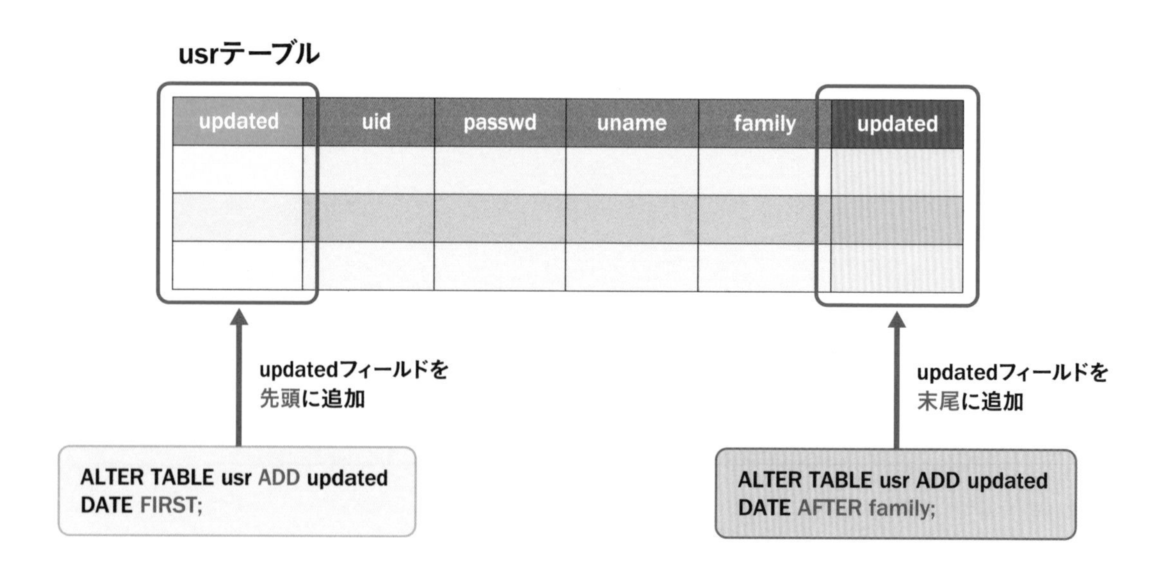

フィールドをどこに追加するかは些細（ささい）な問題かもしれませんが、「よく使うフィールドは前の方に」「関係するフィールドは隣接」「更新日などの付随的な情報は末尾」などのルールを設けておくと、フィールドの数が多くなった場合にも、テーブルレイアウトを確認しやすくなります。

フィールドの削除

フィールドを削除する場合も、ALTER TABLE命令を使います。

▼構文

```
ALTER TABLE テーブル名 DROP フィールド名
```

ALTER TABLE命令は、フィールドの追加や削除、次の節で解説する更新(名前の変更とフィールド定義の変更)など、1つの命令でいくつもの機能を持っています。「ALTER TABLE テーブル名」まではすべての処理で共通ですが、そのあとの「ADD」や「DROP」などの句を使い分けることで、処理を指定することができます。手順2で追加したupdatedフィールドは、この後は使わないので、手順4で削除しました。

まとめ

- ▶既存のフィールドを追加/削除するには、ALTER TABLE命令を使う
- ▶ALTER TABLE命令には、処理の種類に応じて、ADD、DROPなどの句が用意されている

3 フィールドの変更

予習 フィールドの変更方法を理解する

フィールドの作成や削除については理解できたと思いますが、作成後に「フィールド名を変更したい」「フィールドのデータ型を間違えた」ということもあるでしょう。フィールドを削除して新たに作成してもかまいませんが、これらについても**ALTER TABLE**命令を使うことで簡単に変更することができます。

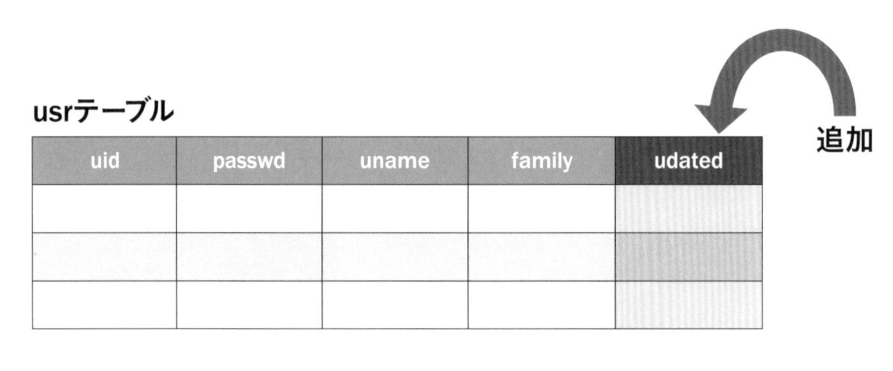

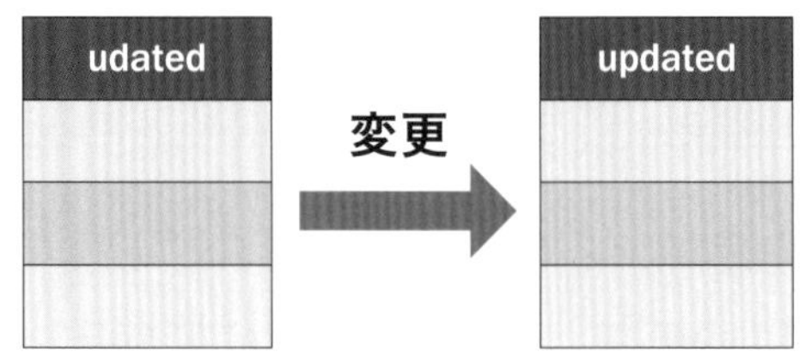

ALTER TABLE命令でフィールドの内容を変更する

体験 フィールドを変更しよう

1 フィールドを追加する

3-2の手順**1**に従って、mysqlクライアントを起動し、basicデータベースに移動します。usrテーブルの末尾に、udatedフィールドを追加します。右のように入力してALTER TABLE命令を実行します❶。

```
mysql> USE basic;
Database changed
mysql> ALTER TABLE usr ADD udated DATE AFTER family;
Query OK, 0 rows affected (0.01 sec)
Records: 0  Duplicates: 0  Warnings: 0

mysql>
```

```
mysql> ALTER TABLE usr ADD udated DATE AFTER family;
```

❶ 入力して Enter キーを押す

Tips

あとからフィールド名の変更を行う都合上、udated（「p」が抜けている）と、あえて間違ったフィールド名を指定しています

2 追加したフィールドを確認する

usrテーブルのフィールド情報を確認してみます。右のように入力してSHOW FIELDS命令を実行します❶。すると、usrテーブルに含まれるフィールド情報の一覧が表示されるので、「udated」が含まれていれば成功です。

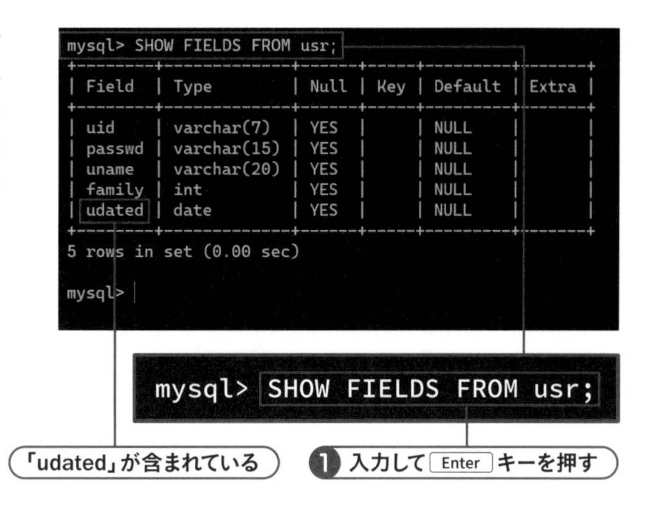

3 フィールドの名前を変更する

追加したudatedフィールドの名前をupdatedフィールドに変更します。右のように入力してALTER TABLE命令を実行します❶。

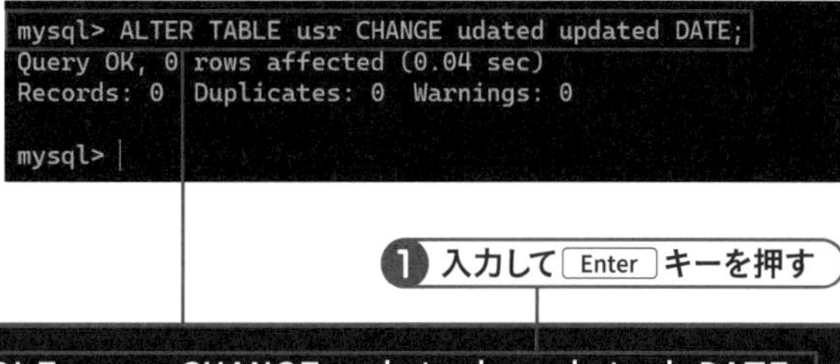


```
mysql> ALTER TABLE usr CHANGE udated updated DATE;
```

4 フィールドのデータ型を変更する

続いて、updatedフィールドのデータ型をDATETIME型に変更します。右のように入力してALTER TABLE命令を実行します❶。

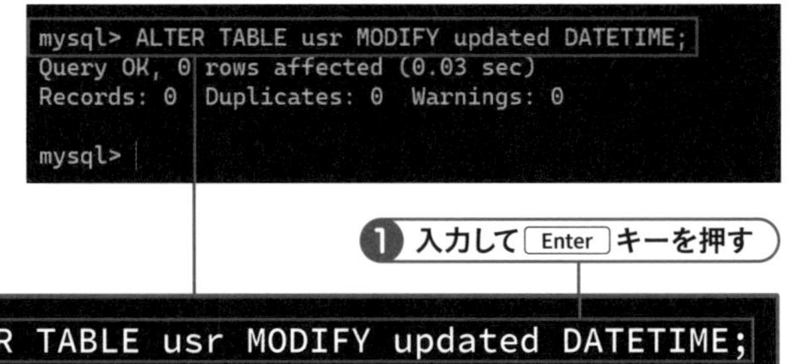


```
mysql> ALTER TABLE usr MODIFY updated DATETIME;
```

Query OK, 0 rows affected (0.03 sec)
Records: 0 Duplicates: 0 Warnings: 0

5 変更したフィールドを確認する

usrテーブルのフィールド情報を確認してみます。右のように入力してSHOW FIELDS命令を実行します❶。すると、usrテーブルに含まれるフィールド情報の一覧が表示されるので、udatedフィールドのフィールド名が「updated」、データ型が「datetime」になっていれば成功です。

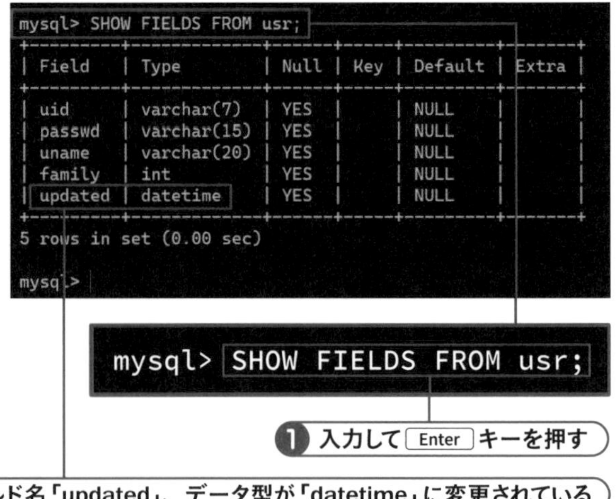


```
mysql> SHOW FIELDS FROM usr;
```

❶ 入力して Enter キーを押す

フィールド名「updated」、データ型が「datetime」に変更されている

6 変更したフィールドを削除する

変更したupdatedフィールドを削除します。右のように入力してALTER TABLE命令を実行します❶。削除されたことを確認するには、右のように入力してSHOW FIELDS命令を実行します❷。

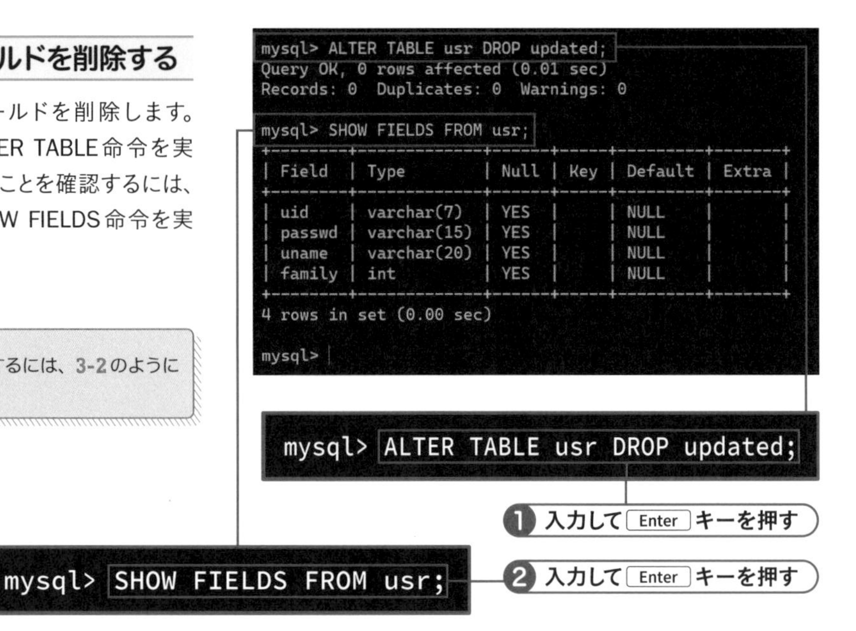
| Field | Type | Null | Key | Default | Extra |
+---------+-------------+------+-----+---------+-------+
uid	varchar(7)	YES		NULL	
passwd	varchar(15)	YES		NULL	
uname	varchar(20)	YES		NULL	
family	int	YES		NULL	
+---------+-------------+------+-----+---------+-------+
4 rows in set (0.00 sec)

Tips

mysqlクライアントを終了するには、3-2のように「exit;」と入力してください。

理解 ALTER TABLE命令のさらなる機能

フィールドの変更方法

フィールドの名前を変更するには、**ALTER TABLE**命令と**CHANGE**句を使います。

▼構文

```
ALTER TABLE テーブル名 CHANGE 旧フィールド名 新フィールド定義
```

フィールドのデータ型を変更するには、ALTER TABLE命令と**MODIFY**句を使います。

▼構文

```
ALTER TABLE テーブル名 MODIFY フィールド定義
```

手順3のように「ALTER TABLE テーブル名 CHANGE ～」の構文では、単にフィールド名を変更する場合であっても、フィールド「定義」である必要がある点に注意してください。

```
mysql> ALTER TABLE usr CHANGE udated updated DATE;
```

したがって、手順3～4では説明の便宜上、フィールド名の変更とデータ型の変更を別々に行いましたが、以下のようにまとめてCHANGE句で実行することもできます。

```
mysql> ALTER TABLE usr CHANGE udated updated DATETIME;
```

まとめ

▶既存のフィールドを変更するには、ALTER TABLE命令のCHANGE句、MODIFY句を使う

レコードの登録

予習 レコードの登録方法について理解する

ここまでの内容で、ようやくレコードを格納するための器が用意できました。ここからは、この器に対して具体的なレコードを登録していきましょう。よりデータベースの用語を意識した言い方をするならば、「作成したusrテーブルに対して、新規のレコードを登録」していくわけです。
レコードの登録には、INSERTという命令を使います。INSERT命令の構文は大きく2種類に分けられますので、まずは通常の方法について見ていきます。

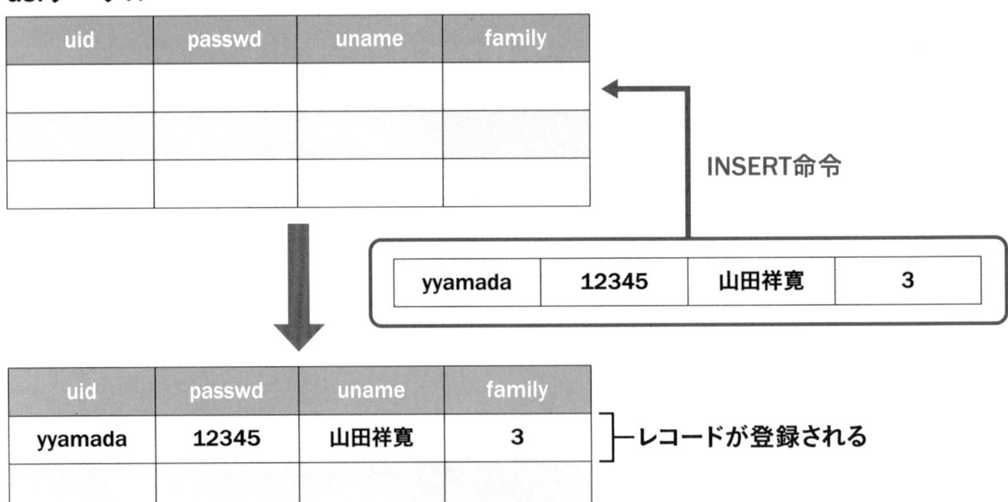

INSERT命令でレコードを新規登録する

体験 新規にレコードを登録しよう

1 mysqlクライアントを起動する

mysqlクライアントを起動してパスワードを入力し❶、basicデータベースに移動します❷。

```
PS C:\Users\nami-> mysql -u myusr -p;
Enter password: *****
Welcome to the MySQL monitor.  Commands end with ; or \g.
Your MySQL connection id is 13
Server version: 8.0.34 MySQL Community Server - GPL

Copyright (c) 2000, 2023, Oracle and/or its affiliates.

Oracle is a registered trademark of Oracle Corporation and/or its
affiliates. Other names may be trademarks of their respective
owners.

Type 'help;' or '\h' for help. Type '\c' to clear the current input statement.

mysql> USE basic;
Database changed
mysql>
```

```
PS C:\Users\nami-> mysql -u myusr -p↵
Enter password: *****
```

❶ コマンドとパスワードを入力してそれぞれ Enter キーを押す

```
mysql> USE basic;
```

❷ 入力して Enter キーを押す

2 新規にレコードを追加する

usrテーブルにレコードを追加します。右のように入力してINSERT命令を実行します❶。図のように「Query OK, 1 row affected」と表示されれば成功です。

```
mysql> INSERT INTO usr (uid, passwd, uname, family)↵
    -> VALUES ('yyamada', '12345', '山田祥寛', 3);
```

❶ 入力して Enter キーを押す

> **Tips**
>
> 入力したレコードの確認方法については3-6で解説します。
> また、mysqlクライアントで漢字を入力する際は 半角/全角 キーを押してIMEを起動してください。

3 mysqlクライアントを終了する

mysqlクライアントを終了します。右のように入力して、exit命令を実行します❶。図のように元のプロンプトに戻ります。

理解 INSERT命令の書き方

INSERT命令の構文

レコードの登録には、INSERTという命令を使います。

▼構文

```
INSERT INTO テーブル名
  (フィールド名1, フィールド名2, ...)
   VALUES (フィールド1の値, フィールド2の値, ...)
```

指定されたテーブルの各フィールドに対して、VALUES句で指定された値を登録します。「フィールド名1, フィールド名2, ...」(**フィールドリスト**)の部分と「フィールド1の値, フィールド2の値, ...」(**値リスト**)の部分とは、それぞれ対応関係にある必要があります。つまり、フィールドリストの数が4個であれば、値リストも4個でなければなりません。お互いの個数が食い違っている場合、INSERT命令は失敗しますので、要注意です。手順2を例にすると以下のようになります。

テーブル名

INSERT INTO usr

フィールド名1 フィールド名2 フィールド名2 フィールド名4

(uid, passwd, uname, family)

VALUES('yyamada', '12345', '山田祥寛', 3,);

値1 値2 値3 値4

また、INSERT命令では、テーブル内のすべてのフィールドを指定する必要はありません。フィールドリストで指定されなかったフィールドには、あらかじめ指定されたオプションによって入る値が異なります。ここでは**デフォルトではNULLがセットされる**と覚えておいてください。NULLとは、フィールドに何も定義されていない状態を表す特別な値です。

INSERT命令の注意点

INSERT命令で文字列や日付を指定する場合には、値をシングルクォート(')で囲まなければならないという点に注意してください。
とくに間違えやすいのは、文字列型のフィールドに数字を指定する場合でしょう。ここでは、passwdフィールドに「12345」を渡しているのが、それです。見かけは数字ですが、データベースは文字列と見なすので、シングルクォートで囲まなければなりません。数値型のフィールドに数値を指定する場合は、シングルクォートで囲む必要はありません。

```
INSERT INTO usr
(uid,passwd,uname,family)
VALUES('yyamada', '12345', '山田祥寛', 3, );
```

数値なので
シングルクォート
で囲まなくてよい

見かけ上は数字だが、
文字列なので
シングルクォートで囲む

まとめ

- ▶レコードを登録するにはINSERT命令を使う
- ▶文字列、日付型の値はシングルクォートで囲む
- ▶指定されていないフィールドにはNULL(未定義)値がセットされる

5 省略構文による レコードの登録

予習 省略構文について理解する

レコードの登録方法としてINSERT命令の使い方を紹介しましたが、INSERT命令は「省略なしできちんと書く方法」と「命令の一部を省略する方法」とに分けることができます。省略なしできちんと書く場合の構文はすでに説明したので、ここでは、命令の一部を省略する**省略構文**について説明します。また、両者の使い分けについても解説します。

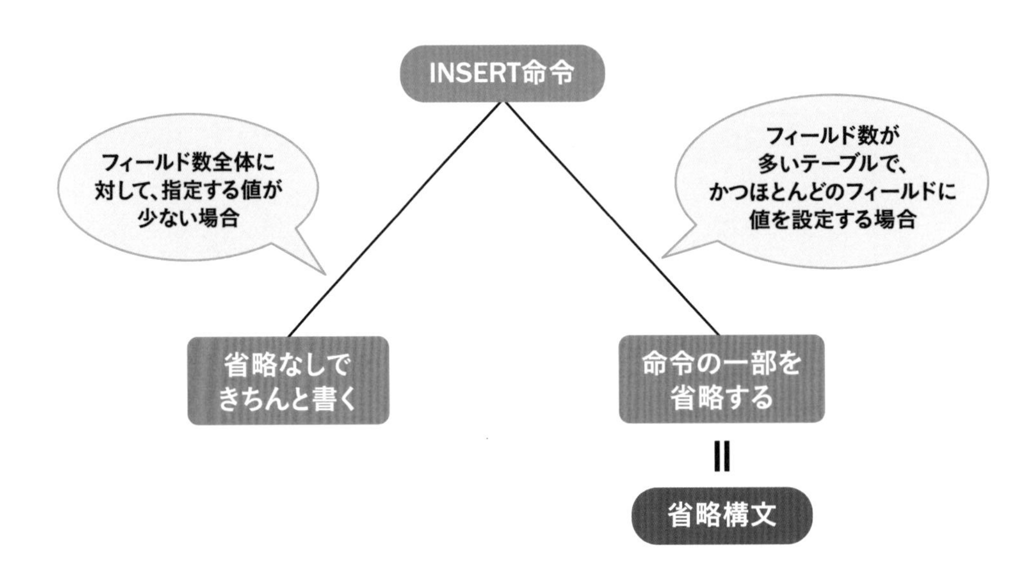
通常の構文と省略構文との違い
INSERT命令
フィールド数全体に対して、指定する値が少ない場合
フィールド数が多いテーブルで、かつほとんどのフィールドに値を設定する場合
省略なしできちんと書く
命令の一部を省略する
省略構文

体験 省略構文で新規にレコードを登録しよう

1 mysqlクライアントを起動する

mysqlクライアントを起動してパスワードを入力し❶、basicデータベースに移動します❷。

```
PowerShell 7.3.7
PS C:\Users\nami-> mysql -u myusr -p
Enter password: *****
Welcome to the MySQL monitor.  Commands end with ; or \g.
Your MySQL connection id is 8
Server version: 8.0.34 MySQL Community Server - GPL

Copyright (c) 2000, 2023, Oracle and/or its affiliates.

Oracle is a registered trademark of Oracle Corporation and/or its
affiliates. Other names may be trademarks of their respective
owners.

Type 'help;' or '\h' for help. Type '\c' to clear the current input statement.

mysql> USE basic;
Database changed
mysql>
```

```
PS C:\Users\nami-> mysql -u myusr -p
Enter password: *****
```

❶ コマンドとパスワードを入力してそれぞれ Enter キーを押す

```
mysql> USE basic;
```

❷ 入力して Enter キーを押す

2 省略構文で新規レコードを追加する

usrテーブルにレコードを追加します。右のように入力してINSERT命令を実行します❶。図のように「Query OK, 1 row affected」と表示されれば成功です。

```
mysql> INSERT INTO usr
    -> VALUES ('ssuzuki', '98765', '鈴木正一', 4);
```

❶ 入力して Enter キーを押す

Tips

3-4と同じINSERT命令ですが、ここでは省略構文を使ってレコードを追加しています。また、入力したレコードの確認方法については3-6で解説します。

3 mysqlクライアントを終了する

mysqlクライアントを終了します。右のように入力して、exit命令を実行します❶。図のように元のプロンプトに戻ります。

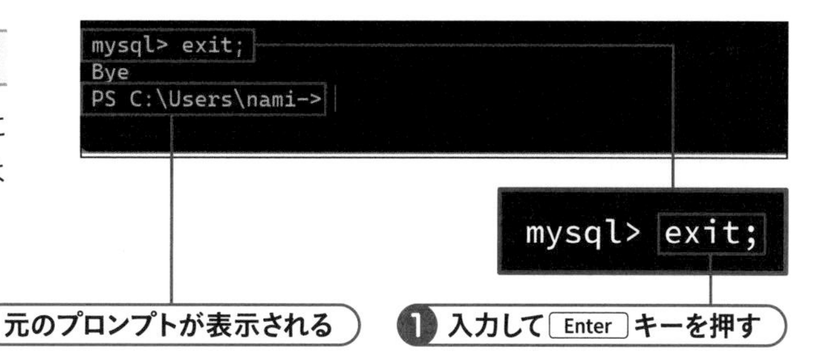

理解 省略構文の書き方

INSERT命令の省略構文

INSERT命令の省略構文は次のとおりです。

▼構文

```
INSERT INTO テーブル名 VALUES (フィールド1の値, フィールド2の値, ...)
```

省略構文では、フィールドリストを省略しています。INSERT命令では、テーブルのすべてのフィールドに対して値をセットする場合にのみ、フィールドリストを省略できます。
値リストの部分は、テーブルに含まれるフィールドの数に一致しており、かつ、フィールドの定義された順番に並んでいなければなりません。定義された順番とは、先ほど**3-3**でも紹介したSHOW FIELDS命令の結果、表示されるフィールドの順番ということです。手順2を例にすると以下のようになります。

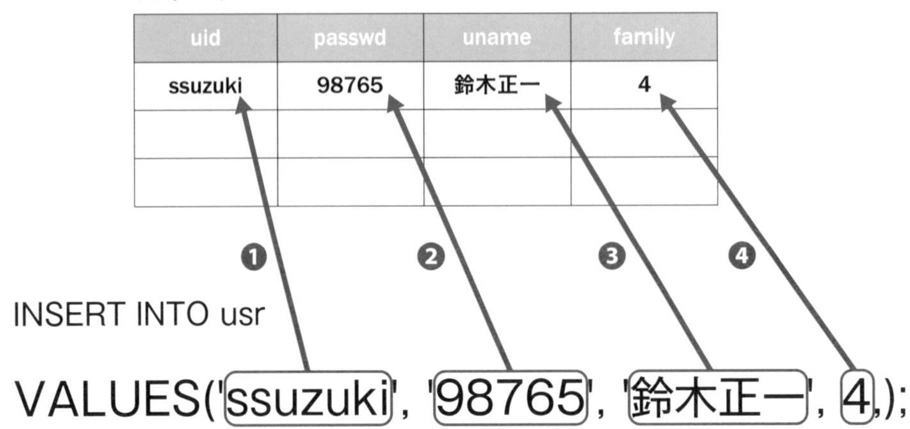

ちなみに、省略構文では値をセットしないフィールドに対して、値そのものの指定を省略することはできません。値をセットしたくない場合には、以下のようにNULL値を指定してください。

```
INSERT INTO usr VALUES ('mtanaka', '00112', '田中美紀', NULL);
```

3-4でも触れたように、NULLはあくまでそれ自体が意味を持つ特別な値です。いわゆる文字列値ではありませんので、シングルクォートで囲んではいけません。

2つの構文の使い分け

省略なしの構文と省略ありの構文を紹介しましたが、実際にはどのように使い分ければよいのでしょうか。状況にもよりますが、以下のように分けて考えることができます。

1 数十個もフィールドがあるテーブルに、2~3個のフィールドにだけ値を指定したいケース

省略構文だとたくさんのNULLを入れるのが面倒になります。省略なしの構文でフィールド名を明記したほうがよいでしょう。

```
× INSERT INTO abc VALUES (NULL, NULL, 'X', NULL, 'Y' ,NULL, 'Z', NULL…);
○ INSERT INTO abc (c,e,g) VALUES ('X', 'Y' ,'Z'); ← 省略なしの構文
```

2 数十個もフィールドがあるテーブルに、2~3個のフィールドにだけNULLを指定したいケース

フィールド名をすべて明記するのは冗長です。省略構文のほうがシンプルでしょう。

```
× INSERT INTO abc (a,b,c,d,e,f…) VALUES ('X', NULL, 'Y' ,'Z', 'A',NULL…);
○ INSERT INTO VALUES ('X', NULL, 'Y' ,'Z', 'A',NULL…); ← 省略構文
```

ただし、筆者の個人的な意見としては、省略構文はできるだけ使うべきではないと考えています。たとえば、テーブルのフィールド数や順番が変わった場合に、命令にも影響が出てしまうおそれがあるからです。また、INSERT命令だけを見ても、どのフィールドにどの値がセットされているのかがわからず、命令が読みにくいという問題もあるでしょう。

その場限りの命令文であれば問題はありませんが、本書の後半で紹介するような大きなプログラムでINSERT命令を使う場合は、できるだけ省略なしの構文を優先して使ったほうがよいでしょう。

まとめ

- **INSERT命令は、フィールドリスト／値リストを明記する構文と、フィールドリストを省略する構文とに分類できる**
- **一般的には、定義されたフィールド数に対して、指定する値が少ない場合は通常の構文、指定する値が多い場合は省略構文を使うと、命令文はシンプルになる**

6 レコードの検索

予習 テーブルの参照方法について理解する

レコードの登録ができたものの、本当に保存できたのかはやはり自分の目で見てみないと心配です。テーブルの定義やレコードの登録については、まだ説明することが残っているのですが、その前に、テーブルを参照するもっとも基本的な方法について解説しておくことにしましょう。

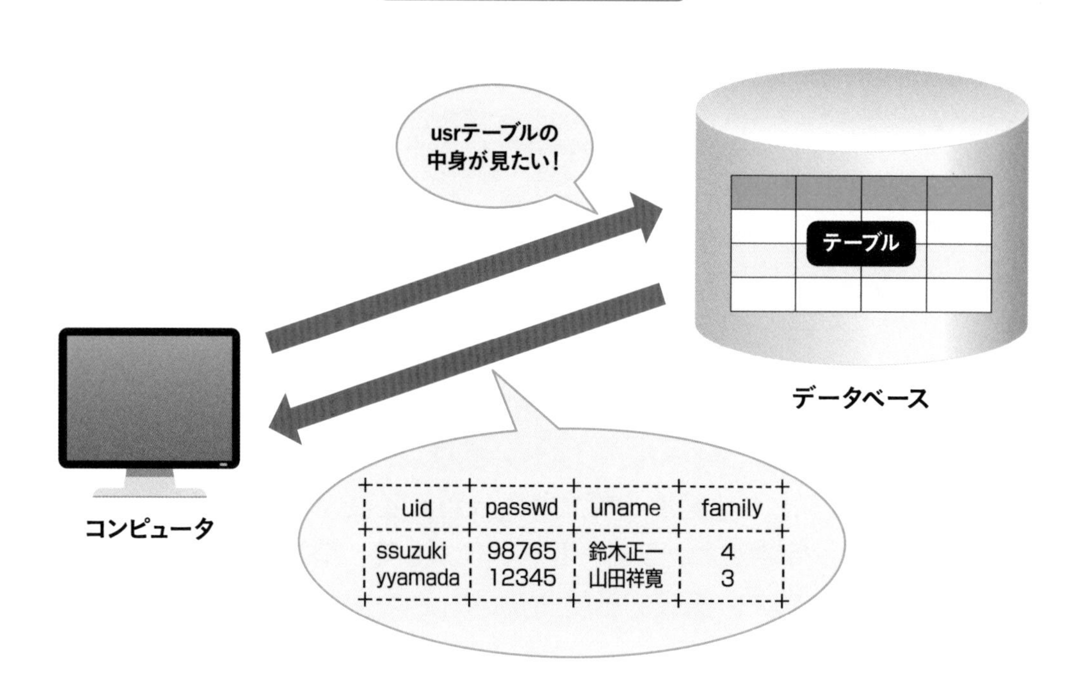

体験 テーブルの中のレコードを検索しよう

1 mysqlクライアントを起動する

mysqlクライアントを起動してパスワードを入力し❶、basicデータベースに移動します❷。

```
PS C:\Users\nami-> mysql -u myusr -p;
Enter password: *****
Welcome to the MySQL monitor.  Commands end with ; or \g.
Your MySQL connection id is 9
Server version: 8.0.34 MySQL Community Server - GPL

Copyright (c) 2000, 2023, Oracle and/or its affiliates.

Oracle is a registered trademark of Oracle Corporation and/or its
affiliates. Other names may be trademarks of their respective
owners.

Type 'help;' or '\h' for help. Type '\c' to clear the current input statement.

mysql> USE basic;
Database changed
mysql>
```

```
PS C:\Users\nami-> mysql -u myusr -p
Enter password: *****
```

❶ コマンドとパスワードを入力してそれぞれ Enter キーを押す

```
mysql> USE basic;
```

❷ 入力して Enter キーを押す

2 テーブルの内容を参照する

usrテーブルに保存されたすべてのレコードを参照します。右のように入力してSELECT命令を実行します❶。図のように、usrテーブルの中身が参照できれば成功です。
mysql> SELECT * FROM usr;
+---------+--------+----------+--------+
| uid | passwd | uname | family |
+---------+--------+----------+--------+
| yyamada | 12345 | 山田祥寛 | 3 |
| ssuzuki | 98765 | 鈴木正一 | 4 |
+---------+--------+----------+--------+
2 rows in set (0.01 sec)

Tips

3-4、3-5で入力したレコードが表示されています。

```
mysql> SELECT * FROM usr;
```

❶

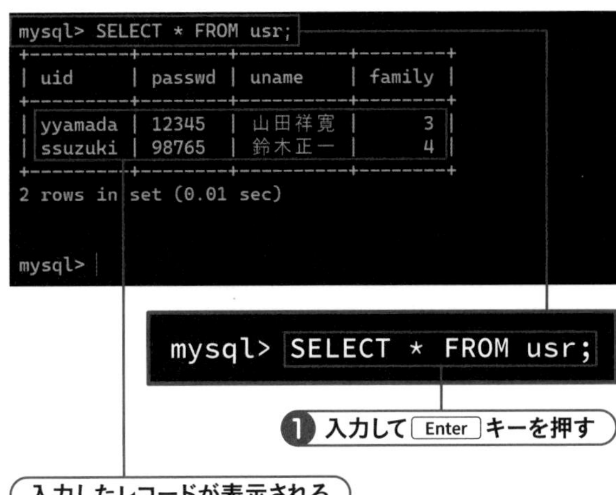

3 mysqlクライアントを終了する

mysqlクライアントを終了します。右のように入力して、exit命令を実行します❶。図のように元のプロンプトに戻ります。

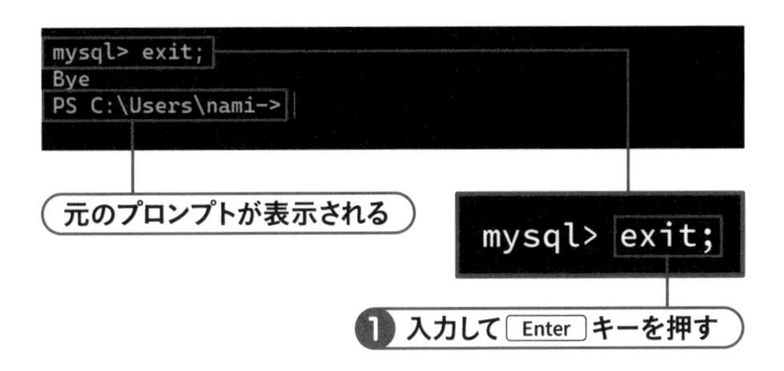

理解 SELECT命令の基本

SELECT命令の構文

テーブルに保存されたレコードを検索するには、**SELECT**命令を使います。SELECT命令は、実はとても奥深い命令なのですが、ここではもっとも基本的な構文だけを押さえておくことにしましょう。

▼構文

```
SELECT フィールド名, ... FROM テーブル名
```

あえて日本語に訳してみると、「<テーブル名>から指定された<フィールド名,...>を選択しなさい(取り出しなさい)」となります。

手順2ではテーブル名には「usr」、フィールド名には「*」(アスタリスク)を指定しています。アスタリスクはすべてのフィールドを表す特別な記号です。つまり、「SELECT * FROM usr」であれば、usrテーブルからすべてのフィールド、すべてのレコードを無条件に取り出すというわけです。

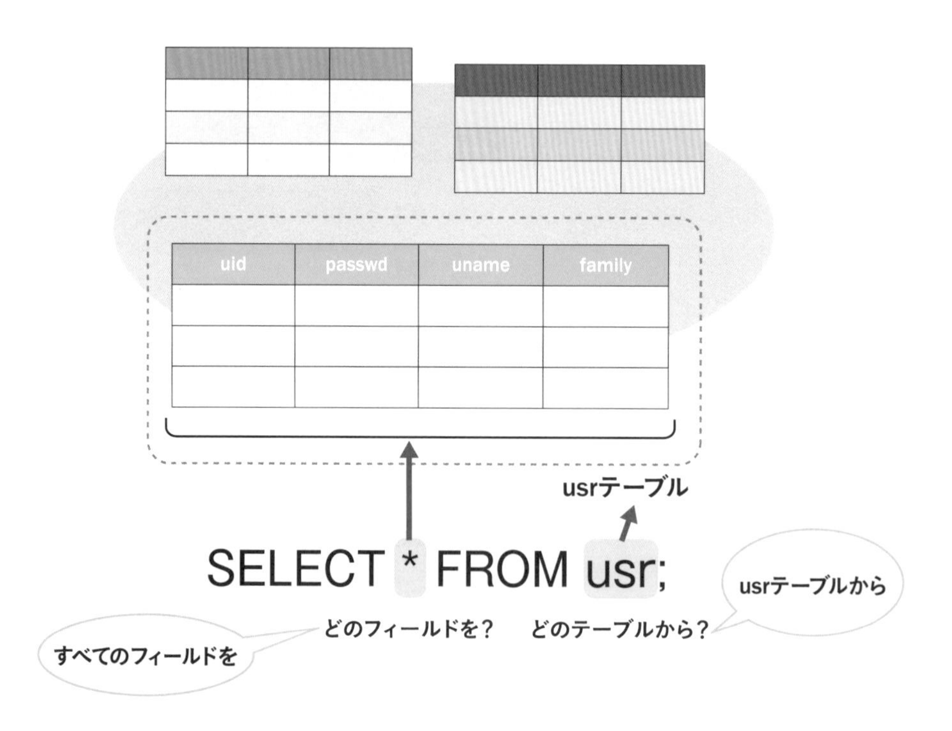

取り出すフィールドを絞り込む

SELECT命令ではフィールド名をきちんと明記することで、特定のフィールドだけを取り出すこともできます。たとえば、以下はusrテーブルからuidフィールドとpasswdフィールドだけを取り出す例です。

```
mysql> SELECT uid, passwd FROM usr;
+---------+--------+
| uid     | passwd |
+---------+--------+
| yyamada | 12345  |
| ssuzuki | 98765  |
+---------+--------+
2 rows in set (0.00 sec)
```

テーブルのフィールド数が多くなった場合、不必要なフィールドまでまとめて取り出すことは、メモリリソースの消費などを考えても無駄ですし、処理のパフォーマンスが低下する原因にもなります。今はそれほど気にする必要もありませんが、将来的にアプリを開発する場合などには、できるだけアスタリスクは使わず、必要なフィールドだけを取り出すようにしましょう。アスタリスクは、あくまでテーブルの内容を手軽に確認するための手段です。

- ▶テーブルからレコードを取り出すのは、SELECT命令の役割
- ▶すべてのフィールドを無条件に取り出す場合は「*」(アスタリスク)を使う

第3章 練習問題

◉問題1

mysqlクライアントから、以下の表のような構造を持つpianistテーブルをpracticeデータベースに作成しなさい。また、作成後はテーブルが確かにできていることを確認しなさい。

フィールド名	データ型	概要
name	VARCHAR(20)	名前
birth	DATE	生年月日
death	INT	没年
award	VARCHAR(50)	賞

ヒント 3-1

◉問題2

問題1で作成したpianistテーブルの先頭に、pidフィールド（ピアニストコード：INT型）を追加しなさい。既存のawardフィールドは削除すること。また作業後、変更後のテーブルのフィールド構造を確認しなさい。

ヒント 3-2

◉問題3

pianistテーブルに対して、省略構文、省略なしの構文で、それぞれ以下の表のようなレコードを登録しなさい。登録後、レコードが正しくpianistテーブルに保存されていることも確認しなさい。

フィールド名	値（省略構文）	値（省略なしの構文）
pid	1	2
name	ホロヴィッツ	リヒテル
birth	1903-10-01	1915-03-20
death	1989	1997

ヒント 3-4〜3-6

データ型と制約

4-1　データ型

4-2　制約（主キー制約）

4-3　オートインクリメント

4-4　NOT NULL制約

4-5　デフォルト値

4-6　外部キー

◉第4章　練習問題

1 データ型

予習 データ型について理解する

Excelのような表計算ソフトとリレーショナルデータベースは似たところもありますが、決定的に違うところがあります。それは、3-1でも触れたように、データベースではデータ型をあらかじめ決めておかなければならない、という点です。
データ型とは、そのフィールドにどんな値を入れることができるのかを表す情報です。ここでは、さまざまなデータ型を定義したフィールドに対して、実際に値を登録してみることにします。

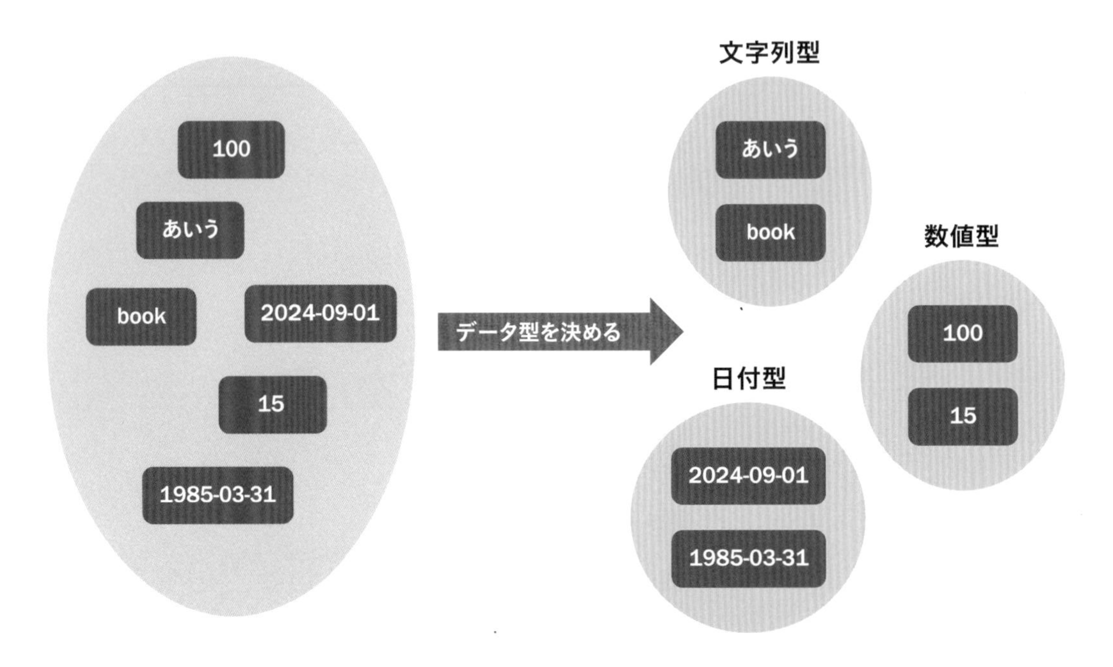

体験 テーブルにさまざまなレコードを追加しよう

1 mysqlクライアントを起動する

mysqlクライアントを起動してパスワードを入力し❶、basicデータベースに移動します❷。

Tips

basicデータベースは第3章で使用してきたものをそのまま使います。

```
PS C:\Users\nami-> mysql -u myusr -p;
Enter password: *****
Welcome to the MySQL monitor.  Commands end with ; or \g.
Your MySQL connection id is 11
Server version: 8.0.34 MySQL Community Server - GPL

Copyright (c) 2000, 2023, Oracle and/or its affiliates.

Oracle is a registered trademark of Oracle Corporation and/or its
affiliates. Other names may be trademarks of their respective
owners.

Type 'help;' or '\h' for help. Type '\c' to clear the current input statement.

mysql> USE basic;
Database changed
mysql>
```

```
PS C:\Users\nami-> mysql -u myusr -p↵
Enter password: *****
```

❶ コマンドとパスワードを入力してそれぞれ Enter キーを押す

```
mysql> USE basic;
```

❷ 入力して Enter キーを押す

2 新規にレコードを追加する①

usrテーブルにレコードを追加します。右のように入力してINSERT命令を実行します❶。図のようにエラーメッセージが表示されることを確認してください。

Tips

数値型のfamilyフィールドに文字列で「1人」と入力したのでエラーとなっています。

```
mysql> INSERT INTO usr
    -> (uid, passwd, uname, family)
    -> VALUES ('tsatou', '13579', '佐藤留吉', '1人');
ERROR 1265 (01000): Data truncated for column 'family' at row 1
mysql>
```

エラーメッセージが表示される

```
mysql> INSERT INTO usr↵
    -> (uid, passwd, uname, family)↵
    -> VALUES ('tsatou', '13579', '佐藤留吉', '1人');
```

❶ 入力して Enter キーを押す

3 新規にレコードを追加する②

usrテーブルにレコードを追加します。右のように入力してINSERT命令を実行します❶。図のように「Query OK, …」というメッセージが表示されれば成功です。

Tips

数値型のfamilyフィールドに数値で「1」と入力したので成功しています。文字列とは異なり、クォート(')でくくる必要はありません。

```
mysql> INSERT INTO usr
    -> (uid, passwd, uname, family)
    -> VALUES ('tsatou', '13579', '佐藤留吉', 1);
Query OK, 1 row affected (0.01 sec)

mysql>
```

成功メッセージが表示される

```
mysql> INSERT INTO usr↵
    -> (uid, passwd, uname, family)↵
    -> VALUES ('tsatou', '13579', '佐藤留吉', 1);
```

❶ 入力して Enter キーを押す

理解 データ型について

データ型の意味

データ型とは、フィールドに含まれる値を文字として扱うのか数値として扱うのか、それともまったく違うものとして扱うのかを表す情報です。また、同じ文字列や数値でも、それが何桁まで表せるのかという情報も、データ型には含まれます。
データベースでは、データ型を明確に決めておくことで、たとえば誕生日の欄に「2024-06-25」「2024年6月25日」「0625」などの値が混在してしまうことを防ぐことができます。この例であれば、最初の値は日付ですが、次の値は文字列ですし、最後の値は数値と見なされます。

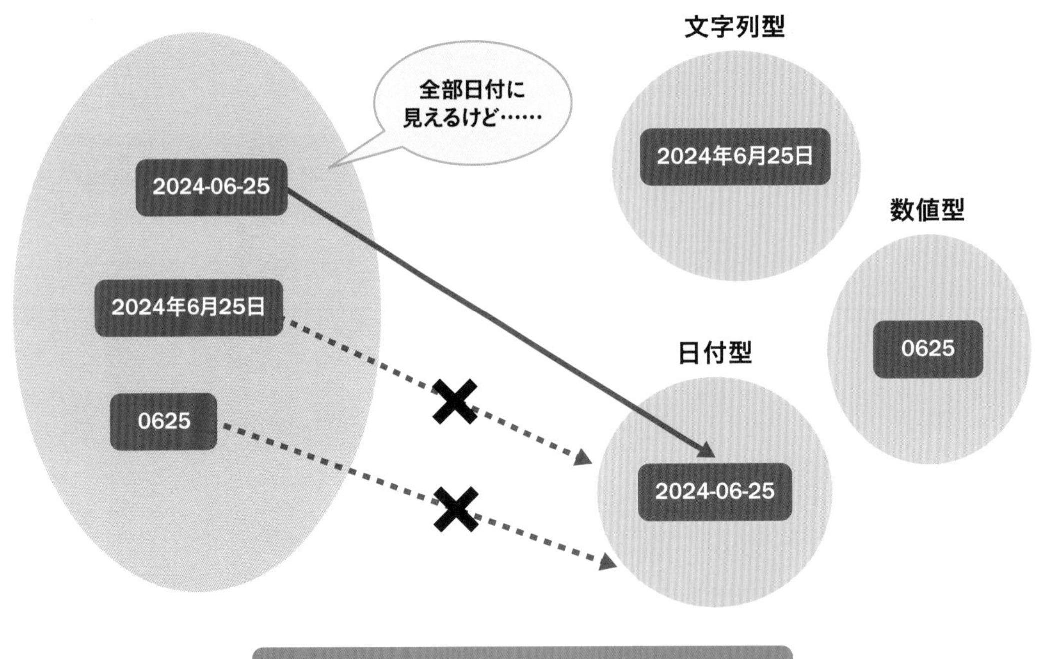

先ほどの手順2では、数値型を指定したfamilyフィールドに「1人」という文字列を入力したので、INSERT命令がエラーとなりました。手順3では「1」という数値を入力したので、INSERT命令が正しく実行されています。このように、データ型を決めておくことで、誤って意図しない値が格納されてしまうという問題を防ぐことができます。

データ型の種類

MySQLのデータ型は、**数値型**、**文字列型**、**日付／時刻型**、**その他**に分類できます。実際にはもっと多くのデータ型がありますが、まずは以下のものを押さえておけば十分でしょう。

分類	データ型	概要
数値	INT [UNSIGNED]	整数（範囲は-2147483648〜2147483647。UNSIGNEDでは0〜4294967295）
	DOUBLE [UNSIGNED]	小数（範囲は$-1.7976931348623157 \times 10^{308}$〜$-2.2250738585072014 \times 10^{-308}$、0、$2.2250738585072014 \times 10^{-308}$〜$1.7976931348623157 \times 10^{308}$。UNSIGNEDでは負数は不可）
文字列	CHAR（桁数）	桁数が決まった文字列（固定長文字列）
	VARCHAR（桁数）	指定された桁数まで入力できる文字列（可変長文字列）
	TEXT	長いテキスト（2^{16}-1バイト）
日付/時刻	DATETIME	日付／時刻
	DATE	日付
	TIME	時刻
その他	BLOB	バイナリデータ

UNSIGNEDは「符号を持たない」という意味で、たとえばINT UNSIGNED型、DOUBLE UNSIGNED型ではマイナスの数字を許可しません。
CHARとVARCHARの違いはややわかりにくいかもしれませんが、たとえば郵便番号やクレジットカードの番号のようにあらかじめ桁数が決まっている文字列はCHARで、それ以外の文字列はVARCHARで、という区別をしておくとよいでしょう。
また、データ型（桁数）を明示するということは、レコードの記憶容量を節約できるということでもあります。たとえば、最初から1桁しかないことがわかっている文字列に何桁もの文字列が入る領域を確保しておく必要はありません。格納する値の種類によって、必要最小限の型を用意するのが、テーブル設計の基本です。

▶データ型は、レコードの種類と、値が何桁格納できるかを表す情報
▶データ型は、数値型、文字列型、日付型、その他に分類できる

制約（主キー制約）

予習 主キー制約について理解する

主キーとは、テーブルの中でレコードを一意に特定するためのキーとなるフィールドのことです。たとえば、社員テーブルであれば、社員番号が主キーになるかもしれませんし、商品テーブルであれば商品コードが主キーになるかもしれません。主キーとは、レコードに付けられた背番号なのです。

あるフィールドに主キーを設定した場合、そのフィールドには重複した値や空の値（NULL）は入力できなくなります。このような制約のことを**主キー制約**と言います。

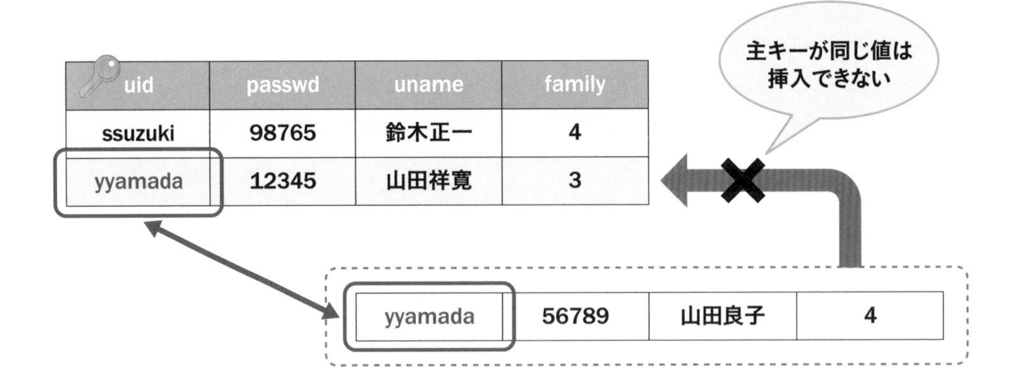

体験 主キー制約の動作を確認しよう

1 mysqlクライアントを起動する

mysqlクライアントを起動してパスワードを入力し❶、basicデータベースに移動します❷。

```
PS C:\Users\nami-> mysql -u myusr -p;
Enter password: *****
Welcome to the MySQL monitor.  Commands end with ; or \g.
Your MySQL connection id is 12
Server version: 8.0.34 MySQL Community Server - GPL

Copyright (c) 2000, 2023, Oracle and/or its affiliates.

Oracle is a registered trademark of Oracle Corporation and/or its
affiliates. Other names may be trademarks of their respective
owners.

Type 'help;' or '\h' for help. Type '\c' to clear the current input statement.

mysql> USE basic;
Database changed
mysql>
```

```
PS C:\Users\nami-> mysql -u myusr -p
Enter password: *****
```

❶ コマンドとパスワードを入力してそれぞれ Enter キーを押す

```
mysql> USE basic;
```

❷ 入力して Enter キーを押す

2 主キーを設定する

usrテーブルに対して、主キーを設定します。右のように入力してALTER TABLE命令を実行します❶。図のように「Query OK, …」と表示されれば成功です。
mysql> ALTER TABLE usr ADD PRIMARY KEY (uid);
Query OK, 0 rows affected (0.06 sec)
Records: 0 Duplicates: 0 Warnings: 0

```
mysql> ALTER TABLE usr ADD PRIMARY KEY (uid);
```

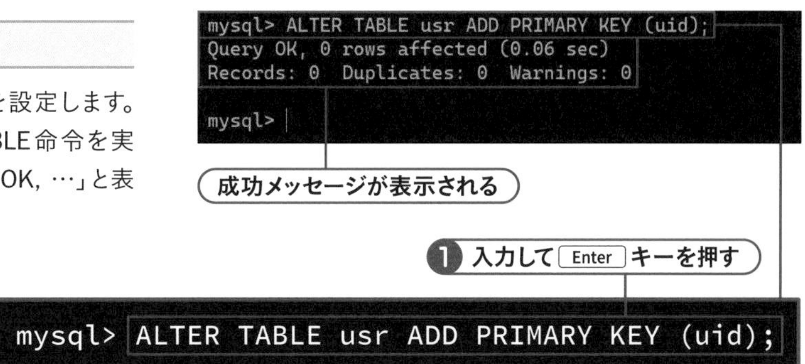

3 主キーが設定されたことを確認する

usrテーブルのフィールド情報を確認してみます。右のように入力してSHOW FIELDS命令を実行します❶。すると、usrテーブルに含まれるフィールド情報の一覧が表示されるので、uidフィールドのKey欄に「PRI」と表示されていれば成功です。
| Field | Type | Null | Key | Default | Extra |
+--------+-------------+------+-----+---------+-------+
uid	varchar(7)	NO	PRI	NULL	
passwd	varchar(15)	YES		NULL	
uname	varchar(20)	YES		NULL	
family	int	YES		NULL	
+--------+-------------+------+-----+---------+-------+
4 rows in set (0.00 sec)

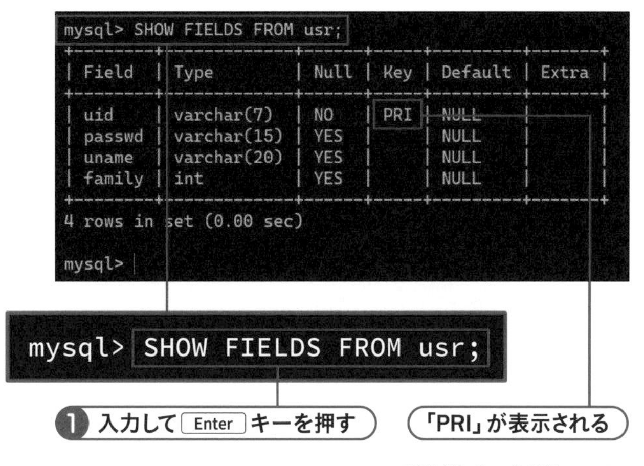

4 新規にレコードを登録する

usrテーブルにレコードを追加します。右のように入力してINSERT命令を実行します❶。図のように「Query OK, …」と表示されれば成功です。

```
mysql> INSERT INTO usr (uid, passwd, uname, family)
    -> VALUES ('hinoue', '24680', '井上花子', 4);
Query OK, 1 row affected (0.01 sec)

mysql>
```

成功メッセージが表示される

❶ 入力して Enter キーを押す

```
mysql> INSERT INTO usr (uid, passwd, uname, family) ↵
    -> VALUES ('hinoue', '24680', '井上花子', 4);
```

5 主キー制約を確認する①

usrテーブルに、手順4と同じレコードを追加します。右のように入力してINSERT命令を実行します❶。今度は図のようにエラーメッセージが表示されることを確認してください。

Tips

手順4で入力したレコードと主キーが重複しているためエラーが出ます。

6 主キー制約を確認する②

usrテーブルに別のレコードを追加します。右のように入力してINSERT命令を実行します❶。図のようにエラーメッセージが表示されることを確認してください。

Tips

主キー以外のフィールドは値が異なりますが、主キーが手順4のレコードと重複しているためエラーが出ます。

理解 主キーについて

どのフィールドを主キーとすべきなのか？

まずは、どのフィールドを主キーに設定したらよいのか、以下のようなユーザテーブルを例に考えてみましょう（説明の便宜上、例題で作成したusrテーブルとは異なります）。

氏名	住所	パスワード	更新日
山田太郎	東京都福山市1-1-1	12345	2023/8/10
鈴木健治	神奈川県三次市2-2-2	23456	2024/7/1
佐藤大輔	千葉県府中市3-2-1	34567	2024/7/1

「更新日」は明らかに値が重複しているので、まず除外されます。「氏名」「住所」「パスワード」は一見、重複はないように見えますが、同姓同名の人間は普通に存在しますし、家族であれば同一住所のユーザがいる可能性もあります。たまたま同じパスワードを設定する人もいるでしょう。

つまり、この例では主キーに設定できるフィールドがないのです。しかし、リレーショナルデータベースでは主キーと外部キーの対応関係によってレコードを紐づけします。主キーは、テーブルにかならず１つだけ設定しておく必要があります。

このような場合は、重複しないようなフィールドを新たに追加しておきましょう。たとえば、「tyamada」「ksuzuki」のような「ユーザコード」フィールドを設けます。これで主キーが設定できるようになります。

ユーザコード	氏名	住所	パスワード	更新日
tyamada	山田太郎	東京都福山市1-1-1	12345	2023/8/10
ksuzuki	鈴木健治	神奈川県三次市2-2-2	23456	2024/7/1
dsato	佐藤大輔	千葉県府中市3-2-1	34567	2024/7/1

これを主キーとして設定する

主キーを設定する方法（ALTER TABLE命令）

既存のテーブルに対して主キーを設定するには、ALTER TABLE命令のADD PRIMARY KEY句を使います。

▼構文

```
ALTER TABLE テーブル名 ADD PRIMARY KEY (フィールド名, ...)
```

これで、「＜テーブル名＞に含まれる＜フィールド名, ... ＞を主キーに設定」します。

ここで注目していただきたいのは、主キーに設定できるフィールド名が１つとは限らない点です。つまり、カンマ区切りで複数のフィールドを指定できるのです。
たとえば、先ほどのユーザテーブルであれば、「氏名」フィールドだけでは主キーにはなりえませんが、「氏名」＋「住所」の組み合わせであれば主キーになるかもしれません（同一住所で同姓同名の人間はいないと考えられるためです）。このように複数のフィールドから構成される主キーのことを**複合キー**と言います。
なお、複合キーはあくまで主キーを構成するフィールドが複数あるというだけで、主キーとしてはあくまで１つのキーです。１つのテーブルで主キーを複数設定できるわけではありませんので、間違えないようにしてください。

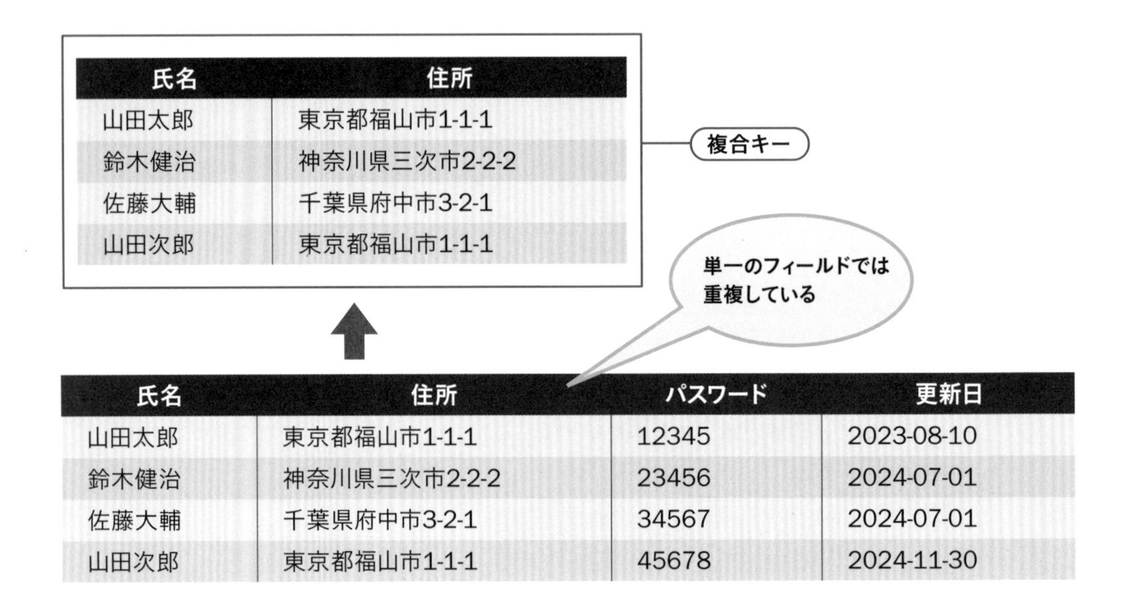

氏名	住所
山田太郎	東京都福山市1-1-1
鈴木健治	神奈川県三次市2-2-2
佐藤大輔	千葉県府中市3-2-1
山田次郎	東京都福山市1-1-1

氏名	住所	パスワード	更新日
山田太郎	東京都福山市1-1-1	12345	2023-08-10
鈴木健治	神奈川県三次市2-2-2	23456	2024-07-01
佐藤大輔	千葉県府中市3-2-1	34567	2024-07-01
山田次郎	東京都福山市1-1-1	45678	2024-11-30

主キーを設定する方法(CREATE TABLE命令)

主キーは、CREATE TABLE命令でテーブルを作成するときに同時に設定することもできます。

▼構文

```
CREATE TABLE テーブル名 (フィールド名 データ型, ...,
  PRIMARY KEY (フィールド名, ...))
```

たとえば、例題でも使っているusrテーブルを作成するならば、

```
mysql> CREATE TABLE usr
    -> (uid VARCHAR(7), passwd VARCHAR(15), uname VARCHAR(20),
    -> family INT, PRIMARY KEY(uid));
```

のように書くことができます。普通、主キーは最初から決めておくものなので、こちらの構文を使うことが多いでしょう。

主キー制約

冒頭でも説明したように、主キーを設定したフィールドには、主キー制約により重複した値は入力できません。手順4～6ではそのことを確認しました。手順56で入力したレコードが、手順4で入力した主キー値(＝uidフィールドの「hinoue」)と重複しているので、いずれもエラーとなっています。

手順5は手順4とまったく同じレコードですが、手順6のように、他のフィールドの値は異なっていても、主キーが重複していればレコードの登録は失敗するので注意してください。

- ▶主キーは、テーブル内のレコードを一意に特定のするためのキー
- ▶あとから主キーを追加するには、ALTER TABLE命令のADD PRIMARY KEY句を使う
- ▶主キーはCREATE TABLE命令でテーブル作成時に設定することもできる

3 オートインクリメント

予習 オートインクリメント機能について理解する

先ほど主キーとなりうるフィールドが存在しない場合には、新たに一意となるようなフィールドを追加してやればよいと言いました。しかし、以下のようなscheduleテーブル（スケジュール情報を格納するためのテーブル）ではどうでしょう。
前節でも解説したように新たに主キーとして予定コードを追加するという方法もありますが、1つ1つのレコードに予定コードを決めて設定するのも面倒な話です。
このような場合、スケジュールの登録順に自動的に連番を振ってくれるのが、**オートインクリメント（自動連番）**機能です。

オートインクリメント機能で連番が振られたフィールドを追加

subject（予定）	pdate（予定日）	ptime（予定時間）
WINGS会議	2023-06-25	15:00
A社打ち合わせ	2023-07-03	16:00
B企画書提出	2023-07-05	17:00

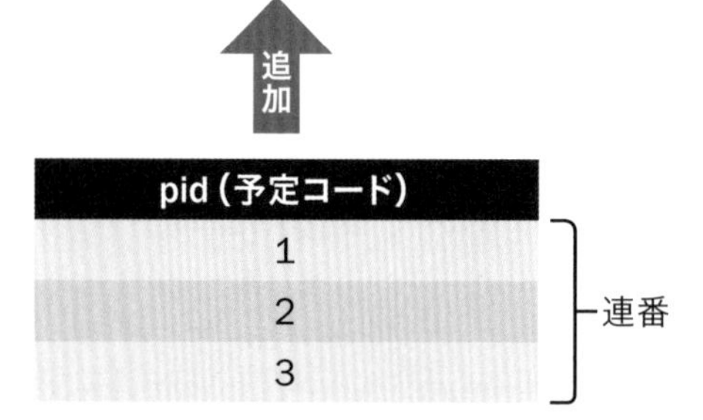

体験 オートインクリメント機能を追加しよう

1 テーブルを新規作成する

4-1の手順に従って、mysqlクライアントを起動し、basicデータベースに移動します。新規のscheduleテーブルを作成します。右のように入力して、CREATE TABLE命令を実行します❶。図のように「Query OK, …」と表示されれば成功です。

```
mysql> CREATE TABLE schedule
    -> (pid INT AUTO_INCREMENT, uid VARCHAR(7),
    -> subject VARCHAR(100), pdate DATE, ptime TIME,
    -> cid INT, memo TEXT, PRIMARY KEY(pid));
Query OK, 0 rows affected (0.01 sec)

mysql>
```

成功メッセージが表示される

```
mysql> CREATE TABLE schedule ↵
    -> (pid INT AUTO_INCREMENT, uid VARCHAR(7), ↵
    -> subject VARCHAR(100), pdate DATE, ptime TIME, ↵
    -> cid INT, memo TEXT, PRIMARY KEY(pid));
```

❶ 入力して Enter キーを押す

Tips

ここでは、92ページの表のようなフィールド名とデータ型を持つscheduleテーブルを作成します。pidフィールドにオートインクリメント機能を設定しています。

2 フィールド情報を確認する

scheduleテーブルのフィールド情報を確認してみます。右のように入力してSHOW FIELDS命令を実行します❶。すると、scheduleテーブルに含まれるフィールド情報の一覧が表示されるので、pidフィールドのExtra欄に「auto_increment」と表示されていることを確認してください。

```
mysql> SHOW FIELDS FROM schedule;
+---------+--------------+------+-----+---------+----------------+
| Field   | Type         | Null | Key | Default | Extra          |
+---------+--------------+------+-----+---------+----------------+
| pid     | int          | NO   | PRI | NULL    | auto_increment |
| uid     | varchar(7)   | YES  |     | NULL    |                |
| subject | varchar(100) | YES  |     | NULL    |                |
| pdate   | date         | YES  |     | NULL    |                |
| ptime   | time         | YES  |     | NULL    |                |
| cid     | int          | YES  |     | NULL    |                |
| memo    | text         | YES  |     | NULL    |                |
+---------+--------------+------+-----+---------+----------------+
7 rows in set (0.00 sec)

mysql>
```

「auto_increment」が表示される

```
mysql> SHOW FIELDS FROM schedule;
```

❶ 入力して Enter キーを押す

3 レコードを登録する①

scheduleテーブルにレコードを追加します。右のように入力してINSERT命令を実行します❶。図のように「Query OK, 1 row affected」と表示されれば成功です。

```
mysql> INSERT INTO schedule (uid, subject, pdate, ptime, cid, memo)
    -> VALUES ('yyamada', 'WINGS会議', '2023-06-25', '15:00', 1,
    -> '配布プリント持参');
Query OK, 1 row affected (0.01 sec)

mysql>
```

成功メッセージが表示される

❶ 入力して Enter キーを押す

```
mysql> INSERT INTO schedule (uid, subject, pdate, ptime, cid, memo) ↵
    -> VALUES ('yyamada', 'WINGS会議', '2023-06-25', '15:00', 1, '配布プリント持参');
```

4 レコードを登録する②

続けてscheduleテーブルにレコードをもう1件追加します。右のように入力してINSERT命令を実行します❶。図のように「Query OK, 1 row affected」と表示されれば成功です。

```
mysql> INSERT INTO schedule (uid, subject, pdate, ptime, cid, memo)
    -> VALUES ('tsatou', 'B企画書提出', '2023-07-05', '17:00', 3,
    -> 'サンプル添付');
Query OK, 1 row affected (0.01 sec)

mysql>
```

成功メッセージが表示される

```
mysql> INSERT INTO schedule (uid, subject, pdate, ptime, cid, memo) ↵
    -> VALUES ('tsatou', 'B企画書提出', '2023-07-05', '17:00', 3, 'サンプル添付');
```

❶ 入力して Enter キーを押す

Tips

手順3、4ともにpidフィールドにはとくに値を設定していないことに注目してください。

5 テーブルの内容を参照する

scheduleテーブルに保存されたレコードを参照します。右のように入力してSELECT命令を実行します❶。図のように、pidフィールドに連番が登録順にセットされていることが確認できれば成功です。

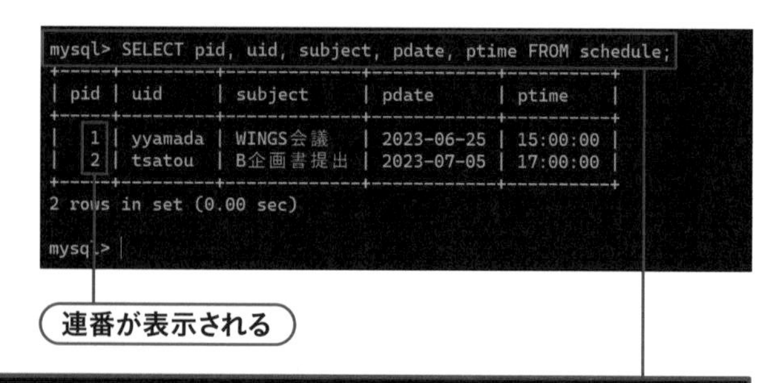

```
mysql> SELECT pid, uid, subject, pdate, ptime FROM schedule;
+-----+---------+-------------+------------+----------+
| pid | uid     | subject     | pdate      | ptime    |
+-----+---------+-------------+------------+----------+
|   1 | yyamada | WINGS会議   | 2023-06-25 | 15:00:00 |
|   2 | tsatou  | B企画書提出 | 2023-07-05 | 17:00:00 |
+-----+---------+-------------+------------+----------+
2 rows in set (0.00 sec)

mysql>
```

連番が表示される

```
mysql> SELECT pid, uid, subject, pdate, ptime FROM schedule;
```

❶ 入力して Enter キーを押す

Tips

mysqlクライアントを終了するには「exit;」と入力してください。

scheduleテーブルの構成

フィールド名	データ型	概要
pid	INT	予定コード(主キー。自動連番)
uid	VARCHAR(7)	ユーザID
subject	VARCHAR(100)	予定名
pdate	DATE	予定日
ptime	TIME	予定時間
cid	INT	分類コード
memo	TEXT	備考

理解 オートインクリメント機能について

オートインクリメント機能を有効にするには、CREATE TABLE命令を使い、フィールド定義の属性（末尾）にAUTO_INCREMENTキーワードを指定します。

▼構文

```
CREATE TABLE テーブル名 (フィールド名 データ型 AUTO_INCREMENT, ...)
```

オートインクリメント機能を有効にしたフィールドは、レコードが登録されるたびに「そのフィールドの最大値＋1」が自動的に設定されるようになります。その性質上、オートインクリメント機能は整数型のフィールドにのみ設定できます。

また、オートインクリメント機能は主キー制約と合わせて利用するのが一般的です。手順1ではpidフィールドに対して、オートインクリメント機能を有効にし、さらに主キーを設定しました。

```
mysql> CREATE TABLE schedule
    -> (pid INT AUTO_INCREMENT, uid VARCHAR(7),
    -> subject VARCHAR(100), pdate DATE, ptime TIME,
    -> cid INT, memo TEXT, PRIMARY KEY(pid));
```

そのほか、ALTER TABLE命令のMODIFTY句を使うことで、既存のフィールドに対してあとからオートインクリメント機能だけを追加することもできます。

```
mysql> ALTER TABLE schedule MODIFY pid INT AUTO_INCREMENT;
```

まとめ

- ▶オートインクリメント機能を有効にすることで、そのフィールドには自動的に連番が登録される
- ▶オートインクリメント機能は、フィールド定義の属性にAUTO_INCREMENTキーワードを追加することで有効になる

NOT NULL制約

予習 NOT NULL制約について理解する

NULL値とは、値が何も定義されていない状態（未定義な値）を意味します。しかし、フィールドによっては必ず何かしら値を入力してほしいということもあるでしょう。
たとえば、先ほどのusrテーブルでpasswdフィールド（パスワード）やunameフィールド（ユーザ名）に意味のある値が入力されていないのは不都合です。このような場合には、フィールドに**NOT NULL**制約を設定しておきましょう。NOT NULL制約を設定することで、フィールドの値としてNULL値を禁止することができます。

NOT NULL制約

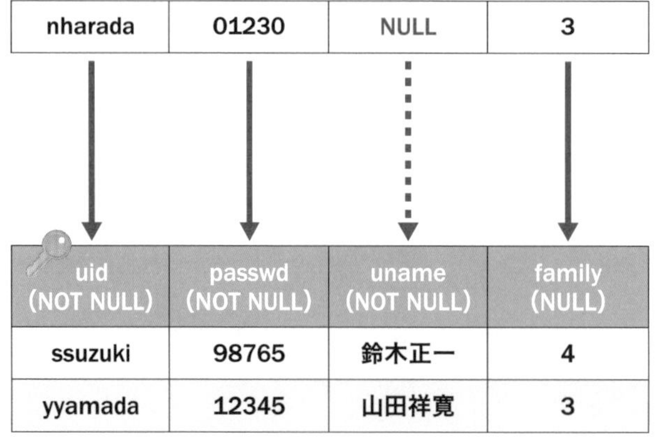

nharada	01230	NULL	3

uid (NOT NULL)	passwd (NOT NULL)	uname (NOT NULL)	family (NULL)
ssuzuki	98765	鈴木正一	4
yyamada	12345	山田祥寛	3

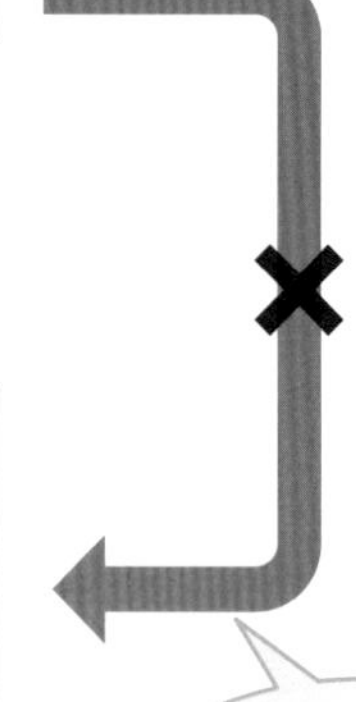

体験 NOT NULL制約を設定しよう

1 mysqlクライアントを起動する

mysqlクライアントを起動してパスワードを入力し❶、basicデータベースに移動します❷。

```
PS C:\Users\nami-> mysql -u myusr -p;
Enter password: *****
Welcome to the MySQL monitor.  Commands end with ; or \g.
Your MySQL connection id is 9
Server version: 8.0.34 MySQL Community Server - GPL

Copyright (c) 2000, 2023, Oracle and/or its affiliates.

Oracle is a registered trademark of Oracle Corporation and/or its
affiliates. Other names may be trademarks of their respective
owners.

Type 'help;' or '\h' for help. Type '\c' to clear the current input statement.

mysql> USE basic;
Database changed
mysql>
```

```
PS C:\Users\nami-> mysql -u myusr -p
Enter password: *****
```

❶ コマンドとパスワードを入力してそれぞれ Enter キーを押す

```
mysql> USE basic;
```

❷ 入力して Enter キーを押す

2 NOT NULL制約を設定する

usrテーブルのpasswd、unameフィールドに対して、NOT NULL制約を設定します。右のように入力してALTER TABLE命令を実行します❶。図のように「Query OK, …」と表示されれば成功です。

```
mysql> ALTER TABLE usr
    -> MODIFY passwd varchar(15) NOT NULL,
    -> MODIFY uname varchar(20) NOT NULL;
```

成功メッセージが表示される

3 フィールド情報を確認する

usrテーブルのフィールド情報を確認してみます。右のように入力してSHOW FIELDS命令を実行します❶。すると、usrテーブルに含まれるフィールド情報の一覧が表示されるので、passwd、unameフィールドのNull欄に「NO」と表示されていることを確認してください。
| Field | Type | Null | Key | Default | Extra |
+--------+-------------+------+-----+---------+-------+
| uid | varchar(7) | NO | PRI | NULL | |
| family | int | YES | | NULL | |
+--------+-------------+------+-----+---------+-------+
4 rows in set (0.01 sec)

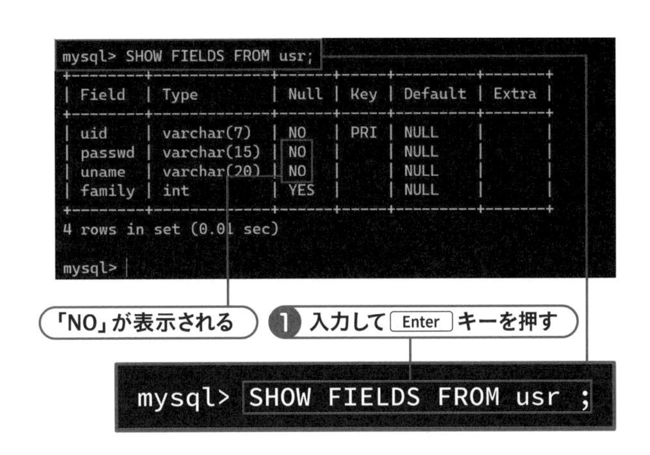

4 レコードを登録する（エラー確認）

usrテーブルにレコードを追加します。右のように入力してINSERT命令を実行します❶。図のようにエラーメッセージが表示されることを確認してください。

> **Tips**
> NOT NULL制約を指定したunameフィールドに値を設定していないので、エラーとなりました。

5 レコードを登録する（成功）

続けてusrテーブルにレコードを追加します。右のように入力してINSERT命令を実行します❶。図のように「Query OK, 1 row affected」と表示されれば成功です。

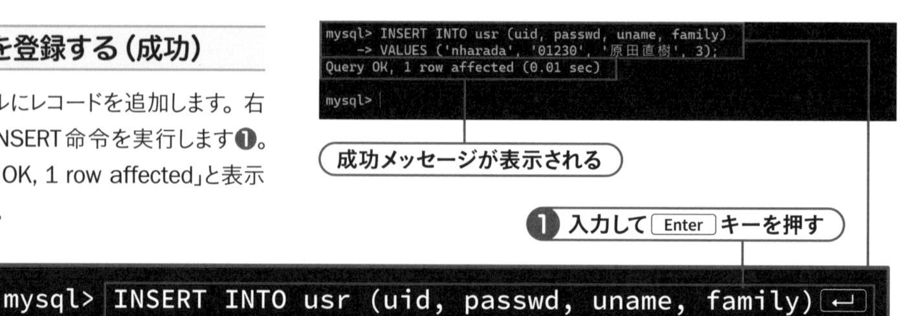

> **Tips**
> NOT NULL制約を指定したフィールドすべてに値を設定しているので成功しました。

6 mysqlクライアントを終了する

mysqlクライアントを終了します。右のように入力して、exit命令を実行します❶。図のように元のプロンプトに戻ります。

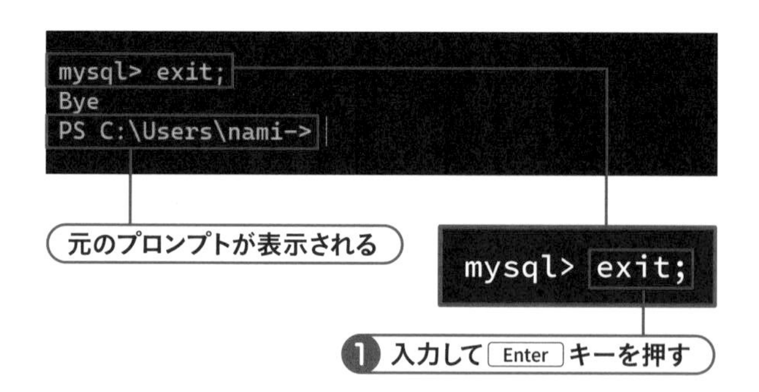

理解 NOT NULL制約について

NOT NULL制約を設定するには、ALTER TABLE命令のMODIFY句を使い、フィールド定義の属性(末尾)にNOT NULLキーワードを指定します。

▼構文

```
ALTER TABLE テーブル名 MODIFY フィールド名 データ型 NOT NULL, ...
```

先の手順では、usrテーブルのpasswd、unameフィールドに対して、NOT NULL制約を設定しています。

```
mysql> ALTER TABLE usr
    -> MODIFY passwd varchar(15) NOT NULL,
    -> MODIFY uname varchar(20) NOT NULL;
```

ここでは、ALTER TABLE命令での例を挙げましたが、NOT NULLキーワードはCREATE TABLE命令でテーブル作成時に指定することもできます。

```
mysql> CREATE TABLE usr
    -> (uid VARCHAR(7), passwd VARCHAR(15) NOT NULL,
    -> uname VARCHAR(20) NOT NULL, family INT,
    -> PRIMARY KEY(uid));
```

ちなみに、主キーを設定したフィールドは自動的にNOT NULL制約となるので、わざわざNOT NULL制約を指定する必要はありません。

まとめ

- **NOT NULL制約を指定することで、そのフィールドに必ず値を設定させることができる**
- **NOT NULL制約を設定するには、フィールド定義の属性にNOT NULLキーワードを指定する**
- **主キー制約にはNOT NULL制約が含まれる**

デフォルト値

予習 デフォルト値について理解する

デフォルト値とは、フィールドに何も値が指定されなかった場合に、自動的にセットされる値のことです。たとえば、usrテーブルの場合であれば、unameフィールドに値が設定されなかった場合、とりあえず「ゲスト」という値を設定しておく、などといったことが考えられるでしょう。
ここでは既存のテーブルにデフォルト値を設定する方法について学びます。

デフォルト値の設定

デフォルト値を「ゲスト」に設定

uid	passwd	uname	family
ssuzuki	98765	鈴木正一	4
yyamada	12345	山田祥寛	3
hinoue	24680	井上花子	4
hsugita	45231		3

unameフィールドの値がないまま挿入すると……

uid	passwd	uname	family
ssuzuki	98765	鈴木正一	4
yyamada	12345	山田祥寛	3
hinoue	24680	井上花子	4
hsugita	45231	ゲスト	3

デフォルト値が自動で入る

体験 デフォルト値を設定しよう

1 mysqlクライアントを起動する

mysqlクライアントを起動してパスワードを入力し❶、basicデータベースに移動します❷。

```
PS C:\Users\nami-> mysql -u myusr -p;
Enter password: *****
Welcome to the MySQL monitor.  Commands end with ; or \g.
Your MySQL connection id is 11
Server version: 8.0.34 MySQL Community Server - GPL

Copyright (c) 2000, 2023, Oracle and/or its affiliates.

Oracle is a registered trademark of Oracle Corporation and/or its
affiliates. Other names may be trademarks of their respective
owners.

Type 'help;' or '\h' for help. Type '\c' to clear the current input statement.

mysql> USE basic;
Database changed
mysql>
```

```
PS C:\Users\nami-> mysql -u myusr -p⏎
Enter password: *****
```

❶ コマンドとパスワードを入力してそれぞれ Enter キーを押す

```
mysql> USE basic;
```

❷ 入力して Enter キーを押す

2 デフォルト値を設定する

usrテーブルの、unameフィールドに対して、デフォルト値「ゲスト」を設定します。右のように入力してALTER TABLE命令を実行します❶。図のように「Query OK, …」と表示されれば成功です。

成功メッセージが表示される

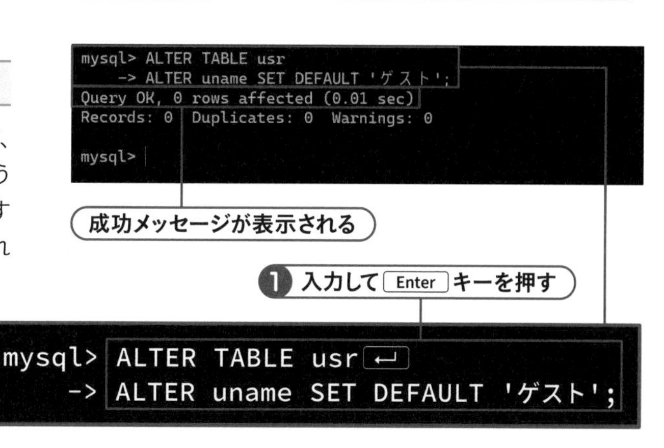

❶ 入力して Enter キーを押す

```
mysql> ALTER TABLE usr⏎
    -> ALTER uname SET DEFAULT 'ゲスト';
```

3 フィールド情報を確認する

usrテーブルのフィールド情報を確認してみます。右のように入力してSHOW FIELDS命令を実行します❶。すると、usrテーブルに含まれるフィールド情報の一覧が表示されるので、unameフィールドのDefault欄に「ゲスト」と表示されていることを確認してください。

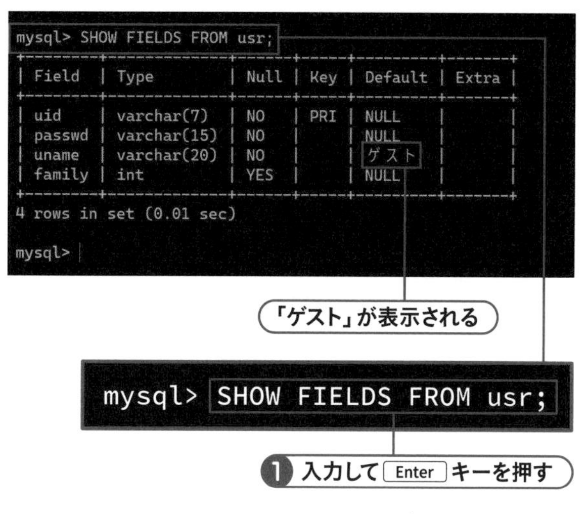


```
mysql> SHOW FIELDS FROM usr;
```

❶ 入力して Enter キーを押す

4 レコードを登録する

usrテーブルにレコードを追加します。右のように入力してINSERT命令を実行します❶。図のように「Query OK, 1 row affected」と表示されれば成功です。

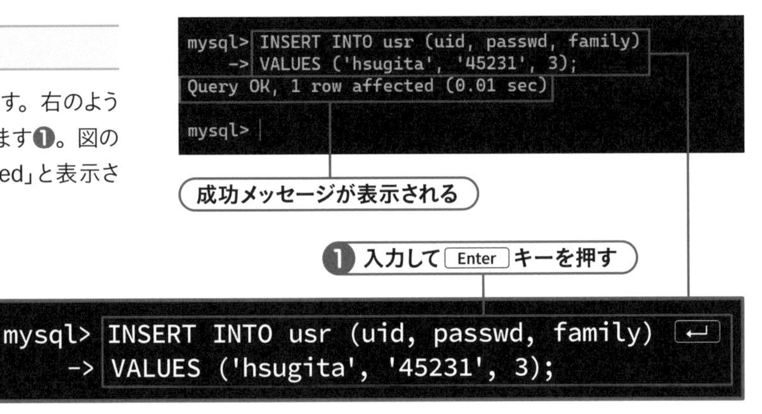

5 テーブルの内容を確認する

usrテーブルに保存されたレコードを参照します。右のように入力してSELECT命令を実行します❶。図のように、unameフィールドに「ゲスト」と表示されていることを確認してください。

```
mysql> SELECT * FROM usr;
+---------+--------+----------+--------+
| uid     | passwd | uname    | family |
+---------+--------+----------+--------+
| hinoue  | 24680  | 井上花子  |      4 |
| hsugita | 45231  | ゲスト    |      3 |
| nharada | 01230  | 原田直樹  |      3 |
| ssuzuki | 98765  | 鈴木正一  |      4 |
| tsatou  | 13579  | 佐藤留吉  |      1 |
| yyamada | 12345  | 山田祥寛  |      3 |
+---------+--------+----------+--------+
6 rows in set (0.00 sec)
```

Tips

手順4でunameフィールドの値を登録しなかったので、デフォルト値が設定されました。

```
mysql> SELECT * FROM usr;
```

❶ 入力して Enter キーを押す

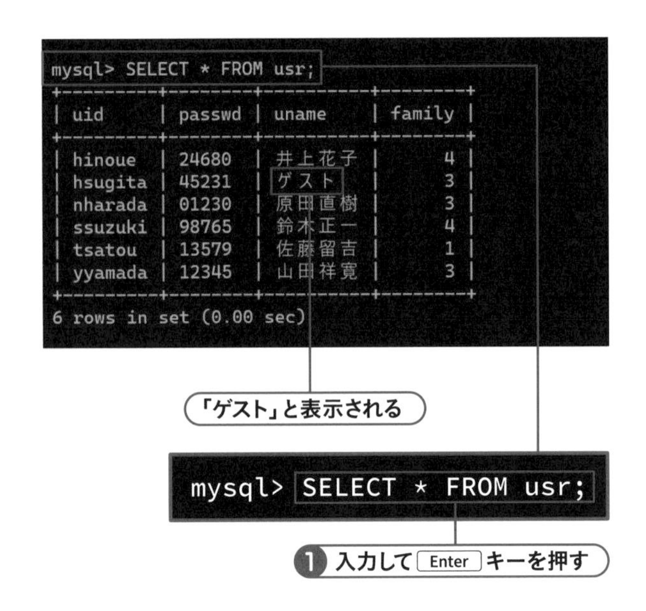

6 mysqlクライアントを起動する

mysqlクライアントを終了します。右のように入力して、exit命令を実行します❶。図のように元のプロンプトに戻ります。

理解 デフォルト値について

デフォルト値を設定するには、ALTER TABLE命令のSET DEFAULT句を使います。

▼構文

```
ALTER TABLE テーブル名 ALTER フィールド名 SET DEFAULT デフォルト値
```

手順2では、usrテーブルのunameフィールドに対して、デフォルト値として「ゲスト」を設定しています。そのため、手順4でunameフィールドの値を登録していませんが、手順5のように「ゲスト」という値が登録されていることが確認できます。

なお、ここではALTER TABLE命令での例を挙げましたが、デフォルト値はCREATE TABLE命令でテーブル作成時に設定することもできます。

```
mysql> CREATE TABLE usr
    -> (uid VARCHAR(7), passwd VARCHAR(15) NOT NULL,
    -> uname VARCHAR(20) NOT NULL DEFAULT 'ゲスト', family INT,
    -> PRIMARY KEY(uid));
```

この例では、属性としてデフォルト値だけでなくNOT NULLも設定しています。このように、複数の属性をスペース区切りで指定することで、1つのフィールドに複数の属性を指定することもできます。なお、属性の区切りはカンマではなくスペースなので、間違えないようにしてください。

まとめ

- ▶**デフォルト値を設定することで、フィールドに値が設定されなかった場合に、あらかじめ決められた値をセットすることができる**
- ▶**デフォルト値を設定するには、ALTER TABLE命令のSET DEFAULT句を使う**

外部キー

予習 外部キーについて理解する

リレーショナルデータベースで、主キーと並んで大切な概念となるのが**外部キー**です。**1-3**でも触れたように、リレーショナルデータベースでは主キーと外部キーとの対応関係によって、テーブル間のレコードを紐づけることができます。そして、この対応関係を保つための機能が**外部キー制約**（参照性制約）なのです。
外部キー制約を設定することで、「外部キーを追加／更新するときに対応する主キーが存在するか」「主キーを削除するときに対応する外部キーが存在しないか」などをデータベースがチェックしてくれるようになります。

外部キー制約

外部キー

scheduleテーブル

pid	uid	subject	pdate	ptime	cid	memo
1	yyamada	WINGS会議	2024-06-25	15:00	1	配布プリント持参
2	tsatou	B企画書提出	2024-07-05	17:00	3	サンプル添付

✕ 対応する主キーが存在しない場合は、レコードを登録できない

主キー

usrテーブル

uid	passwd	uname	family
ssuzuki	98765	鈴木正一	4
yyamada	12345	山田祥寛	3

✕ 外部キーとして使用されている場合は、削除できない

体験 外部キー制約を設定しよう

1 mysqlクライアントを起動する

mysqlクライアントを起動してパスワードを入力し❶、basicデータベースに移動します❷。

```
PS C:\Users\nami-> mysql -u myusr -p;
Enter password: *****
Welcome to the MySQL monitor.  Commands end with ; or \g.
Your MySQL connection id is 13
Server version: 8.0.34 MySQL Community Server - GPL

Copyright (c) 2000, 2023, Oracle and/or its affiliates.

Oracle is a registered trademark of Oracle Corporation and/or its
affiliates. Other names may be trademarks of their respective
owners.

Type 'help;' or '\h' for help. Type '\c' to clear the current input statement.

mysql> USE basic;
Database changed
mysql>
```

```
PS C:\Users\nami-> mysql -u myusr -p↵
Enter password: *****
```

❶ コマンドとパスワードを入力してそれぞれ Enter キーを押す

```
mysql> USE basic;
```

❷ 入力して Enter キーを押す

2 外部キー制約を設定する

scheduleテーブルのuidフィールド（外部キー）と、usrテーブルのuidフィールド（主キー）に対して、外部キー制約を設定します。右のように入力してALTER TABLE命令を実行します❶。図のように「Query OK, …」と表示されれば成功です。
Query OK, 2 rows affected (0.03 sec)
Records: 2 Duplicates: 0 Warnings: 0

成功メッセージが表示される

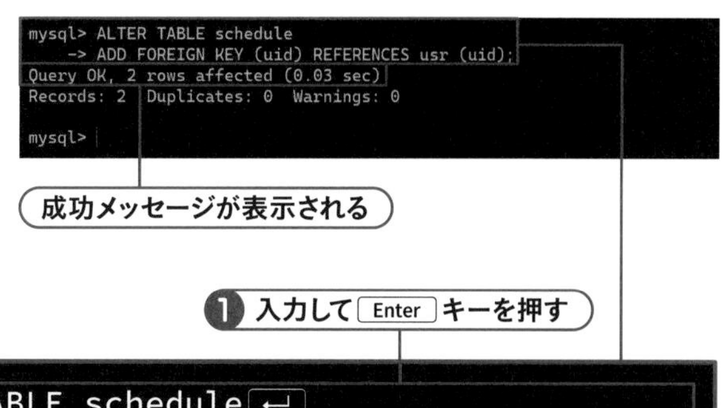

3 フィールド情報を確認する

scheduleテーブルのフィールド情報を確認してみます。右のように入力してSHOW FIELDS命令を実行します❶。すると、scheduleテーブルに含まれるフィールド情報の一覧が表示されるので、uidフィールドのKey欄に「MUL」と表示されていることを確認してください。

```
mysql> SHOW FIELDS FROM schedule;
+---------+--------------+------+-----+---------+----------------+
| Field   | Type         | Null | Key | Default | Extra          |
+---------+--------------+------+-----+---------+----------------+
| pid     | int          | NO   | PRI | NULL    | auto_increment |
| uid     | varchar(7)   | YES  | MUL | NULL    |                |
| subject | varchar(100) | YES  |     | NULL    |                |
| pdate   | date         | YES  |     | NULL    |                |
| ptime   | time         | YES  |     | NULL    |                |
| cid     | int          | YES  |     | NULL    |                |
| memo    | text         | YES  |     | NULL    |                |
+---------+--------------+------+-----+---------+----------------+
7 rows in set (0.00 sec)

mysql>
```

「MUL」が表示される

```
mysql> SHOW FIELDS FROM schedule;
```

❶ 入力して Enter キーを押す

4 レコードを登録する

scheduleテーブルにレコードを追加します。右のように入力してINSERT命令を実行します❶。図のようにエラーメッセージが表示されることを確認してください。

```
mysql> INSERT INTO schedule
    -> (uid, subject, pdate, ptime, cid, memo)
    -> VALUES ('nyamada', '病院', '2023-08-03', '9:00', 3,
    -> '午後から出社');
```

❶ 入力して Enter キーを押す

> **Tips**
> 外部キー制約によりエラーとなります。詳しいしくみは105ページからの「理解」で説明します。

5 レコードを削除する

usrテーブルからレコードを削除します。右のように入力してDELETE命令を実行します❶。図のようにエラーメッセージが表示されることを確認してください。

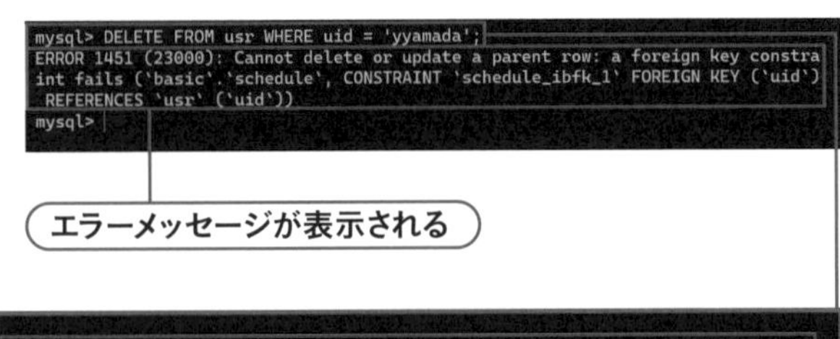


```
mysql> DELETE FROM usr WHERE uid = 'yyamada';
```

❶ 入力して Enter キーを押す

> **Tips**
> 外部キー制約によりエラーとなります。詳しいしくみは理解で説明します。
> DELETE命令については5-7で説明します。

6 mysqlクライアントを終了する

mysqlクライアントを終了します。右のように入力して、exit命令を実行します❶。図のように元のプロンプトに戻ります。

理解 外部キー制約について

外部キー制約を設定するには、ALTER TABLE命令の**ADD FOREIGN KEY**句を使います。

▼構文

```
ALTER TABLE 外部キーの属するテーブル名 ADD FOREIGN KEY (外部キー列, ...)
  REFERENCES 主キーの属するテーブル名 (主キー列, ...)
```

手順2では、scheduleテーブルのuidフィールド（外部キー）とusrテーブルのuidフィールド（主キー）に対して、外部キー制約を設定しました。

そのことを確認するため、手順4ではscheduleテーブルにレコードを登録しています。しかし、uidフィールド（外部キー）に、usrテーブルに登録されていない値（nyamada）を指定してしまったので（外部キーに対応する主キーがないため）、エラーとなります。
続いて手順5ではusrテーブルに登録されている「yyamada」を削除しています。しかし、この「yyamada」はscheduleテーブルでも使われています。主キーを削除しようとしたときに対応する外部キーが存在したため、エラーとなりました。

また、ここではALTER TABLE命令での例を挙げましたが、CREATE TABLE命令でテーブルを作成するときにまとめて外部キー制約（参照性制約）を設定することもできます。

```
mysql> CREATE TABLE schedule
    -> (pid INT AUTO_INCREMENT, uid VARCHAR(7), subject VARCHAR(100),
    -> pdate DATE, ptime TIME, cid INT, memo TEXT, PRIMARY KEY(pid),
    -> FOREIGN KEY (uid) REFERENCES usr (uid));
```

まとめ

- **外部キー制約を設定することで、主キーと外部キーとの対応関係を維持することができる**
- **外部キー制約を設定するには、ALTER TABLE命令のADD FOREIGN KEY句を使う**

第4章 練習問題

◉問題1

以下は、本章で紹介したさまざまな「制約」についてまとめた表である。空欄を埋めて、表を完成させなさい。

種類	概要
①	そのフィールドの値が重複せず、かつ、 ② 値が含まれないことをチェックする
③	そのフィールドに ② 値が含まれないことをチェックする
デフォルト制約	そのフィールドに値が指定されなかった場合に ④ を設定する
⑤	⑥ と外部キーとの対応関係が維持されていることをチェックする

ヒント 4-1〜4-6

◉問題2

「第3章 練習問題」で作成したpianistテーブルのpidフィールドを主キーとして設定しなさい。また、「第3章 練習問題」の問題3と同じレコードを入力して、確かにエラーとなることを確認しなさい。

ヒント 4-2

◉問題3

「第3章練習問題」で作成したpianistテーブルのbirthフィールドにデフォルト値「9999-12-31」を設定しなさい。また、birthフィールドを省略して任意のレコードを登録し、確かにデフォルト値が自動でセットされていることを確認しなさい。

ヒント 4-5

◉問題4

pianistテーブルを削除したうえで、practiceデータベースを削除しなさい。

ヒント 2-3、3-1

データベースの操作

1 データベースの展開

完成ファイル | [samples] → [basic.sql]

予習 サンプルデータベースを構築する

第4章までは、データベースやテーブルの作成/削除など、データ定義言語(2-5参照)を中心とした基本的なSQL命令について学んできました。この章からは、データベースを操作するデータ操作言語を中心としたSQL命令について学習していきます。

学習を開始するに先立って、まずは必要なサンプルデータベースを構築しておきましょう。MySQLではデータベースの内容をファイル化することができるので、あらかじめ筆者がサンプルデータベースを作成し、basic.sqlという名前で本書サポートサイトからダウンロードできるようにしています。まずは、このファイルをデータベースに展開することから始めます。サンプルのダウンロード方法については、299ページを参照してください。

なお、第4章まで使用してきたbasicデータベースは不要なので一度削除します。ここで新たに構築するbasicデータベースは本書の最終章まで使用します。

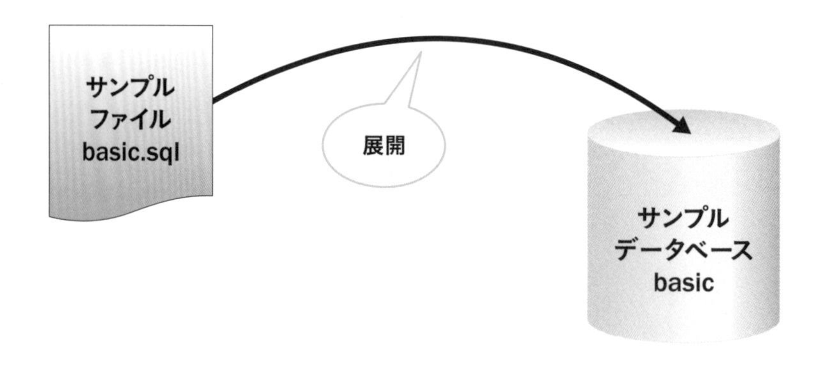

ファイルをデータベースに展開する

体験 サンプルデータベースを展開しよう

1 サンプルファイルを用意する

サンプルデータベースのファイルをダウンロードサンプルから用意します。samplesフォルダ内に「basic.sql」というファイルがあります。これをCドライブのdataフォルダ（「C:¥data」）にコピーします❶。

Tips

dataフォルダは、あらかじめCドライブに作成してください。

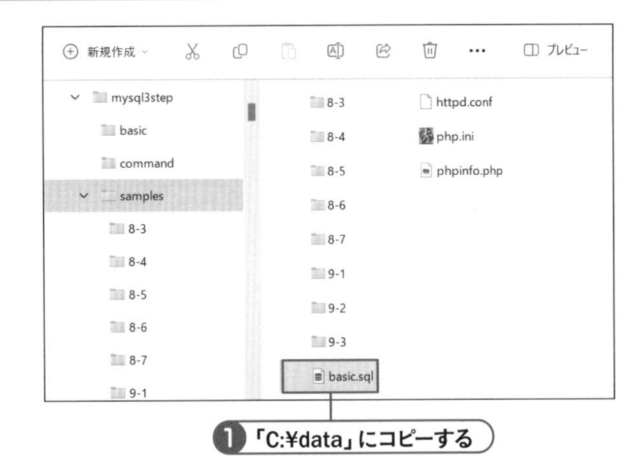

2 mysqlクライアントを起動する

mysqlクライアントを起動してパスワードを入力します❶。

3 既存のデータベースを削除する

第2～4章で使用したbasicデータベースを削除します。右のように入力してDROP命令を実行します❶。図のように「Query OK, …」と表示されれば成功です。

成功メッセージが表示される

Tips

データベースの削除は元に戻せませんので、間違って別のデータベースを削除しないように注意してください。

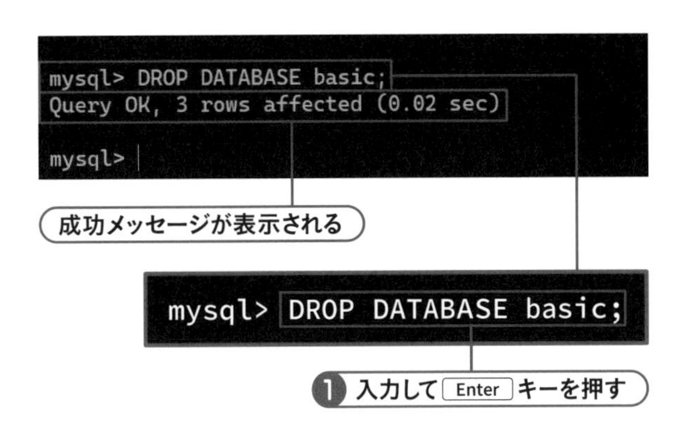

4 新しくデータベースを作成する

新しくbasicデータベースを再作成します。右のように入力して、CREATE DATABASE命令を実行します❶。データベースが正しく作成できた場合には、図のように「Query OK, …」と表示されます。

```
mysql> CREATE DATABASE basic;
Query OK, 1 row affected (0.01 sec)

mysql> exit;
Bye
PS C:\Users\nami->
```

```
mysql> CREATE DATABASE basic;
```

❶ 入力して Enter キーを押す

5 サンプルデータベースを展開する

サンプルデータベースbasic.sqlを、basicデータベースに展開します。basicデータベースに移動した上で❶、SOURCEコマンドを実行します❷。右図のように「Query OK, 0 rows affected (0.00 sec)」と複数表示されれば、正しく展開できています。

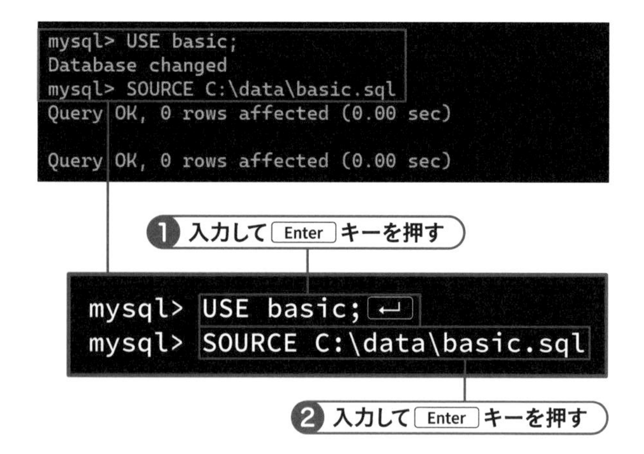

6 テーブルを確認する

正しく展開できていることを確認します。右のように入力してSHOW TABLES命令を実行します❶。右のようなテーブルの一覧が表示されれば、サンプルデータベースの展開は成功しています。

Tips
mysqlクライアントを終了するには「exit;」と入力してください。
| Tables_in_basic |
+----------------+
| category |
| schedule |
| usr |
+----------------+
3 rows in set (0.02 sec)

理解 データベースのダンプと展開について

サンプルデータベースの構築

手順3～4では、この章以降で使用するサンプルデータベースを構築するため、今まで使用してきたbasicデータベースを削除し、再度basicデータベースを作成し直しました。これは、古いbasicデータベースの中身を一度完全に削除するためです。

あとは、何もない状態の新しいbasicデータベースに、ダウンロードサンプルのbasic.sqlファイルを展開するだけで、サンプルデータベースを構築することができます。

mysqldumpコマンドとSOURCEコマンド

データベースの内容をファイル化することを**ダンプ**、ファイルをデータベースに戻すことを**展開**と言います。ダウンロードサンプルのbasic.sqlファイルは、筆者が作成したbasicデータベースをダンプしたファイルです。これを、新しく作成したbasicデータベースに展開しているというわけです。

1 データベースのダンプ

データベースをダンプするには、ターミナルからmysqldumpコマンドを使用します。mysqldumpコマンドの構文は以下のとおりです。

▼構文

```
mysqldump -u root -p データベース名 --result-file=出力先のパス
```

2 データベースの展開

ダンプしたファイルをデータベースに展開するには、mysqlクライアントから以下のようにSOURCEコマンドを使います。

▼構文

```
SOURCE ダンプしたファイルのパス
```

手順5ではこの方法でbasic.sqlファイルをbasicデータベースに展開しています。あらかじめ、手順4のように展開先のデータベース（basicデータベース）を作成しておくのを忘れないようにしてください。

データベースのダンプと展開は、自分でデータベースをバックアップしたり、他の環境に移動したりする場合にも有効な方法ですので、きちんと覚えておくとよいでしょう。

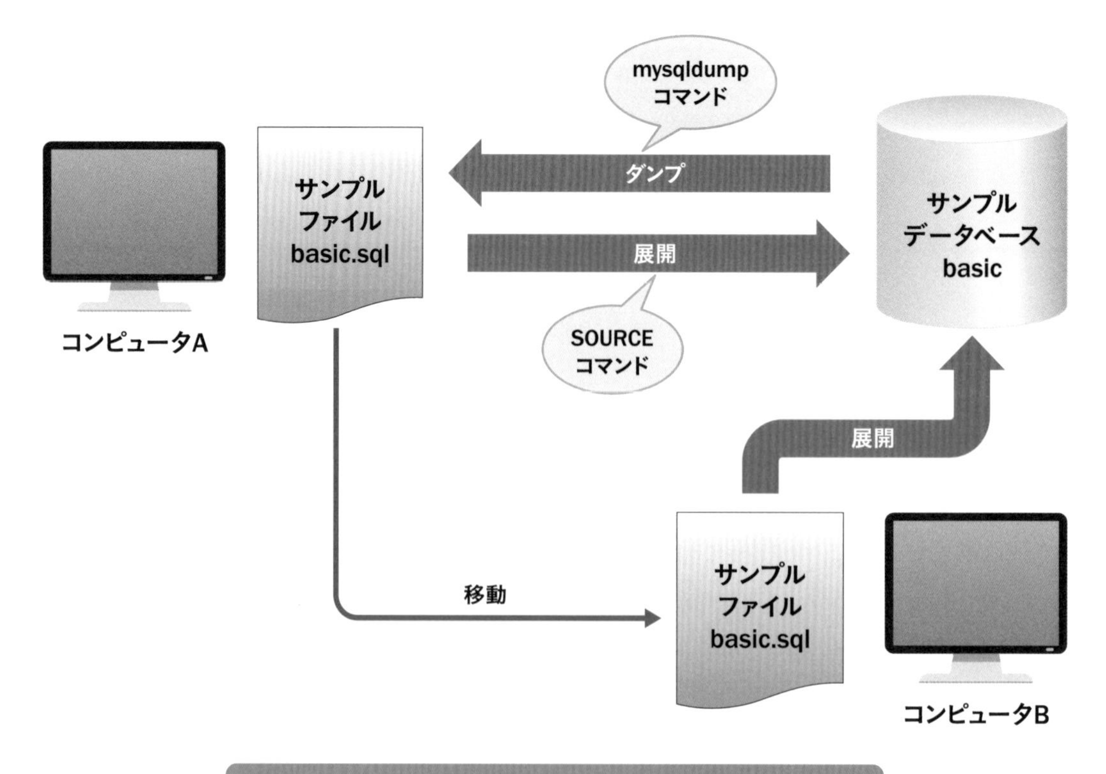

ダンプしたファイルを渡せば、他の環境にも移動できる

サンプルデータベースの構造

basic.sqlファイルを展開したサンプルデータベース（basicデータベース）の構造を説明します。今後、学習を進めていく中でテーブル構造がわからなくなった場合には、この表を確認してください。まずは、手順6の結果にあるように、basicデータベースには以下の3つのテーブルが展開されています。

basicデータベース

テーブル名	概要
usr	ユーザ情報
schedule	スケジュールデータ
category	スケジュールの分類名

それぞれのテーブルのフィールド名、データ型、概要を示します。矢印は主キーと外部キーの関係を示しています。

1
2
3
4
5
6
7
8
9

usrテーブル

フィールド名	データ型	概要
uid	VARCHAR (7)	ユーザID、主キー (scheduleテーブルのuidフィールドに対応)
passwd	VARCHAR (15)	パスワード
uname	VARCHAR (20)	ユーザ名 (デフォルト値「ゲスト」)
family	INT	家族の人数

scheduleテーブル

フィールド名	データ型	概要
pid	INT	予定コード (自動連番)、主キー
uid	VARCHAR (7)	ユーザID、外部キー
subject	VARCHAR (100)	予定名
pdate	DATE	予定日
ptime	TIME	予定時間
cid	INT	分類コード、外部キー
memo	TEXT	備考

categoryテーブル

フィールド名	データ型	概要
cid	INT	分類コード、主キー (scheduleテーブルのcidフィールドに対応)
cname	VARCHAR(15)	分類名

まとめ

- ▶データベースの内容をダンプするには、mysqldumpコマンドを使う
- ▶ダンプされた内容を展開するにはSOURCEコマンドを使う

2 重複の除去

予習 重複行を除去する方法を理解する

テーブルから特定のフィールドだけを取り出した場合、レコードの内容が重複することがあります。このようなケースでは、多くの場合、重複は取り除いて、一意なレコードだけにまとめたいことがほとんどです。
ここでは、SELECT命令で取り出したレコードから重複行を取り除くDISTINCTというキーワードについて学びます。構文自体は難しいものではありませんが、よく利用する構文ですので、ここできちんと使い方を覚えておきましょう。なお、レコードを取り除くといっても、レコードそのものが削除されるわけではないので、安心して動作を確認してみてください。

重複行の除去

scheduleテーブル

pid	uid	subject	pdate
1	yyamada	WINGS会議	2024-06-25
2	tsatou	B企画書提出	2024-07-05
3	yyamada	MySQL本原稿提出	2024-07-31
4	yyamada	WINGSメンバ面接	2024-08-05
5	nkakeya	WINGS会議	2024-06-25
6	nkakeya	C社打ち合わせ	2024-07-31
7	ssuzuki	WINGS会議	2024-06-25

uidフィールドを抽出

uid
yyamada
tsatou
yyamada
yyamada
nkakeya
nkakeya
ssuzuki

uidフィールドだけで見ると、値が重複

重複を除去

uid
nkakeya
ssuzuki
tsatou
yyamada

体験 重複を除去しよう

1 mysqlクライアントを起動する

mysqlクライアントを起動してパスワードを入力し❶、basicデータベースに移動します❷。

```
PS C:\Users\nami-> mysql -u myusr -p;
Enter password: *****
Welcome to the MySQL monitor.  Commands end with ; or \g.
Your MySQL connection id is 31
Server version: 8.0.34 MySQL Community Server - GPL

Copyright (c) 2000, 2023, Oracle and/or its affiliates.

Oracle is a registered trademark of Oracle Corporation and/or its
affiliates. Other names may be trademarks of their respective
owners.

Type 'help;' or '\h' for help. Type '\c' to clear the current input statement.

mysql> USE basic;
Database changed
```

```
PS C:\Users\nami-> mysql -u myusr -p⏎
Enter password: *****
```

❶ コマンドとパスワードを入力してそれぞれ Enter キーを押す

```
mysql> USE basic;
```

❷ 入力して Enter キーを押す

2 レコードを抽出する（重複あり）

scheduleテーブルに登録しているuidフィールドの一覧を表示します。右のように入力してSELECT命令を実行します❶。図のように10件のレコードが表示されれば成功です。

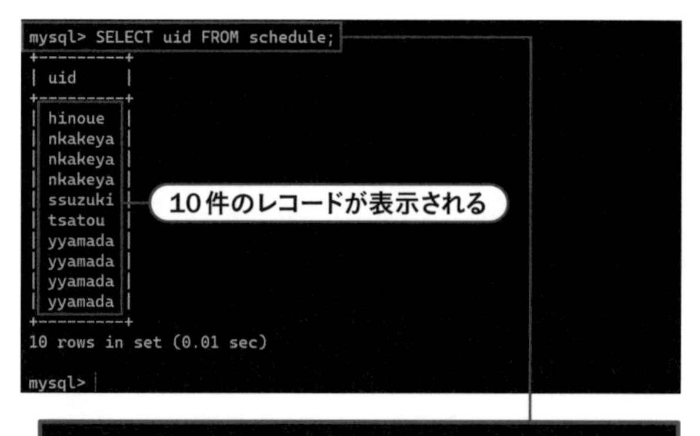

Tips

これまでどおりのSELECT命令の構文なので、重複したレコードも表示されています。

```
mysql> SELECT uid FROM schedule;
```

❶ 入力して Enter キーを押す

3 レコードを抽出する（重複なし）

scheduleテーブルに登録しているuidフィールドの一覧を、重複なしで表示します。右のように入力してSELECT命令を実行します❶。図のように5件のレコードが表示されれば成功です。

Tips

SELECT命令にDISTINCTというキーワードを追加しています。

❶ 入力して Enter キーを押す

4 レコードを抽出する（複数列）

scheduleテーブルに登録しているuidフィールドとcidフィールドの一覧を、重複なしで表示します。右のように入力してSELECT命令を実行します❶。図のように9件のレコードが表示されれば成功です。

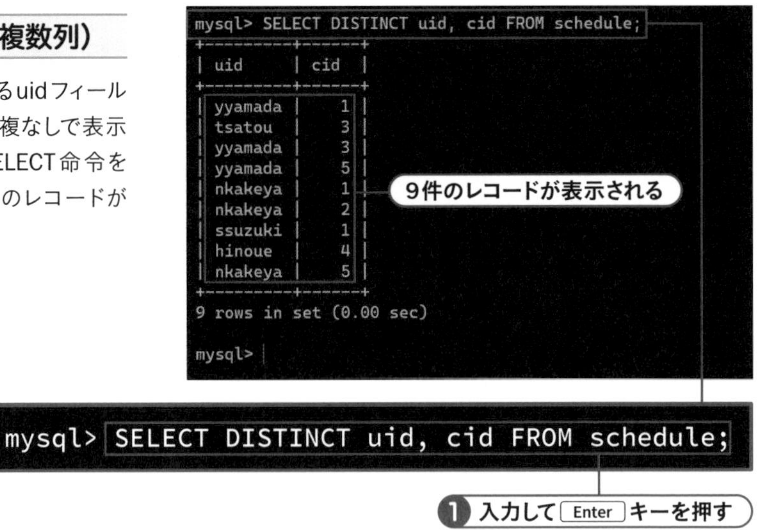

5 レコードを抽出する（ALLキーワード）

scheduleテーブルに登録しているuidフィールドの一覧を表示します。右のように入力してSELECT命令を実行します❶。図のように10件のレコードが表示されれば成功です。

Tips

SELECT命令にALLというキーワードを追加しています。

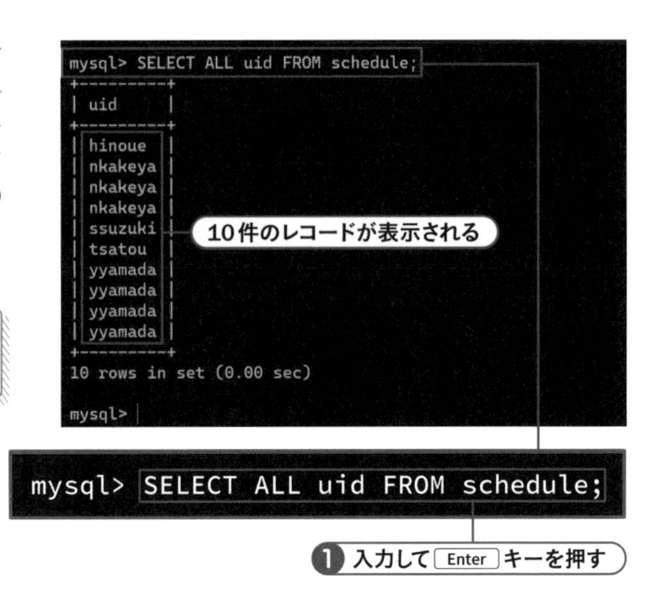

6 mysqlクライアントを終了する

mysqlクライアントを終了します。右のように入力して、exit命令を実行します❶。図のように元のプロンプトに戻ります。

理解 DISTINCTについて

重複行を取り除くための構文(DISTINCTキーワード)

SELECT命令で取り出した結果から重複した行を取り除くには、DISTINCTキーワードを使います。

▼構文

```
SELECT DISTINCT フィールド名, ... FROM テーブル名
```

構文そのものはとてもかんたんで、SELECT命令に「DISTINCT」というキーワードを追加するだけです。手順2ではuidフィールドだけを取り出していますが、重複のあるレコードとなっています。それに対し、手順3ではレコードの重複を取り除いたため、5件にまとめることができました。

複数のフィールドを対象にしてDISTINCTキーワードを指定した場合はどうなるでしょう。それが手順4です。uid、cidフィールドの組み合わせで重複しないように、レコードが取り出されていることがわかります。結果として、重複のないレコードが9件表示されました。

手順5は「DISTINCT」ではなく「ALL」というキーワードを指定しています。これは「取り出したレコードをすべてそのまま取得しなさい」という意味で、手順2と同じ結果が得られています。つまり、ALLキーワードはSELECT命令のデフォルトの挙動なのです。あえて明示する必要はないので、普通、ALLキーワードは省略して書きます。

- ▶SELECT命令で重複を除去するには、DISTINCTキーワードを使う
- ▶DISTINCTキーワードに対し重複ありで抽出するにはALLキーワードを使うが、省略して書くことができる

3 レコードの絞り込み

予習 抽出条件を指定する方法を理解する

ここまでは、基本的にはテーブルからすべてのレコードを取り出す方法について見てきました。しかし、テーブルには何千件、何万件、ときには何十万件、何百万件というレコードが登録されていることも少なくありません。このようなテーブルでは、条件を指定して目的のレコードだけを取り出すという作業が必要になります。
レコードを絞り込むには、SELECT命令のWHEREという句を使います。

レコードの絞り込み

scheduleテーブル

pid	uid	subject	pdate	ptime	cid	memo
1	yyamada	WINGS会議	2024-06-25	15:00	1	配布プリント持参
2	tsatou	B企画書提出	2024-07-05	17:00	3	サンプル添付
3	yyamada	MySQL本原稿提出	2024-07-31	17:00	3	NULL
4	yyamada	WINGSメンバ面接	2024-08-05	13:00	5	NULL
5	nkakeya	WINGS会議	2024-06-25	14:00	1	事前に会場準備
6	nkakeya	C社打ち合わせ	2024-07-31	14:00	2	NULL
7	ssuzuki	WINGS会議	2024-06-25	14:00	1	事前に会場準備

2024年7月31日の予定を絞り込み

3	yyamada	MySQL本原稿提出	2024-07-31	17:00	3	NULL
6	nkakeya	C社打ち合わせ	2024-07-31	14:00	2	NULL

体験 特定条件でレコードを絞り込もう

1 mysqlクライアントを起動する

mysqlクライアントを起動してパスワードを入力し❶、basicデータベースに移動します❷。

```
PS C:\Users\nami-> mysql -u myusr -p;
Enter password: *****
Welcome to the MySQL monitor.  Commands end with ; or \g.
Your MySQL connection id is 32
Server version: 8.0.34 MySQL Community Server - GPL

Copyright (c) 2000, 2023, Oracle and/or its affiliates.

Oracle is a registered trademark of Oracle Corporation and/or its
affiliates. Other names may be trademarks of their respective
owners.

Type 'help;' or '\h' for help. Type '\c' to clear the current input statement.

mysql> USE basic;
Database changed
mysql>
```

```
PS C:\Users\nami-> mysql -u myusr -p↵
Enter password: *****
```

❶ コマンドとパスワードを入力してそれぞれ Enter キーを押す

```
mysql> USE basic;
```

❷ 入力して Enter キーを押す

2 レコードを抽出する

scheduleテーブルから、pdateフィールドの日付が「2024年7月31日」のレコードを表示します。右のように入力してSELECT命令を実行します❶。図のように2件のレコードが表示されれば成功です。
-> WHERE pdate = '2024-07-31';

| pid | uid | subject | pdate | ptime | cid | memo |

| 3 | yyamada | MySQL本原稿提出 | 2024-07-31 | 17:00:00 | 3 | NULL |
| 6 | nkakeya | C社打ち合わせ | 2024-07-31 | 14:00:00 | 2 | NULL |

2 rows in set (0.01 sec)

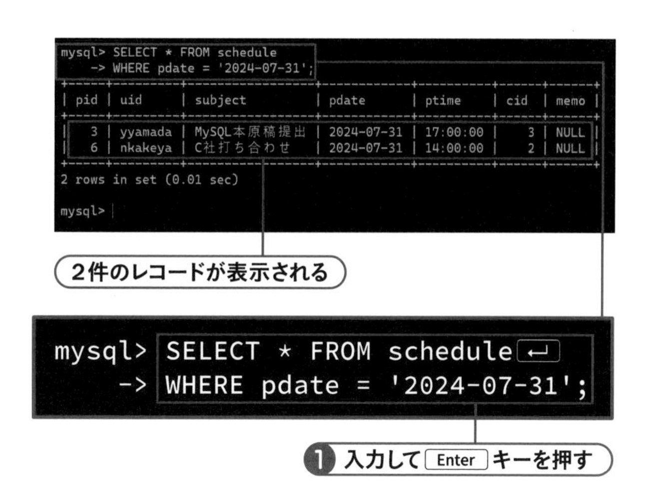

3 mysqlクライアントを終了する

mysqlクライアントを終了します。右のように入力して、exit命令を実行します❶。図のように元のプロンプトに戻ります。

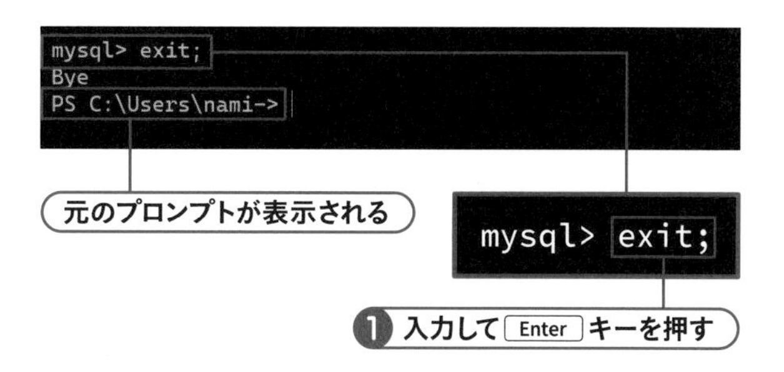

理解 WHERE句の基本と比較演算子

レコードを条件で絞り込むための構文（WHERE句）

テーブルから取り出すレコードを絞り込むための条件を指定するには、SELECT命令のWHERE句を使います。WHERE句を含んだSELECT命令の構文は、次のとおりです。

▼構文

```
SELECT フィールド名, ... FROM テーブル名 WHERE 条件式
```

日本語で読み解くならば、「<テーブル名>から<条件式>に当てはまるレコードだけを取り出しなさい」という意味になります。条件式は、以下のような形式で指定します。

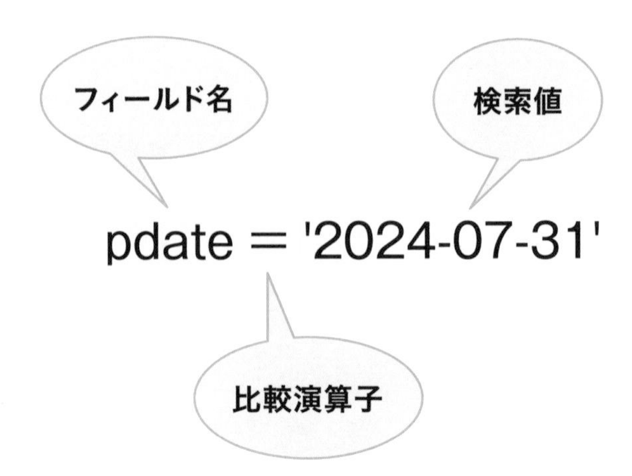

これで「pdateフィールドの値が'2024-07-31'と等しいかどうか」という意味の条件式になります。手順2では、この条件式によりpdateフィールドが「2024-07-31」であるレコードが表示されました。

比較演算子は、左辺と右辺とをどのように比較するかを決めるための記号です。たとえば「=」であれば、左辺と右辺とが等しいかどうかを確認します。**3-4**でも紹介したように、値の部分が文字列や日付型である場合、値はシングルクォート（'）でくくるのを忘れないようにしましょう。

比較演算子では、指定されたフィールドの値と検索値とを比較して、条件に合致する場合に**True**（真：正しい）、合致しない場合には**False**（偽：正しくない）という結果を返します。SELECT命令は条件式がTrueとなるレコードだけを取り出します。

さまざまな比較演算子

比較演算子には、「=」演算子のほかにも表のようなものがあります。

演算子	概要	条件式の例
=	左辺と右辺が等しいか	pdate = '2024-07-31'
<>	左辺と右辺が等しくないか	pdate <> '2024-07-31'
>	左辺が右辺よりも大きいか	pdate > '2024-07-31'
>=	左辺が右辺以上であるか	pdate >= '2024-07-31'
<	左辺が右辺未満であるか	pdate < '2024-07-31'
<=	左辺が右辺以下であるか	pdate <= '2024-07-31'
[NOT] BETWEEN X AND Y	X〜Yの範囲に含まれる[含まれない]か	pdate BETWEEN '2024-07-31' AND '2024-08-10'
[NOT] IN (X, Y, Z)	X、Y、Zのいずれかである[いずれでもない]か	cid IN (1, 2, 3)
IS [NOT] NULL	値がNULLである[ない]か	memo IS NOT NULL
[NOT] LIKE	指定されたパターンに一致する[しない]か	subject LIKE '%WINGS%'

いずれも例を見れば直観的に理解できるものばかりですが、いくつかの演算子については、さらにサンプルを見ながら補足しておきましょう。なお、LIKE演算子についてはやや複雑なので、**5-4**で改めて解説します。

1 BETWEEN演算子

BETWEEN演算子はフィールドの値が指定された範囲に含まれるかどうかを判定します。

```
mysql> SELECT uid, subject, pdate, ptime FROM schedule
    -> WHERE pdate BETWEEN '2024-07-01' AND '2024-07-31';
+---------+----------------+------------+----------+
| uid     | subject        | pdate      | ptime    |
+---------+----------------+------------+----------+
| tsatou  | B企画書提出    | 2024-07-05 | 17:00:00 |
| yyamada | MySQL本原稿提出 | 2024-07-31 | 17:00:00 |
| nkakeya | C社打ち合わせ   | 2024-07-31 | 14:00:00 |
+---------+----------------+------------+----------+
3 rows in set (0.00 sec)
```

指定された値も範囲に含まれることに注目です。ここでは、予定の日付（pdateフィールド）が2024-07-01～2024-07-31であること……つまり、2024年7月の予定を取り出しているわけです。
BETWEEN演算子は、後述するAND演算子で置き換えることもできますが、範囲を表すならばBETWEEN演算子を使ったほうがシンプルに書けます。

2 IN演算子

IN演算子は列挙された候補値のどれかに合致するものを取り出します。たとえば、以下は「私用」（cid=4）、「その他」（cid=5）に分類される予定だけを取り出す例です。

```
mysql> SELECT uid, subject, pdate, ptime, cid FROM schedule
    -> WHERE cid IN (4, 5);
+---------+-----------------+------------+----------+------+
| uid     | subject         | pdate      | ptime    | cid  |
+---------+-----------------+------------+----------+------+
| yyamada | WINGSメンバ面接 | 2024-08-05 | 13:00:00 |    5 |
| hinoue  | 小学校参観日    | 2024-08-10 | 14:00:00 |    4 |
| yyamada | D企画打ち上げ   | 2024-08-21 | 18:00:00 |    5 |
| nkakeya | D企画打ち上げ   | 2024-08-21 | 18:00:00 |    5 |
+---------+-----------------+------------+----------+------+
4 rows in set (0.00 sec)
```

cidフィールドが4、または5であるレコードだけが取り出されていますね。IN演算子は、後述するOR演算子で置き換えることもできますが、候補値による絞り込みならばIN演算子を使ったほうがシンプルです。

3 IS NULL演算子

NULLは「未定義値」とも呼ばれ、フィールドに何も定義されていない状態を表します。このNULL値を検出するには「=」演算子は利用できませんので、要注意です。
試しに、memoフィールドが未定義であるレコードを「=」演算子で取り出してみましょう。

```
mysql> SELECT uid, subject, pdate, ptime, memo FROM schedule
    -> WHERE memo = NULL;
Empty set (0.00 sec)
```

おかしいですね。「memoフィールドがNULLに等しい」という条件を書いたつもりでしたが、結果は0件。条件に合致するレコードは1件も見つかりませんでした。

このように、「=」演算子ではNULL値を正しく判定できないのです。NULL値を検出するには、以下のようにIS NULL演算子を使う必要があります。

```
mysql> SELECT uid, subject, pdate, ptime, memo FROM schedule
    -> WHERE memo IS NULL;
+---------+-----------------+------------+----------+------+
| uid     | subject         | pdate      | ptime    | memo |
+---------+-----------------+------------+----------+------+
| yyamada | MySQL本原稿提出 | 2024-07-31 | 17:00:00 | NULL |
| yyamada | WINGSメンバ面接 | 2024-08-05 | 13:00:00 | NULL |
| nkakeya | C社打ち合わせ   | 2024-07-31 | 14:00:00 | NULL |
| hinoue  | 小学校参観日    | 2024-08-10 | 14:00:00 | NULL |
| yyamada | D企画打ち上げ   | 2024-08-21 | 18:00:00 | NULL |
+---------+-----------------+------------+----------+------+
5 rows in set (0.00 sec)
```

今度は、確かに意図したレコードが抽出できていることが確認できました。

まとめ

- ▶レコードを条件で絞り込むには、SELECT命令のWHERE句を使用する
- ▶WHERE句には、条件式を「フィールド名 比較演算子 値」の形式で指定する
- ▶比較演算子は、左辺と右辺の値をどのように比較するのかを決める演算子

4 あいまい検索

予習 あいまいな条件での検索方法を理解する

「=」演算子では、特定の値にぴったり一致したレコードだけを抽出します。しかし、「山」で始まる（終わる）値を取り出したいというように、値の一部が一致するレコードを抽出したいというようなケースもあるでしょう。このようなケースでは、「=」演算子の代わりに**LIKE**演算子を使います。
また、ぴったり一致するレコードを抽出することを**完全一致検索**と呼ぶのに対し、LIKE演算子を利用して部分的に一致するレコードを抽出することを**あいまい検索**と呼びます。

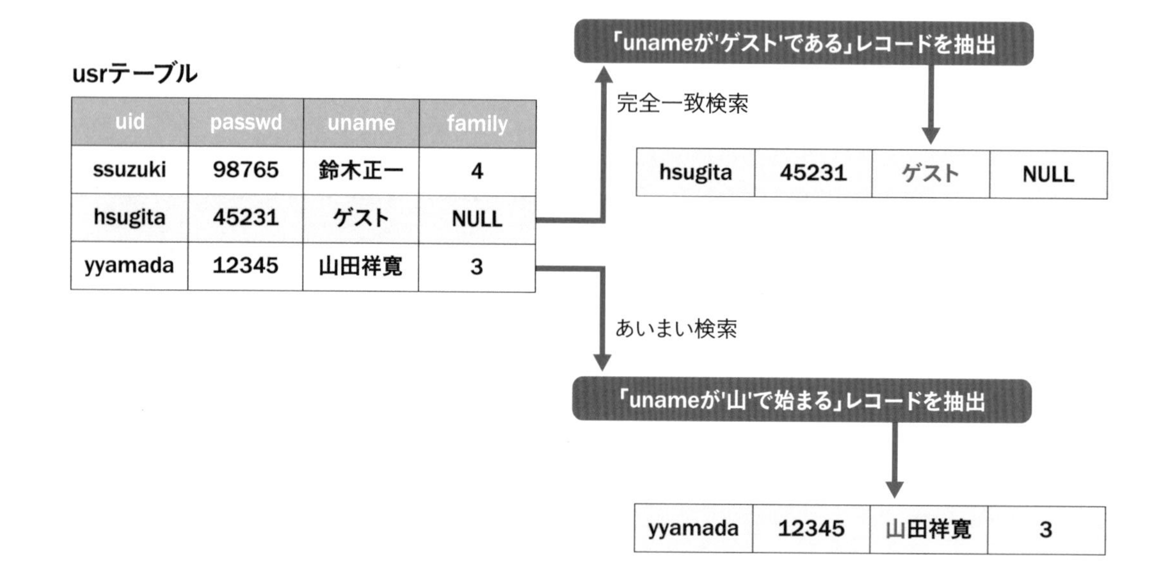

体験 あいまい検索を実行しよう

1 mysqlクライアントを起動する

mysqlクライアントを起動してパスワードを入力し❶、basicデータベースに移動します❷。

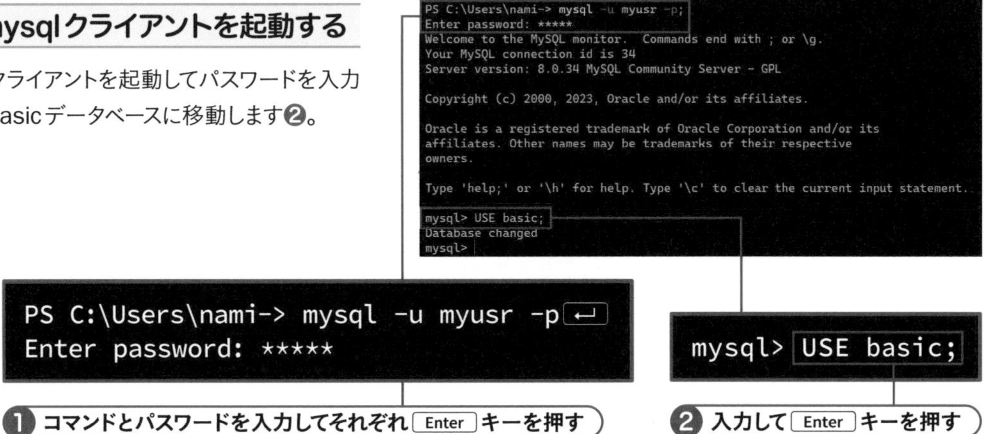

2 レコードを抽出する

scheduleテーブルから、subjectフィールドの件名が「WINGS」で始まるレコードを表示します。右のように入力してSELECT命令を実行します❶。図のように4件のレコードが表示されれば成功です。

```
mysql> SELECT uid, subject, pdate, ptime, memo FROM schedule
    -> WHERE subject LIKE 'WINGS%';
```

❶ 入力して Enter キーを押す

3 mysqlクライアントを終了する

mysqlクライアントを終了します。右のように入力して、exit命令を実行します❶。図のように元のプロンプトに戻ります。

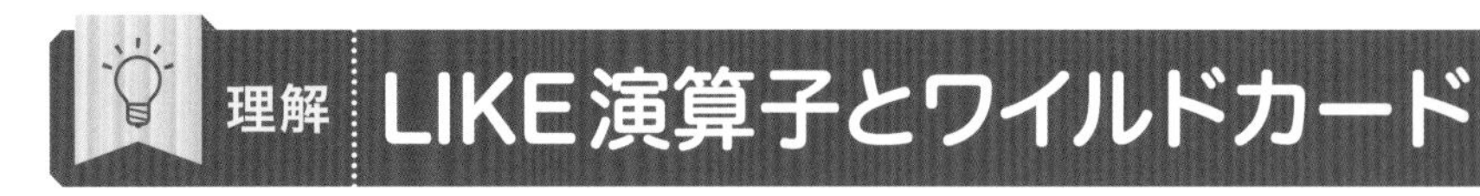

理解 LIKE演算子とワイルドカード

文字列パターンとワイルドカード

LIKE演算子を使う場合、**ワイルドカード**の理解は欠かせません。たとえば、手順2のSELECT命令であれば、「WINGS%」とある中の「%」がワイルドカードです。
ワイルドカードとは、特定の文字（列）を表すための特殊な記号のことを言います。ここでは、「%」はパーセントという文字そのものを表すわけではありません。「0文字以上の文字列」を意味します。つまり、「WINGS%」で、「WINGSという文字列の後に、0文字以上の文字列が続く文字列」＝「WINGSで始まる文字列」を意味することとなるわけです。

文字列パターンに、対応する文字列が当てはまることを**マッチする**と言います。手順2では、subjectフィールドが「WINGS会議」「WINGSメンバ面接」となっているレコードが抽出されました。手順2の結果にはありませんが、下図のようにsubjectフィールドが「WINGS」の場合でもマッチします。

```
SELECT uid, subject, pdate, ptime, memo FROM schedule↵
```

ワイルドカード

```
WHERE subject LIKE 'WINGS%' ;
```

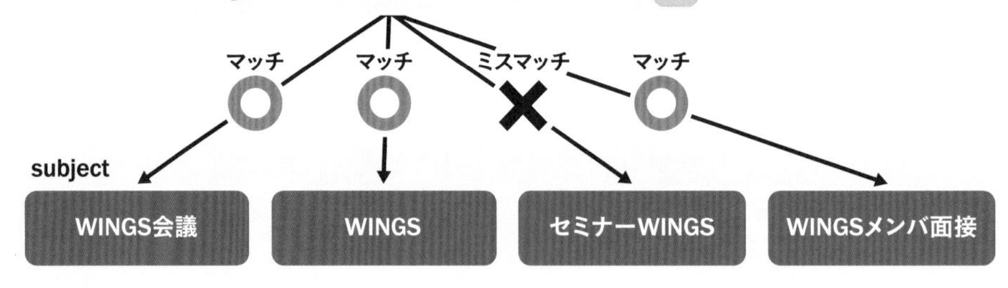

また、ワイルドカードには「%」のほかに、「任意の1文字」を表す「_」もあります。たとえば、「WINGS_」とすることで、「WINGS祭」「WINGS会」といった「WINGS」のあとに1文字だけ続く文字列がマッチします。

さまざまな文字列パターン

手順2のように、「特定の文字列で始まる文字列」を検索することを**前方一致検索**と言います。
ただし、ワイルドカードによって表現できるのはこれだけではありません。たとえば、「%WINGS」であれば「WINGSで終わる文字列」を表しますし、「%WINGS%」であれば「WINGSを含む文字列」を表します。これら文字列パターンによる検索のことを、それぞれ**後方一致検索**、**部分一致検索**と言います。

以下に、具体的な文字列パターンと、マッチする／しない例をまとめておきましょう。

	WINGS	WINGS会議	セミナーWINGS	09WINGSの会	WINGS祭
WINGS%	○	○	×	×	○
%WINGS	○	×	○	×	×
%WINGS%	○	○	○	○	○
WINGS_	×	×	×	×	○

自分でもさまざまなパターンを試して、慣れていくようにしてください。

- **あいまい検索を行うには、LIKE演算子を使用する**
- **あいまい検索は、さらに「前方一致検索」「後方一致検索」「部分一致検索」に分類できる**
- **文字列パターンには、「%」や「_」のようなワイルドカードを含めることができる**

5 論理演算子

予習 論理演算子の使い方を理解する

WHERE句で指定できる条件式は1つだけではありません。ANDやORといった論理演算子を使うことで、複数の条件式を組み合わせて、より複雑な条件を表すこともできます。レコードの件数が多く、1つの条件式だけでは十分にレコードを絞りきれないという場合にも、論理演算子を利用すれば目的のレコードを取り出しやすくなります。

条件1（uidが'yyamada'） かつ（論理演算子AND） 条件2（cidが3）

pid	uid	pdate	cid	memo
1	yyamada	…	1	配布プリント持参
2	tsatou	…	3	サンプル添付
3	yyamada	…	3	NULL
4	yyamada	…	5	NULL
5	yyamada	…	1	事前に会場準備
…	…	…	…	…

抽出

3	yyamada	…	3	NULL

1レコードが抽出される

体験 論理演算子を使った命令を実行しよう

1 mysqlクライアントを起動する

mysqlクライアントを起動してパスワードを入力し❶、basicデータベースに移動します❷。

```
PS C:\Users\nami-> mysql -u myusr -p;
Enter password: *****
Welcome to the MySQL monitor.  Commands end with ; or \g.
Your MySQL connection id is 35
Server version: 8.0.34 MySQL Community Server - GPL

Copyright (c) 2000, 2023, Oracle and/or its affiliates.

Oracle is a registered trademark of Oracle Corporation and/or its
affiliates. Other names may be trademarks of their respective
owners.

Type 'help;' or '\h' for help. Type '\c' to clear the current input statement.

mysql> USE basic;
Database changed
mysql>
```

```
PS C:\Users\nami-> mysql -u myusr -p
Enter password: *****
```

❶ コマンドとパスワードを入力してそれぞれ Enter キーを押す

```
mysql> USE basic;
```

❷ 入力して Enter キーを押す

2 レコードを抽出する(論理演算子AND)

scheduleテーブルから、cidフィールドの値が「3」かつ、pdateフィールドの日付が「2024年7月10日」以降のレコードを表示します。右のように入力してSELECT命令を実行します❶。図のように1件のレコードが表示されれば成功です。

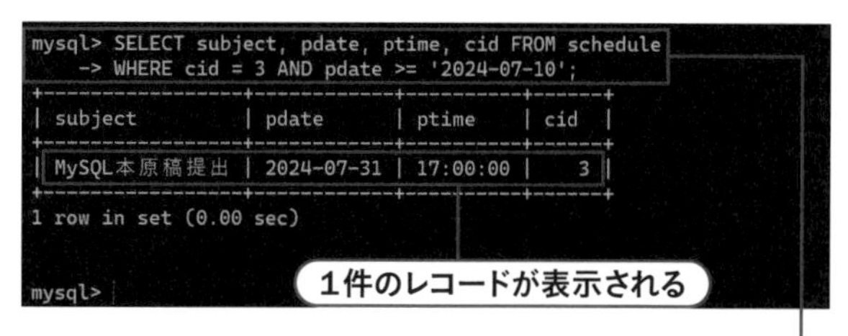

❶ 入力して Enter キーを押す

```
mysql> SELECT subject, pdate, ptime, cid FROM schedule
    -> WHERE cid = 3 AND pdate >= '2024-07-10';
```

3 レコードを抽出する(論理演算子OR)

scheduleテーブルから、cidフィールドの値が「3」または、pdateフィールドの日付が「2024年7月10日」以降のレコードを表示します。右のように入力してSELECT命令を実行します❶。図のように7件のレコードが表示されれば成功です。

```
mysql> SELECT subject, pdate, ptime, cid FROM schedule
    -> WHERE cid = 3 OR pdate >= '2024-07-10';
+-----------------+------------+----------+-----+
| subject         | pdate      | ptime    | cid |
+-----------------+------------+----------+-----+
| B企画書提出      | 2024-07-05 | 17:00:00 |   3 |
| MySQL本原稿提出  | 2024-07-31 | 17:00:00 |   3 |
| WINGSメンバ面接  | 2024-08-05 | 13:00:00 |   5 |
| C社打ち合わせ    | 2024-07-31 | 14:00:00 |   2 |
| 小学校参観日     | 2024-08-10 | 14:00:00 |   4 |
| D企画打ち上げ    | 2024-08-21 | 18:00:00 |   5 |
| D企画打ち上げ    | 2024-08-21 | 18:00:00 |   5 |
+-----------------+------------+----------+-----+
7 rows in set (0.00 sec)

mysql>
```

7件のレコードが表示される

```
mysql> SELECT subject, pdate, ptime, cid FROM schedule
    -> WHERE cid = 3 OR pdate >= '2024-07-10';
```

❶ 入力して Enter キーを押す

Tips

mysqlクライアントを終了するには「exit;」と入力してください。

理解 論理演算子について

論理演算子を使った条件式

論理演算子を利用することで、複数の条件式を組み合わせることができます。

手順2の場合であれば、「分類が3（提出）であり、**かつ**、予定の日付が2024-07-10以上である」の「かつ」の部分を意味しているのが、論理演算子のANDなのです。**AND演算子**では、左と右の条件式がどちらもTrue（真）である場合にのみ、全体をTrueであると見なします。

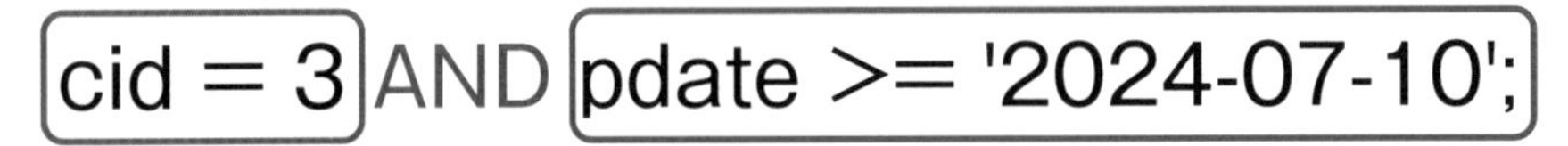

pid	uid	subject	pdate	ptime	cid	memo
1	yyamada	WINGS会議	2024-06-25	15:00	1	配布プリント持参
2	tsatou	B企画書提出	2024-07-05	17:00	3	サンプル添付
3	yyamada	MySQL本原稿提出	2024-07-31	17:00	3	NULL
4	yyamada	WINGSメンバ面接	2024-08-05	13:00	5	NULL

cid = 3

かつ

2	tsatou	B企画書提出	2024-07-05	17:00	3	サンプル添付
3	yyamada	MySQL本原稿提出	2024-07-31	17:00	3	NULL

pdate >= '2024-07-10'

3	yyamada	MySQL本原稿提出	2024-07-31	17:00	3	NULL

OR論理演算子

そのほかにも、論理演算子には左右の条件式いずれかがTrueであれば、全体もTrueと見なす**OR演算子**があります。手順3のように、先ほどの条件式をOR演算子で書き換えたもので比較してみると、わかりやすいかもしれません。

cid = 3 OR pdate >= '2024-07-10';

pid	uid	subject	pdate	ptime	cid	memo
1	yyamada	WINGS会議	2024-06-25	15:00	1	配布プリント持参
2	tsatou	B企画書提出	2024-07-05	17:00	3	サンプル添付
3	yyamada	MySQL本原稿提出	2024-07-31	17:00	3	NULL
4	yyamada	WINGSメンバ面接	2024-08-05	13:00	5	NULL

cid = 3
または
pdate >= '2024-07-10'

2	tsatou	B企画書提出	2024-07-05	17:00	3	サンプル添付
3	yyamada	MySQL本原稿提出	2024-07-31	17:00	3	NULL
4	yyamada	WINGSメンバ面接	2024-08-05	13:00	5	NULL

今度は、分類が「提出」(cid=3)である、**または**、予定の日付が2024年07月10日以降であるレコードが取り出されていることが確認できます。

まとめ

- **複数の条件式を組み合わせるには、論理演算子を使う**
- **論理演算子には、条件式のいずれもがTrueである場合に全体もTrueと見なすAND演算子と、条件式の片方がTrueであれば全体をTrueと見なすOR演算子とがある**

レコードの更新

予習 レコードを更新する方法を理解する

SELECT命令はまだまだ奥深い命令ではあるのですが、ちょっと区切りを付けて、ここでは今あるレコードを修正（更新）する方法について見てみましょう。
すでにあるレコードを更新するには、**UPDATE**という命令を使います。

レコードの更新

usrテーブル

uid	passwd	uname	family
ssuzuki	98765	鈴木正一	4
hsugita	45231	ゲスト	NULL
yyamada	12345	山田祥寛	3

UPDATE命令によって
「4」に更新

4

体験 既存のレコードを更新しよう

1 mysqlクライアントを起動する

mysqlクライアントを起動してパスワードを入力し❶、basicデータベースに移動します❷。

```
PS C:\Users\nami-> mysql -u myusr -p;
Enter password: *****
Welcome to the MySQL monitor.  Commands end with ; or \g.
Your MySQL connection id is 36
Server version: 8.0.34 MySQL Community Server - GPL

Copyright (c) 2000, 2023, Oracle and/or its affiliates.

Oracle is a registered trademark of Oracle Corporation and/or its
affiliates. Other names may be trademarks of their respective
owners.

Type 'help;' or '\h' for help. Type '\c' to clear the current input statement.

mysql> USE basic;
Database changed
mysql>
```

```
PS C:\Users\nami-> mysql -u myusr -p⏎
Enter password: *****
```

❶ コマンドとパスワードを入力してそれぞれ Enter キーを押す

```
mysql> USE basic;
```

❷ 入力して Enter キーを押す

2 テーブルの内容を確認する

更新前のusrテーブルの内容を確認します。右のように入力してSELECT命令を実行します❶。図のように1件のレコードが表示されることを確認してください。

Tips

WHERE句を使い、uidフィールドが「yyamada」のレコードを表示しています。

3 テーブルの内容を更新する

usrテーブルに登録されているuidフィールドが「yyamada」であるレコードの、familyフィールドの数値を1つ増やします。右のように入力してUPDATE命令を実行します❶。図のように「Query OK, …」と表示されれば成功です。

```
mysql> UPDATE usr SET family = family + 1
    -> WHERE uid = 'yyamada';
Query OK, 1 row affected (0.01 sec)
Rows matched: 1  Changed: 1  Warnings: 0

mysql>
```

成功メッセージが表示される

```
mysql> UPDATE usr SET family = family + 1 ↵
    -> WHERE uid = 'yyamada';
```

❶ 入力して Enter キーを押す

Tips

成功メッセージの「Rows matched: 1 Changed: 1」は、条件に合致したレコードが1件、変更されたレコードも1件であることを表します。

4 更新した結果を確認する

手順3で更新した結果を確認します。右のように入力してSELECT命令を実行します❶。図のようにfamilyフィールドの値が「4」になっていることを確認してください。
| uid | passwd | uname | family |
+---------+--------+-----------+--------+
| yyamada | 12345 | 山田祥寛 | 4 |
+---------+--------+-----------+--------+
1 row in set (0.00 sec)
```

「4」が表示される

```

5 mysqlクライアントを終了する

mysqlクライアントを終了します。右のように入力して、exit命令を実行します❶。図のように元のプロンプトに戻ります。

理解 UPDATE命令

UPDATE命令の構文は、次のとおりです。

▼構文

```
UPDATE テーブル名 SET フィールド名1 = 値1, フィールド名2 = 値2,
    ... WHERE 条件式
```

これによって、「＜条件式＞に合致したレコードについて、それぞれ＜フィールド名1＞には＜値1＞を、＜フィールド名2＞には＜値2＞をセット」します。
「フィールド名1 = 値1」の「=」は「左辺と右辺が等しいか」という意味ではなく、「値1をフィールド名1にセット(代入)しなさい」という意味なので、要注意です。同じ「=」でも、登場する場所によって意味が違ってくるのですね。

＜値1＞、＜値2＞には単なる数字や文字列だけではなく、手順3のように「family + 1」のような式を指定することもできます。これで、「familyフィールドの現在値に1を加えなさい」という意味になります。

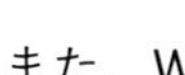
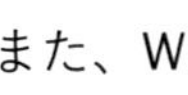
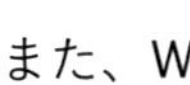

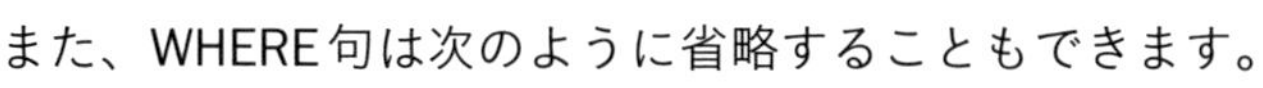

また、WHERE句は次のように省略することもできます。

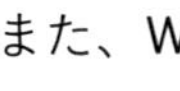
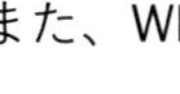
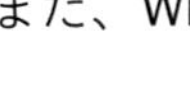

```
mysql> UPDATE usr SET family = family + 1;
```

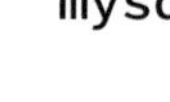

ただし、この例では無条件にすべてのレコードのfamilyフィールドに1が加算されてしまいます。本当にすべてのレコードを更新してもよいのか、あらかじめきちんと確認しましょう。

まとめ

- ▶レコードを更新するには、UPDATE命令を使う
- ▶UPDATE命令のWHERE句を省略した場合は、すべてのレコードが更新対象になる

7 レコードの削除

予習 レコードを削除する方法を理解する

SELECT、INSERT、UPDATEと学んできたところで、本章最後のここでは、DELETE（削除）命令について学んでみましょう。
DELETE命令まで理解することで、レコードの登録／更新／削除／参照といったデータベースの基本的な操作がひととおりできるようになります。

レコードの削除

usrテーブル

uid	passwd	uname	family
hinoue	26480	井上花子	4
hsugita	45231	ゲスト	3
mtanaka	12345	田中美紀	NULL
nharada	01230	原田直樹	3
…	…	…	…

DELETE命令で削除

体験 今あるレコードを削除しよう

1 mysqlクライアントを起動する

mysqlクライアントを起動してパスワードを入力し❶、basicデータベースに移動します❷。

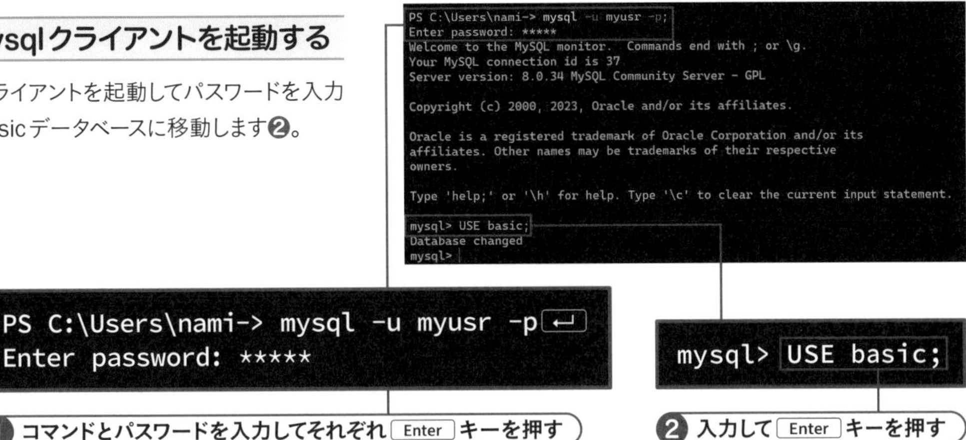

2 テーブルの内容を確認する

レコード削除前のusrテーブルの内容を確認します。右のように入力してSELECT命令を実行します❶。図のように8件のレコードが表示されることを確認してください。
mysql> SELECT * FROM usr;

+--------+--------+----------+--------+
| uid | passwd | uname | family |
+--------+--------+----------+--------+
hinoue	24680	井上花子	4
hsugita	45231	ゲスト	3
mtanaka	00112	田中美紀	NULL
nharada	01230	原田直樹	3
nkakeya	73440	掛谷奈美	5
ssuzuki	98765	鈴木正一	4
tsatou	13579	佐藤留吉	1
yyamada	12345	山田祥寛	4
+--------+--------+----------+--------+
8 rows in set (0.00 sec)

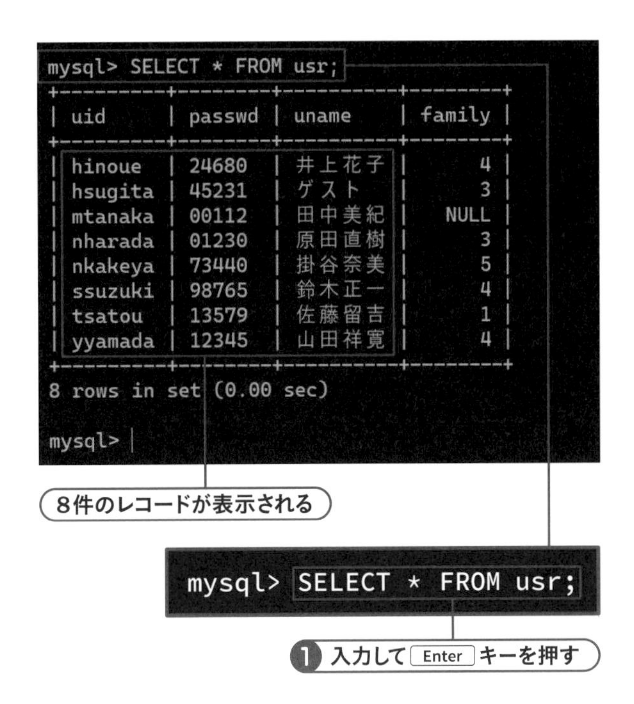

3 テーブルの内容を削除する

usrテーブルに登録されている、uidフィールドが「hsugita」のレコードを削除します。右のように入力してDELETE命令を実行します❶。図のように「Query OK, …」と表示されれば成功です。

4 削除した結果を確認する

手順3で削除した結果を確認します。右のように入力してSELECT命令を実行します❶。図のようにuidフィールドが「hsugita」のレコードがなくなっていることを確認してください。

```
mysql> SELECT * FROM usr;
+---------+--------+-----------+--------+
| uid     | passwd | uname     | family |
+---------+--------+-----------+--------+
| hinoue  | 24680  | 井上花子  |      4 |
| mtanaka | 00112  | 田中美紀  |   NULL |
| nharada | 01230  | 原田直樹  |      3 |
| nkakeya | 73440  | 掛谷奈美  |      5 |
| ssuzuki | 98765  | 鈴木正一  |      4 |
| tsatou  | 13579  | 佐藤留吉  |      1 |
| yyamada | 12345  | 山田祥寛  |      4 |
+---------+--------+-----------+--------+
7 rows in set (0.00 sec)

mysql>
```

❶ 入力して Enter キーを押す

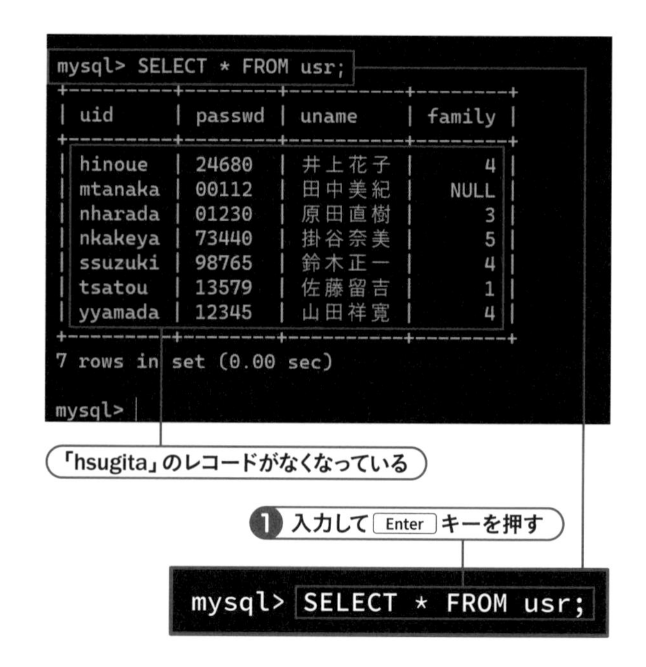

5 mysqlクライアントを終了する

mysqlクライアントを終了します。右のように入力して、exit命令を実行します❶。図のように元のプロンプトに戻ります。

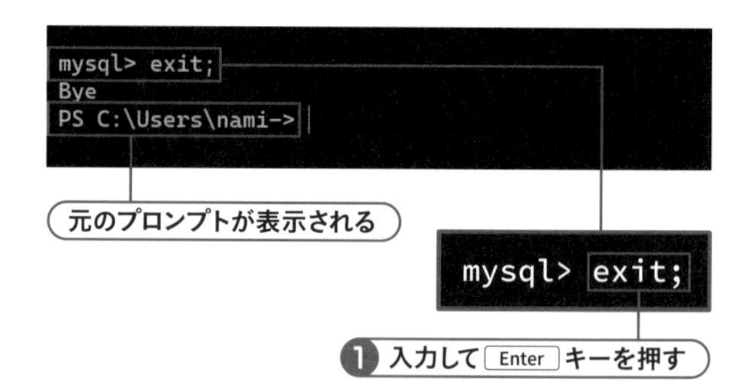

理解 DELETE命令について

DELETE命令の構文は、次のとおりです。

▼構文

```
DELETE FROM テーブル名 WHERE 条件式
```

これによって、「＜条件式＞に合致したレコードを＜テーブル名＞から削除」します。
手順3では、uidフィールドが「hsugita」のレコードを削除しました。**4-6**手順5でもDELETE命令を使いましたが、これも同様に条件式を指定してレコードを削除しようとしています。なお、DELETE命令でレコードを削除しようとする際、とくに削除してもよいかという確認メッセージは表示されないので気をつけてください。

また、UPDATE命令と同じく、WHERE句は省略してもかまいません。ただし、その場合には、指定されたテーブルの全レコードが無条件に削除されますので、要注意です。

DELETE FROM usr WHERE ～

WHERE句がないと、すべての
レコードが削除されるので注意！

まとめ

- **レコードを削除するには、DELETE命令を使う**
- **DELETE命令のWHERE句を省略した場合は、すべてのレコードが削除される**

第5章 練習問題

本章の練習問題では、以下で新たに作成するpracticeデータベースを使います。basicデータベースと間違えないように注意してください。

◉問題1

新しくpracticeデータベースを作成し、**5-1**手順5で使ったサンプルデータベースbasic.sqlをpracticeデータベースに展開しなさい。また、**2-4**手順2で作成したmyusrユーザにすべての権限を与えなさい。

◉問題2

usrテーブルから家族の人数（familyフィールド）が3～4人のユーザだけを取り出しなさい。取得フィールドはuname、familyフィールドとする。ただし、論理演算子は使わないものとする。

◉問題3

scheduleテーブルから備考が空（NULL）でなく、かつ、予定名に「提出」という言葉を含んでいるレコードだけを取り出しなさい。取得フィールドはsubject、pdate、memoフィールドとする。

ヒント **5-3、5-5**

◉問題4

usrテーブルに登録されたtsatouユーザの家族の人数（familyフィールド）を＋1、また、パスワードを98765に更新しなさい。

ヒント **5-6**

◉問題5

scheduleテーブルに登録されたyyamadaユーザの、2024年7月1日より前のレコードを削除しなさい。

ヒント **5-7**

第6章

レコードの並べ替えと集計

レコードの並べ替え

予習 レコードを並べ替える方法を理解する

ここからは、ふたたびSELECT命令の登場です。ここまでは、テーブルからただ適当にレコードを取り出すだけで、あまりその並び順を意識するということはありませんでした。しかし、実際にレコードを利用するうえでは、目的によってレコードを並べ替えたいということはよくあります（レコードの並べ替えのことを**ソート**と言います）。
たとえば、ショッピングサイトを想定するなら、「値段の安いものから商品を見たい」「顧客の評価が高い商品を確認したい」「新着の商品を見たい」などです。レコードを並べ替えることで、1つのレコードもさまざまな視点で確認できるようになるのです。
レコードのソートは、レコードを分析するもっとも基本的な方法とも言えるでしょう。ここではレコードをソートするための**ORDER BY**句（SELECT命令）について学びます。

レコードの並べ替え（ソート）

商品テーブル

品名	価格
りんご	100円
みかん	30円
いちご	350円
もも	200円

品名	価格
みかん	30円
りんご	100円
もも	200円
いちご	350円

品名	価格
いちご	350円
みかん	30円
もも	200円
りんご	100円

体験 ORDER BY句の基本

1 mysqlクライアントを起動する

mysqlクライアントを起動してパスワードを入力し❶、basicデータベースに移動します❷。

Tips

basicデータベースは第５章で使用したものをそのまま使います。

```
PS C:\Users\nami-> mysql -u myusr -p;
Enter password: *****
Welcome to the MySQL monitor.  Commands end with ; or \g.
Your MySQL connection id is 54
Server version: 8.0.34 MySQL Community Server - GPL

Copyright (c) 2000, 2023, Oracle and/or its affiliates.

Oracle is a registered trademark of Oracle Corporation and/or its
affiliates. Other names may be trademarks of their respective
owners.

Type 'help;' or '\h' for help. Type '\c' to clear the current input statement.

mysql> USE basic;
Database changed
mysql>
```

```
PS C:\Users\nami-> mysql -u myusr -p
Enter password: *****
```

❶ コマンドとパスワードを入力してそれぞれ Enter キーを押す

```
mysql> USE basic;
```

❷ 入力して Enter キーを押す

2 レコードを並び替える

scheduleテーブルのレコードを、予定日と時刻について昇順（古い順）に並べ替えます。右のように入力してSELECT命令を実行します❶。図のように表示されれば成功です。

Tips

ここではuid、subject、pdate、ptimeの各フィールドを表示しています。

```
mysql> SELECT uid, subject, pdate, ptime FROM schedule
    -> ORDER BY pdate ASC, ptime ASC;
```

3 mysqlクライアントを終了する

mysqlクライアントを終了します。右のように入力して、exit命令を実行します❶。図のように元のプロンプトに戻ります。

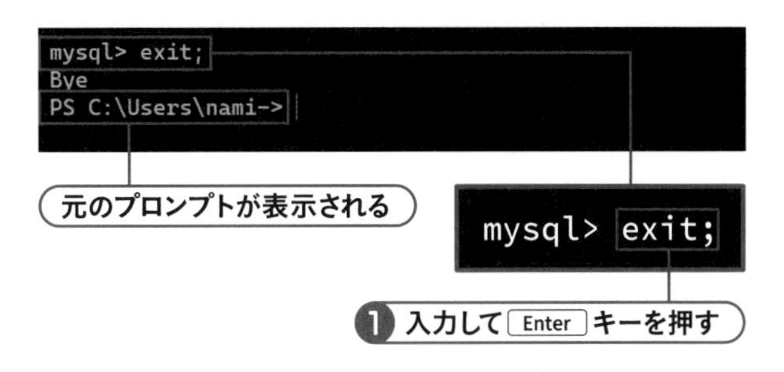

理解 ORDER BY句の基本

レコードを並べ替えるための構文（ORDER BY句）

テーブルから取り出したレコードを特定のキーで並べ替えるには、SELECT命令にORDER BYという句を追加します。ORDER BY句を含んだSELECT命令の構文を、以下に見てみましょう。

▼構文

```
SELECT フィールド名, ... FROM テーブル名 ORDER BY ソート条件
```

日本語で表してみるならば、「＜テーブル名＞から指定された＜フィールド名,...＞を取り出しなさい。その際に、＜ソート条件＞に従ってレコードを並べ替えなさい」というわけです。

ソート条件は「ソートキー 並び順」の形式で指定します。ソートキーは、並べ替えの際に比較対象となるフィールドの名前です。並び順は、レコードを昇順（ASC：小さい順）、降順（DESC：大きい順）のどちらで並べ替えるかを決める情報のことです。手順2では以下のように指定しています。

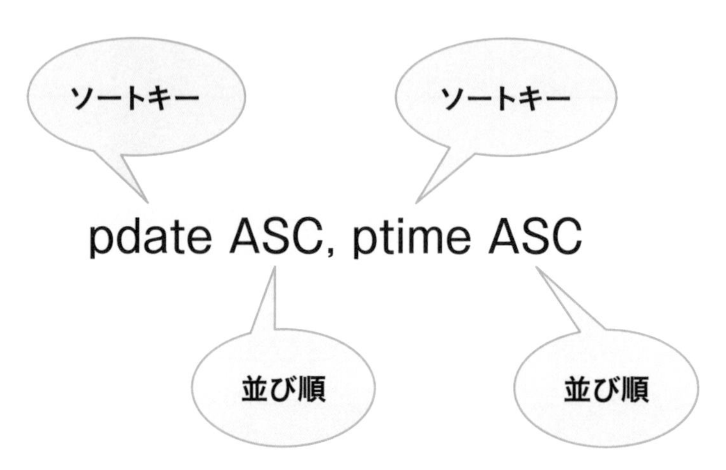

複数のソート条件を指定するには、ソート条件をカンマで区切ります。また、並び順のデフォルトはASC（昇順）なので、上の例ではASCを省略して「pdate, ptime」としてもかまいません。

ソート条件を複数指定した場合には、記述した順番に並べ替えが行われます。この例であれば、まずpdateフィールドについて昇順に並べ替えが行われ、pdateフィールドの値が等しいもの同士が次のキー（ptimeフィールド）で昇順に並べ替えられるわけです。

ソートではデータ型に要注意

ソートする場合には、ソートキーとなるフィールドのデータ型も気にする必要があります。たとえば、8と15という値を考えてみましょう。これらの値が数値であれば、15は8よりも大きいと見なされます。しかし、これらの値が文字列であったとしたらどうでしょう。
この場合、データベースは値を辞書的に比較します。つまり、15と8であれば、まずは先頭の「1」と「8」とが比較の対象となり、8のほうが大きい（辞書的に後ろに来る）ので、15は8よりも小さいと見なされるのです。

ソートが意図しない結果にならないためにも、それぞれのフィールドには適切なデータ型を設定しておくことが重要です。

数値だと……

8 < 15

8と15を比べるので正しい

文字列だと……

8と1を比べるので正しくない

まとめ

- ▶レコードを並べ替えるには、SELECT命令のORDER BY句を使用する
- ▶ORDER BY句には、ソート条件を「ソートキー 並び順, ...」の形式で指定する
- ▶並べ替えの結果は、対象のデータ型によって異なる可能性がある

2 特定範囲のレコード抽出

予習 m～n件目のレコードを取り出す方法を理解する

MySQLではソートした結果からm～n件目のレコードを取り出すということもできます。たとえば、「値段の安いものから商品を見たい」としたとき、すべてのレコードを取り出す必要があるでしょうか。せいぜい安いものから10件、多くても50件ほどのレコードが見られればそれで十分なはずです。

このような場合には、LIMIT句を使うことで、取り出すレコードの範囲を制限することができます。

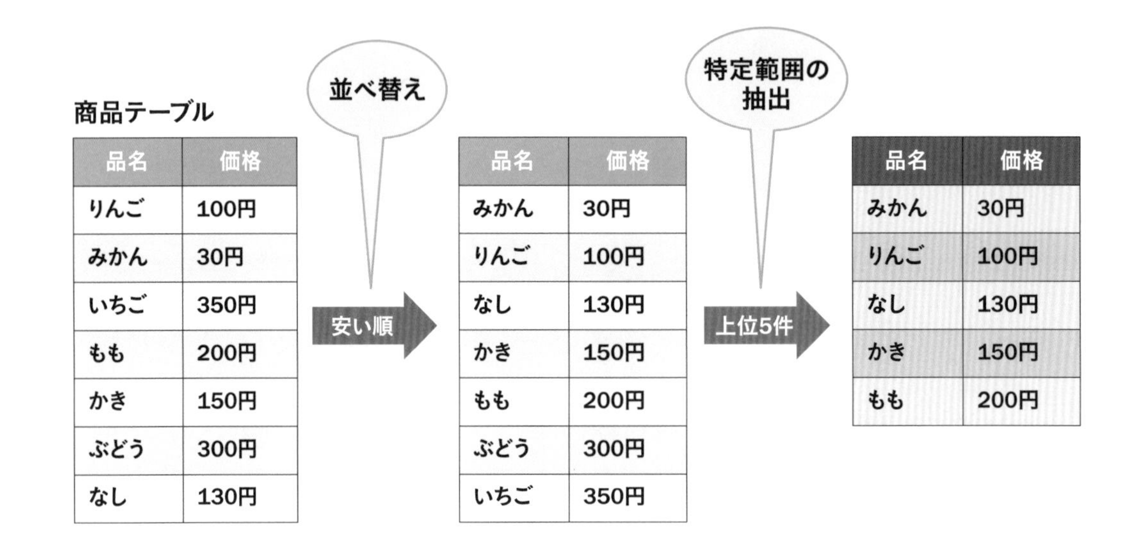

体験 m～n件目のレコードを取り出そう

1 mysqlクライアントを起動する

mysqlクライアントを起動してパスワードを入力し❶、basicデータベースに移動します❷。

2 先頭から5件のレコードを表示する

scheduleテーブルから予定日、予定時刻の新しいレコードを5件表示します。右のように入力してSELECT命令を実行します❶。図のようにレコードが表示されれば成功です。

Tips

ここではuid、subject、pdate、ptime、memoの各フィールドを表示しています。

```
mysql> SELECT uid, subject, pdate, ptime, memo FROM schedule
    -> ORDER BY pdate, ptime LIMIT 5;
```

3 mysqlクライアントを終了する

mysqlクライアントを終了します。右のように入力して、exit命令を実行します❶。図のように元のプロンプトに戻ります。

レコードを件数で絞り込むための構文（LIMIT句）

テーブルから取り出したレコードを件数で絞り込むには、SELECT命令にLIMIT句を追加します。LIMIT句を含んだSELECT命令の構文は、次のとおりです。

▼構文

```
SELECT フィールド名, ... FROM テーブル名 ORDER BY ソート条件 LIMIT 行数
```

例によって日本語に直訳するならば、「＜テーブル名＞から指定された＜ソート条件＞で並べ替えた結果から先頭の＜行数＞件を取り出しなさい」という意味になります。

厳密には、ORDER BY句は必須ではないのですが、並び順を指定しないで単に「先頭から○○行」という指定は、多くの場合意味がありません。普通は「日付の古いものから○○行」というように、並び順も込みで指定するべきでしょう。

手順2では、「ORDER BY pdate, ptime LIMIT 5」と指定することで、「予定日、予定時刻の順で並べ替え」た「先頭の5件」を指定しています。もし「ORDER BY pdate, ptime」の指定がないと、並べ替えがないので表示される結果が異なってしまいます。

ORDER BY句がある場合

…	subject	①pdate	②ptime	…
…	WINGS会議	2024-06-25	14:00	…
…	WINGS会議	2024-06-25	15:00	…
…	WINGS会議	2024-06-25	15:00	…
…	B企画書提出	2024-07-05	17:00	…
…	C社打ち合わせ	2024-07-31	14:00	…
…	MySQL本原稿提出	2024-07-31	17:00	…
…	…	…	…	…

①pdate、②ptimeの順で並べ替えられる

ORDER BY句がない場合

…	subject	pdate	ptime	…
…	WINGS会議	2024-06-25	15:00	…
…	B企画書提出	2024-07-05	17:00	…
…	MySQL本原稿提出	2024-07-31	17:00	…
…	WINGSメンバ面接	2024-08-05	13:00	…
…	WINGS会議	2024-06-25	14:00	…
…	C社打ち合わせ	2024-07-31	14:00	…
…	…	…	…	…

並べ替えがないので、結果が異なる

上位5件を抽出

取得開始行も指定できる

LIMIT句では、「先頭から○○行」だけではなく、「○○行目から□□行」という絞り込みをすることもできます。

▼構文

```
SELECT フィールド名, ... FROM テーブル名 ORDER BY ソート条件
  LIMIT 開始行, 行数
```

これにより、開始行から指定された行数分のレコードが表示されます。したがって、手順2のSELECT命令は次のように書き換えても同じ意味です。開始行は0スタートで指定する点に要注意です。

```
mysql> SELECT uid, subject, pdate, ptime, memo FROM schedule
    -> ORDER BY pdate, ptime LIMIT 0, 5;
```

同じく2行目から5行分を絞り込む場合は以下のようになります。

```
mysql> SELECT uid, subject, pdate, ptime, memo FROM schedule
    -> ORDER BY pdate, ptime LIMIT 1,5;
+---------+-----------------+------------+----------+------------------+
| uid     | subject         | pdate      | ptime    | memo             |
+---------+-----------------+------------+----------+------------------+
| yyamada | WINGS会議       | 2024-06-25 | 15:00:00 | 配布プリント持参 |
| ssuzuki | WINGS会議       | 2024-06-25 | 15:00:00 | ファイル持参     |
| tsatou  | B企画書提出     | 2024-07-05 | 17:00:00 | サンプル添付     |
| nkakeya | C社打ち合わせ   | 2024-07-31 | 14:00:00 | NULL             |
| yyamada | MySQL本原稿提出 | 2024-07-31 | 17:00:00 | NULL             |
+---------+-----------------+------------+----------+------------------+
5 rows in set (0.00 sec)
```

まとめ

- ▶m〜n件のレコードを抽出するには、SELECT命令のLIMIT句を使用する
- ▶一般的に、LIMIT句はORDER BY句と合わせて使う

3 レコードの集計

予習 グループ化と集計演算子の使い方を理解する

ここでは、レコードの集計について学びます。
SELECT命令のGROUP BY句を使うことで、特定のフィールドをキーにレコードをグループ化し、集計することができます。GROUP BY句とともに、ここでは集計の機能を提供する**集計関数**も登場しますので、合わせて理解します。

グループ化して集計する

id	氏名	age	sex
1	山田太郎	35	男
2	鈴木花子	29	女
3	佐藤次郎	28	男
4	山本智子	32	女
5	木村三郎	33	男

男女別にグループ化

id	氏名	age	sex
1	山田太郎	35	男
3	佐藤次郎	28	男
5	木村三郎	33	男
2	鈴木花子	29	女
4	山本智子	32	女

集計

それぞれの最年長、最年少を集計

sex	age(最大)	age(最小)
男	35	28
女	32	29

体験 レコードを集計しよう

1 mysqlクライアントを起動する

mysqlクライアントを起動してパスワードを入力し❶、basicデータベースに移動します❷。

```
PS C:\Users\nami-> mysql -u myusr -p;
Enter password: *****
Welcome to the MySQL monitor.  Commands end with ; or \g.
Your MySQL connection id is 57
Server version: 8.0.34 MySQL Community Server - GPL

Copyright (c) 2000, 2023, Oracle and/or its affiliates.

Oracle is a registered trademark of Oracle Corporation and/or its
affiliates. Other names may be trademarks of their respective
owners.

Type 'help;' or '\h' for help. Type '\c' to clear the current input statement.

mysql> USE basic;
Database changed
mysql>
```

```
PS C:\Users\nami-> mysql -u myusr -p↵
Enter password: *****
```

❶ コマンドとパスワードを入力してそれぞれ Enter キーを押す

```
mysql> USE basic;
```

❷ 入力して Enter キーを押す

2 レコードをグループ化し集計する

scheduleテーブルをuidフィールドごとにグループ化し、それぞれに登録された予定の数を集計します。右のように入力してSELECT命令を実行します❶。図のように表示されれば成功です。

3 mysqlクライアントを終了する

mysqlクライアントを終了します。右のように入力して、exit命令を実行します❶。図のように元のプロンプトに戻ります。

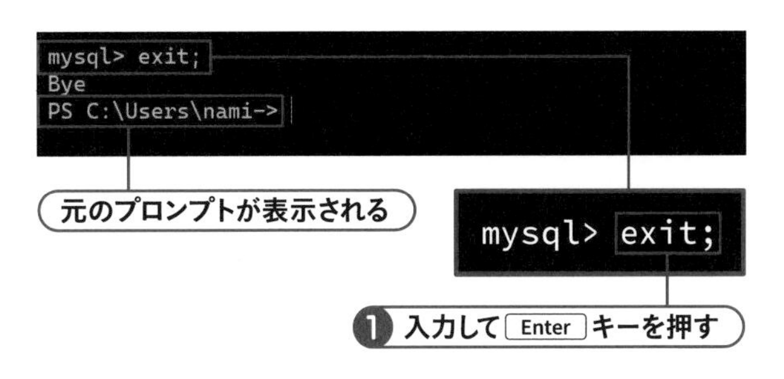

理解 GROUP BY句と集計関数

レコードを集計するための構文(GROUP BY句)

テーブルの内容を特定のキー(フィールド)でグループ化するには、GROUP BY句を使います。GROUP BY句の構文は、次のとおりです。

▼構文

```
SELECT フィールド名, ..., 集計式, ... FROM テーブル名 GROUP BY グループキー
```

「<テーブル名>の内容を<グループキー>でグループ化し、その結果を<フィールド名, ..., 集計式, ... >のように取り出しなさい」という意味ですね。

グループキーは、その名のとおり、グループ化のときに使用するキーとなるフィールドのことです。手順2ではグループキーとして「uid」を指定しているので、uidフィールドの値が等しいレコードが1つのグループとしてまとめられました。その結果、5つのグループが表示されています。

pid	uid	subject	pdate	
1	yyamada	WINGS会議	2024-06-25	…
2	tsatou	B企画書提出	2024-07-05	…
3	yyamada	MySQL本原稿提出	2024-07-31	…
4	yyamada	WINGSメンバ面接	2024-08-05	…
5	nkakeya	WINGS会議	2024-06-25	…
…	…	…	…	…

uidをキーとしてグループ化

uid = 'hinoue'のグループ
→1件のレコード

uid = 'nkaneya'のグループ
→3件のレコード

uid = 'ssuzuki'のグループ
→1件のレコード

uid = 'tsatou'のグループ
→1件のレコード

uid = 'yyamada'のグループ
→4件のレコード

さまざまな集計関数

一般的に、GROUP BY句は集計関数とセットで利用します。先ほどの構文で「集計式」とある部分は、集計関数を用いて記述しました。手順2では「COUNT(＊)」という集計式を記述しています。これは、「各グループに属するレコードの件数を数える」という意味です。

このように、集計関数を利用することで、GROUP BY句で束ねたレコードの件数や最大／最小値、平均値などを求めることができます。関数については改めて**6-5**で紹介しますが、とりあえずは決まった機能を持った道具とでも思っておきましょう。おもな集計関数は、次のとおりです。

関数	求める値
AVG(フィールド名)	平均値
COUNT(フィールド名)	件数
MAX(フィールド名)	最大値
MIN(フィールド名)	最小値
SUM(フィールド名)	合計値

なお、COUNT関数は指定したフィールドの「NULLでない件数」のみを数えますので、要注意です。たとえば、手順2で「COUNT(memo)」のようにNULLが含まれるフィールド名(memo)を指定してしまうと、結果が違ってしまいます。NULLを意識せずにレコード件数を無条件にカウントしたい場合には、「*」(アスタリスク)を指定するか、主キー列を指定してください。

▶レコードをグループ化するには、SELECT命令のGROUP BY句を使う

▶レコードを集計するには、COUNT、AVG、SUMなどの集計関数を使う

4 フィールドの別名

予習 別名の付けかたを理解しよう

6-3の手順**2**の結果に注目してみましょう。関数や演算子でフィールドを加工した場合、そのフィールドには「COUNT(＊)」のような名前が付いてしまいます。この程度であればまだよいかもしれませんが、「DATE_FORMAT(pdate, '%Y年%m月%d日')」のようなちょっと長めの式になった場合、見た目にもこのフィールドがなんであるのかわからなくなってしまいます。また、このような式を含んだフィールド名は、プログラムからアクセスする場合に名前ではアクセスできないという問題があります(プログラムからのアクセスについては、**第8～9章**で解説します)。

そこで、このような式を含んだフィールドには、**別名**を付けるのが一般的です。別名を付けることで、そのフィールドの意味がよりわかりやすくなる、という効果があります。

MAX(family)	MIN(family)	AVG(family)
5	1	3.5000

わかりにくい名前を
わかりやすい名前にする！

最大	最小	平均
5	1	3.5000

体験 フィールドに別名を付けてみよう

1 mysqlクライアントを起動する

mysqlクライアントを起動してパスワードを入力し❶、basicデータベースに移動します❷。

2 集計した列に別名を付ける

usrテーブルの内容を集計し、集計したフィールドに別名を付けて表示します。右のように入力してSELECT命令を実行します❶。図のように表示されれば成功です。

Tips

ここではusrテーブルにあるfamilyフィールド（家族数）の最大値、最小値、平均値を、それぞれ「最大」「最小」「平均」として表示しています。

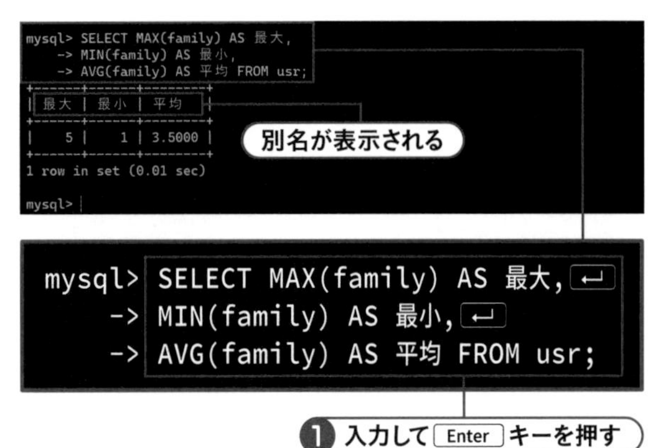
| 5 | 1 | 3.5000 |
+------+------+--------+
1 row in set (0.01 sec)

mysql>
別名が表示される

❶ 入力して Enter キーを押す

3 値を加工した列に別名を付ける

次に、usrテーブルにあるfamilyフィールドの値から1を引いた値を別名「家族数」として表示します。右のように入力してSELECT命令を実行します❶。図のように表示されれば成功です。

Tips

mysqlクライアントを終了するには「exit;」と入力してください。

```
mysql> SELECT uid, uname, family - 1 AS 家族数 FROM usr;
```

| uid | uname | 家族数 |
+---------+------------+--------+
hinoue	井上花子	3
mtanaka	田中美紀	NULL
nharada	原田直樹	2
nkakeya	掛谷奈美	4
ssuzuki	鈴木正一	3
tsatou	佐藤留吉	0
yyamada	山田祥寛	3
+---------+------------+--------+
7 rows in set (0.00 sec)

mysql>
別名が表示される

❶ 入力して Enter キーを押す

理解 別名について

別名を付ける構文

取得したフィールドに元の名前とは違う名前を付けるには、AS句を使います。AS句を含んだSELECT命令の構文は、次のとおりです。

▼構文

```
SELECT フィールド名 AS 別名, ... FROM テーブル名 [WHERE句など]
```

手順2では、集計関数で加工したフィールドに対して別名を付けました。

加工したフィールド	別名	概要
MAX(family)	最大	familyフィールドの最大値
MIN(family)	最小	familyフィールドの最小値
AVG(family)	平均	familyフィールドの平均値

ここでは加工したフィールドに対して別名を指定していますが、そのほかにも、複数のテーブルを結合したときにフィールド名が衝突するようなケースでも別名を付けます（テーブルの結合については**7-1**、**7-2**参照）。また、何の加工もしていないフィールドに別名を付けてもかまいません。

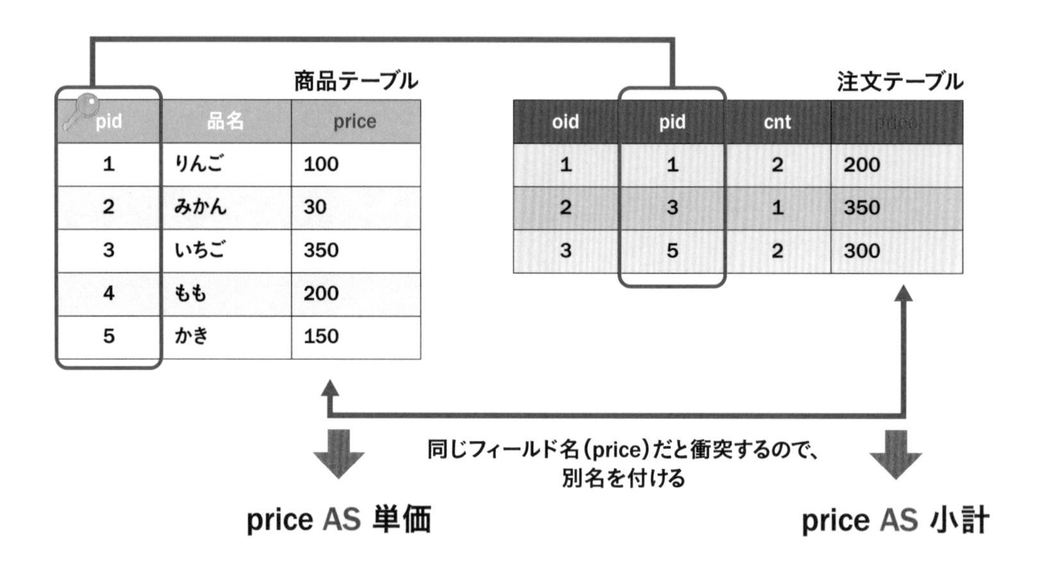

算術演算子

ここではもう1つ、手順3のSELECT命令に注目してみましょう。「family - 1」に「家族数」という別名を付けていますが、「family - 1」は「familyフィールドで取得した値から1を引く」という意味です。つまり、家族全体の人数から本人を除く「家族数」を求めています。

```
SELECT uid, uname, family - 1 AS 家族数 FROM usr
```

このように、SELECT命令で取得した値は、演算子を使って演算することもできます。**演算子**とは、与えられた値に対して何かしらの演算を行うための記号です。ここまでも比較演算子や論理演算子のような演算子が登場しましたが、このような加減乗除を行う演算子のことを**算術演算子**と呼びます。
算数で習った記号とはちょっと異なるものもありますが、考え方は算数そのものですので、もっともわかりやすい演算子と言えるでしょう。算術演算子には、次のようなものがあります。

演算子	概要
+	足し算
−	引き算
*	掛け算
/	割り算
%	剰余（割り算をした余り）

まとめ

- ▶取得したフィールドに別の名前を付けるには、AS句を使う
- ▶足し算や引き算などを行うには、算術演算子を使う

5 関数

予習 関数を理解しよう

関数とは、何らかの入力を与えることによって、あらかじめ決められた処理を行い、その結果を返すためのしくみです。関数に与える入力のことを**引数**（パラメータ）、処理の結果のことを**戻り値**と言います。

6-3ではCOUNTやSUMなどの命令が登場しましたが、これもまた関数の一種です。ここでは、それ以外の、MySQLで使えるおもな関数について理解します。

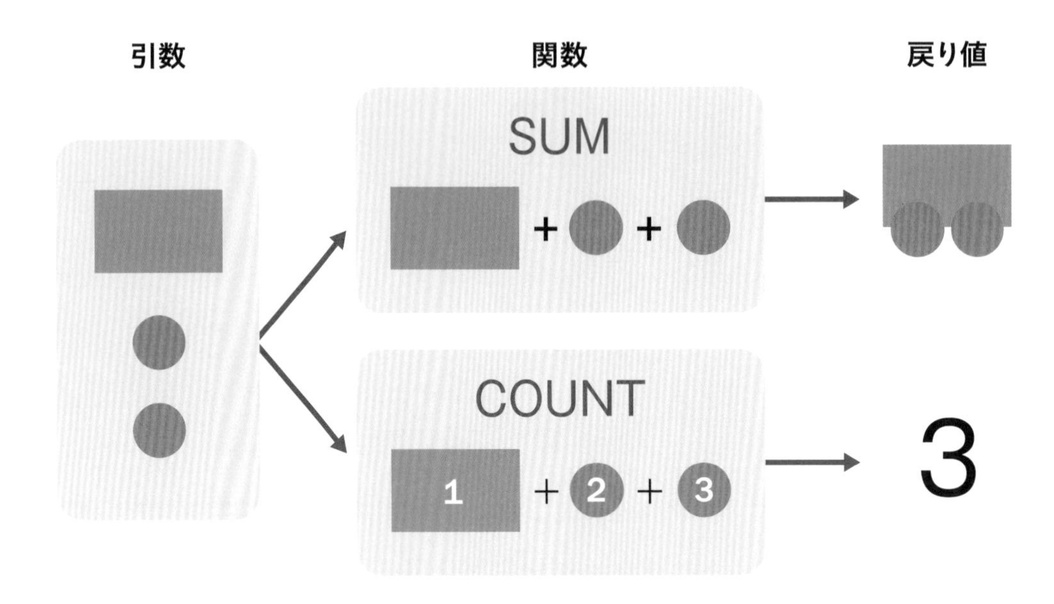

同じ引数でも関数によって戻り値が異なる

体験 さまざまな関数を使ってみよう

1 mysqlクライアントを起動する

mysqlクライアントを起動してパスワードを入力し❶、basicデータベースに移動します❷。

```
PS C:\Users\nami-> mysql -u myusr -p;
Enter password: *****
Welcome to the MySQL monitor.  Commands end with ; or \g.
Your MySQL connection id is 59
Server version: 8.0.34 MySQL Community Server - GPL

Copyright (c) 2000, 2023, Oracle and/or its affiliates.

Oracle is a registered trademark of Oracle Corporation and/or its
affiliates. Other names may be trademarks of their respective
owners.

Type 'help;' or '\h' for help. Type '\c' to clear the current input statement.

mysql> USE basic;
Database changed
mysql>
```

```
PS C:\Users\nami-> mysql -u myusr -p
Enter password: *****
```

❶ コマンドとパスワードを入力してそれぞれ Enter キーを押す

```
mysql> USE basic;
```

❷ 入力して Enter キーを押す

2 日付の表示形式を変更する

scheduleテーブルにあるuidフィールドが「yyamada」の予定日を「YYYY年MM月DD日」の形式で表示します。右のように入力してSELECT命令を実行します❶。図のように表示されれば成功です。

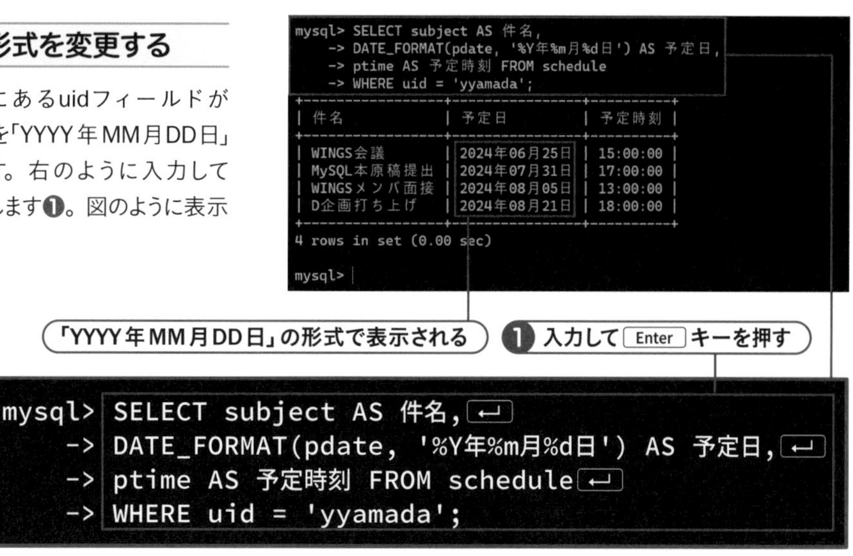

3 平均値を四捨五入して求める

usrテーブルにあるfamilyフィールドの平均値を四捨五入して表示します。右のように入力してSELECT命令を実行します❶。図のようにレコードが表示されれば成功です。

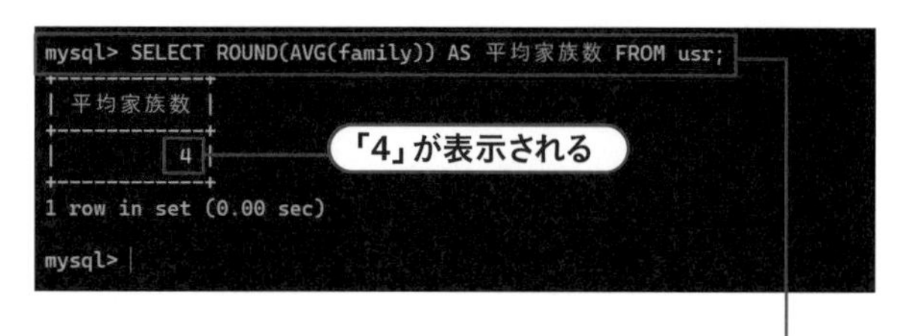


```
mysql> SELECT ROUND(AVG(family)) AS 平均家族数 FROM usr;
```

❶ 入力して Enter キーを押す

理解 さまざまな関数

関数とは?

関数は、演算子と同じく、レコードを加工したり演算したりするための道具です。
たとえば、**6-3**で登場した集計関数はレコードを集計するための道具でした。このほかにも、文字列を加工するための**文字列関数**や数字に関わる**数学関数**、日付演算を行う**日付関数**などがあります。これら関数を利用することで、定型的なレコードの加工をごく直観的に行えるようになります。

関数を呼び出すための一般的な構文は、次のとおりです。

▼構文

```
関数名(引数, 引数, ...)
```

このように、関数の動作に必要なパラメータ(引数)は、カッコの中に指定します。複数指定する場合には、引数と引数の間をカンマ(,)で区切ります。
引数が必要ない場合にも、「関数名( )」のように空のカッコを記述しなければならない点に注意してください。

関数	概要
集計関数	合計値や平均値など、数値の集計に関する関数
文字列関数	文字列を変換したり、文字を取り出したりする関数
数学関数	三角関数や指数/対数など、算術演算を行う関数
日付関数	日付を計算したり、日付の表示形式を整えたりする関数

DATE_FORMAT関数

手順❷では「DATE_FORMAT(pdate, '%Y年%m月%d日')」という集計式を使いました。ここで使われているDATE_FORMAT関数は、日付を指定されたフォーマットで整形するための日付関数です。つまり、pdateフィールドの値を「YYYY年MM月DD日」の形式に整形しなさいということを意味しています。
ここで、DATE_FORMAT関数の2番目の引数に注目してみましょう。「%Y」や「%m」のような文字が含まれていることが見て取れます。これら「%○」という文字列を、DATE_FORMAT関数は最初の引数(第1引数)で指定された日付の特定の要素で置き換えます。たとえば、「%Y」であれば日付の年部分、「%m」であれば月、「%d」であれば日を表します。

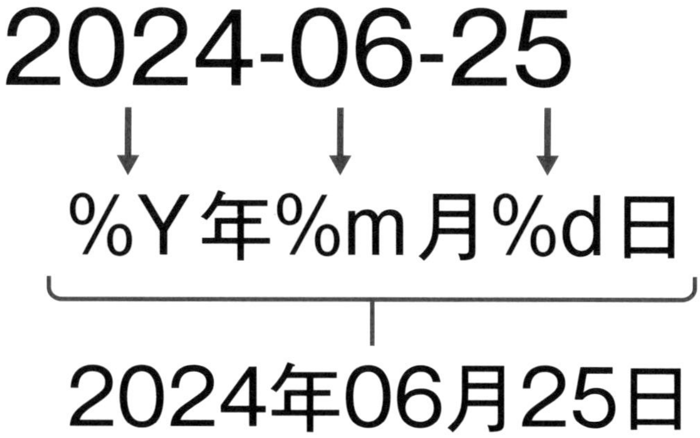

2024-06-25

%Y年%m月%d日

2024年06月25日

2番目の引数に埋め込むことができる「%○」という文字のことを、**書式指定子**と言います。書式指定子には、例題で使ったもののほかに、以下のようなものがあります。

指定子	概要
%Y	年（4桁の数値）
%b	月の省略形（Jan～Dec）
%m	月（0～12）
%d	日（00～31）
%a	曜日の省略形（Sun～Sat）
%p	AM または PM
%H	時間（00～23）
%h	時間（01～12）
%i	分（00～59）
%S	秒（00～59）
%f	マイクロ秒（000000～999999）

ROUND関数

手順3では、ROUND関数を使用しています。ROUND関数は、指定された数値を四捨五入するための数値関数です。たとえば、以下の例では数値4.5を四捨五入しています（このようにテーブルを参照しない場合には、SELECT命令のFROM句は省略することもできます）。

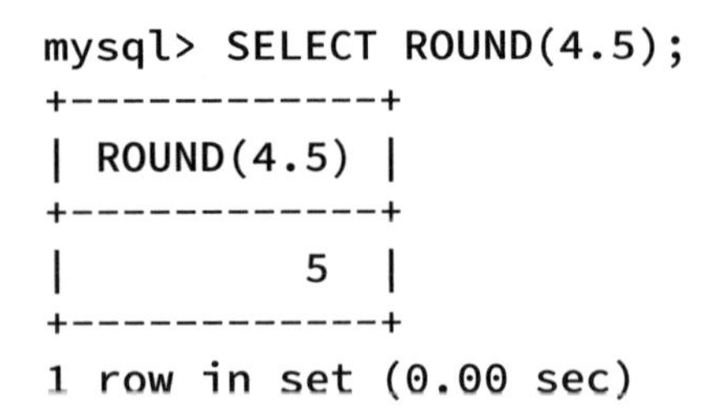

```
mysql> SELECT ROUND(4.5);
+------------+
| ROUND(4.5) |
+------------+
|          5 |
+------------+
1 row in set (0.00 sec)
```

関数のネスト

手順3をよく見ると「ROUND(AVG(family))」のように、ROUND関数の引数に、AVG関数が含まれているのが見て取れます。このように、関数を関数の引数として指定することを、関数を入れ子（ネスト）にすると言います。

関数がネストされた場合、関数はまず内側から処理されます。この場合であれば、平均値であるAVG(family)が算出されるわけです（下図の①）。そのうえで、AVG関数の戻り値である3.5がROUND関数の引数として渡され、最終的な結果として4という値が得られます（下図の②）。

①3.5

ROUND(AVG(family))

②ROUND(3.5) ＝ 4

おもな関数

MySQLでは、ここで紹介したほかにもさまざまな関数を公開しています。おもなものを以下にまとめておきます。

関数	概要	使用例
CHAR_LENGTH(str)	文字列strの文字数を取得	CHAR_LENGTH('山田') → 2
SUBSTRING(str, pos [, len])	文字列strのpos文字目からlen文字分を取得	SUBSTRING('wingsproject',6, 3) → pro
REPLACE(str, from, to)	文字列strの部分文字列fromをtoに置換	REPLACE('wingsproject', 'project', 'team') → wingsteam
CEILING(num)	数値numの小数点以下を切り上げ	CEILING(4.5) → 5
FLOOR(num)	数値numの小数点以下を切り捨て	FLOOR(4.5) → 4
SQRT(num)	数値numの平方根を取得	SQRT(81) → 9
NOW()	現在日時を取得	NOW() → 2024-10-20 11:11:08
DATEDIFF(dat1, dat2)	日付dat1、dat2の差を取得	DATEDIFF('2024-01-01', '2024-12-01') → 31

- ▶関数には、集計関数をはじめ、数値関数や文字列関数、日付関数などがある
- ▶関数は、「関数名(引数,...)」の形式で呼び出すことができる
- ▶関数は入れ子（ネスト）にすることも可能。入れ子（ネスト）の関数は内側から処理される

第6章 練習問題

◉問題1

以下の空欄を埋めて、scheduleテーブルからyyamadaユーザの日時の新しいスケジュール上位3件を取り出しなさい。取得フィールドはsubject、uid、pdate、ptimeフィールドとする。

```
SELECT subject, uid, pdate, ptime FROM schedule
  WHERE [    ①    ] ORDER BY [    ②    ] LIMIT [    ③    ];
```

ヒント 6-1、6-2

◉問題2

scheduleテーブルをユーザ（uidフィールド）単位に集計し、もっとも古い日付を求めなさい。集計結果には別名として「old_day」という名前を付けるものとする。

ヒント 6-3、6-4

◉問題3

scheduleテーブルからnkakeyaユーザの、今日以前のスケジュール情報を取り出しなさい。取得フィールドはsubject、pdate、memoフィールドとするが、memoフィールドは先頭から5文字のみ取り出すこととする。

ヒント 今日の日付を取得するにはCURDATE関数を、先頭からの部分文字列を取得するにはLEFT関数を使う。それぞれ構文は次のとおり。

- **今日の日付を取得する**

▼構文

```
CURDATE()
```

- **先頭からの部分文字列を取得する**

▼構文

```
LEFT(文字列, 取り出す文字数)
```

第7章

データベースの高度な操作

第7章 データベースの高度な操作

内部結合

予習 内部結合について理解する

ここまでは1つのテーブルからレコードを取り出す方法についてだけ見てきました。しかし、リレーショナルデータベースの本当の強みは主キーと外部キーとの関連付けで複数のテーブルを自由に組み合わせることができる点にあります。
主キーと外部キーとを結び付けて、複数テーブルに分かれたレコードを統合することを**結合**と言います。ここからは何回かにわたって、結合の手法について学んでいきましょう。

内部結合

テーブルA

テーブルB

結合

結合

複数テーブルに分かれた
レコードを統合する

体験 内部結合でレコードを取得しよう

1 mysqlクライアントを起動する

mysqlクライアントを起動してパスワードを入力し❶、basicデータベースに移動します❷。

2 内部結合でレコードを表示する

scheduleテーブルとcategoryテーブルを内部結合して、レコードを取得します。右のように入力してSELECT命令を実行します❶。図のように表示されれば成功です。
WINGS会議	2024-06-25	15:00:00	会議	配布プリント持…
MySQL本原稿提出	2024-07-31	17:00:00	提出	NULL
WINGSメンバ面接	2024-08-05	13:00:00	その他	NULL
D企画打ち上げ	2024-08-21	18:00:00	その他	NULL

```
4 rows in set (0.01 sec)

mysql>
```

> **Tips**

categoryテーブルのcnameフィールドが内部結合により表示されています。

```
mysql> SELECT schedule.subject, schedule.pdate, schedule.ptime, ↵
    -> category.cname, schedule.memo FROM schedule ↵
    -> INNER JOIN category ON schedule.cid = category.cid ↵
    -> WHERE schedule.uid = 'yyamada';
```

3 mysqlクライアントを終了する

mysqlクライアントを終了します。右のように入力して、exit命令を実行します❶。図のように元のプロンプトに戻ります。

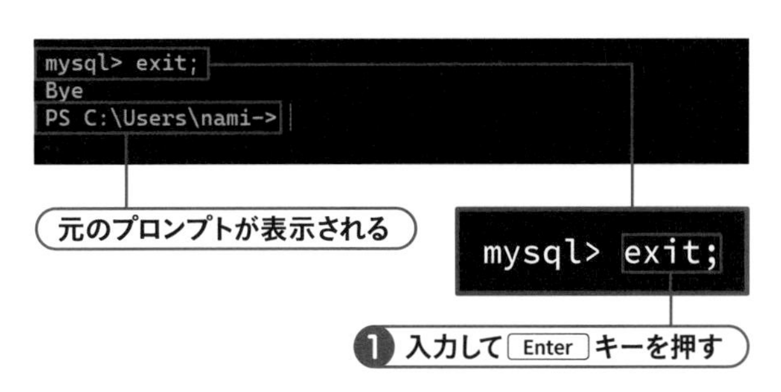

理解 内部結合について

内部結合の構文

結合の中でも、主キーと外部キーとが一致するレコードだけを取り出す結合のことを**内部結合**と言います。内部結合を行うための構文は、次のとおりです。

▼構文

```
SELECT フィールド名, ... FROM テーブル名1
  INNER JOIN テーブル名2 ON テーブル名1.外部キー = テーブル名2.主キー
  [WHERE／ORDER BY句など]
```

これによって2つのテーブルの主キーと外部キーとが結び付けられ、1つのテーブルのように扱うことができます。もう一度手順2の命令を見てみましょう。**5-1**の「サンプルデータベースの構造」も参照してください。

①
SELECT schedule.subject,（中略）, category.cname,
schedule.memo FROM schedule

② INNER JOIN category. ③ ON schedule.cid = category.cid

④ WHERE schedule.uid = 'yyamada';

①SELECT フィールド名 FROM テーブル名1

結合を行う場合、フィールド名がどのテーブルに属するものかがわかるように、「テーブル名.フィールド名」の形式で記述するのが一般的です。このような書き方を**テーブル名で修飾する**と言います。

例では「schedule.subject」のように記述することで、scheduleテーブルのsubjectフィールドを取り出しています。取得するフィールド名の中で「category.cname」とあるように、結合したテーブルのフィールド（categoryテーブルのcnameフィールド）もscheduleテーブルと同じようにアクセスできます。

②INNER JOIN テーブル名2

内部結合はINNER JOIN句で行います。「テーブル名2」を「テーブル名1」に内部結合します。例ではcategoryテーブルをscheduleテーブルに内部結合しています。

③ON テーブル名1.外部キー = テーブル名2.主キー

結合するテーブルの外部キーと主キーを指定しています。例では外部キーとしてscheduleテーブルのcidフィールドを、主キーとしてcategoryテーブルのcidフィールドを指定しています。

④WHERE句

例では「WHERE schedule.uid = 'yyamada'」としているので、scheduleテーブルのuidフィールドが「yyamada」のレコードをSELECT命令で取得する対象としています。

テーブル名の省略

テーブル名が長くて、毎回テーブル名で修飾するのが面倒という場合には、AS句でテーブルの別名を設定することもできます。以下では、scheduleテーブルを「s」、categoryテーブルを「c」としています。以降の節でも、このように省略して記述します(userテーブルは「u」とします)。手順2で入力した命令と比べてみると、命令がよりコンパクトになっていることがわかります。

```
mysql> SELECT s.subject, s.pdate, s.ptime, c.cname, s.memo
    -> FROM schedule AS s INNER JOIN category AS c ON s.cid = c.cid
    -> WHERE s.uid = 'yyamada';
```

まとめ

- ▶複数のテーブルから主キーと外部キーとが一致するレコードだけを取り出すことを内部結合と言う
- ▶内部結合を行うには、SELECT命令のINNER JOIN句を使う

外部結合

予習 外部結合について理解する

内部結合は、結合するテーブルの両方に存在するレコードだけを取り出します。これに対して、両方に存在するレコードはもちろん、どちらか片方のテーブルにだけ存在するレコードも含めて取り出す結合のことを**外部結合**と言います。
ここでは、外部結合を行うためのLEFT OUTER JOIN句とRIGHT OUTER JOIN句について理解します。

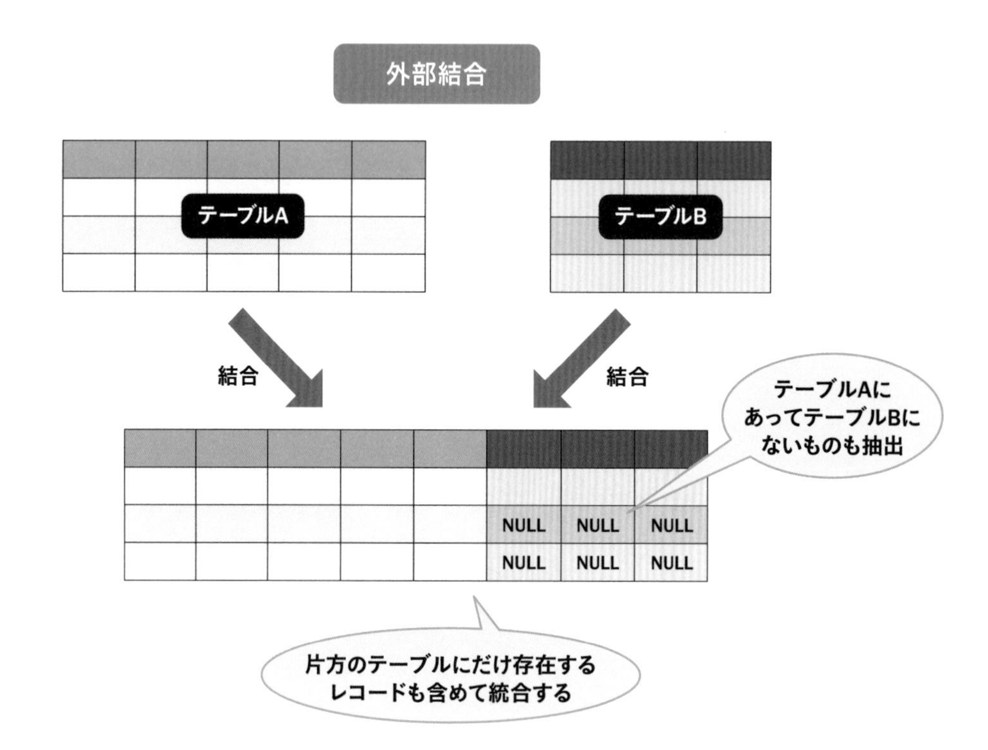

体験 外部結合でレコードを取得しよう

1 mysqlクライアントを起動する

mysqlクライアントを起動してパスワードを入力し❶、basicデータベースに移動します❷。

```
PS C:\Users\nami-> mysql -u myusr -p;
Enter password: *****
Welcome to the MySQL monitor.  Commands end with ; or \g.
Your MySQL connection id is 62
Server version: 8.0.34 MySQL Community Server - GPL

Copyright (c) 2000, 2023, Oracle and/or its affiliates.

Oracle is a registered trademark of Oracle Corporation and/or its
affiliates. Other names may be trademarks of their respective
owners.

Type 'help;' or '\h' for help. Type '\c' to clear the current input statement.

mysql> USE basic;
Database changed
mysql>
```

```
PS C:\Users\nami-> mysql -u myusr -p
Enter password: *****
```

❶ コマンドとパスワードを入力してそれぞれ Enter キーを押す

```
mysql> USE basic;
```

❷ 入力して Enter キーを押す

2 外部結合でレコードを表示する

scheduleテーブルとusrテーブルを外部結合して、レコードを取得します。右のように入力してSELECT命令を実行します❶。図のように表示されれば成功です。

```
mysql> SELECT s.subject, s.pdate, u.uname FROM usr As u
    -> LEFT OUTER JOIN schedule AS s ON u.uid = s.uid;
```

Tips

scheduleテーブルのsubjectフィールドとpdateフィールドが外部結合により表示されています。
また、図のように「NULL」が表示される理由については172ページからの「理解」で説明します。

3 mysqlクライアントを終了する

mysqlクライアントを終了します。右のように入力して、exit命令を実行します❶。図のように元のプロンプトに戻ります。

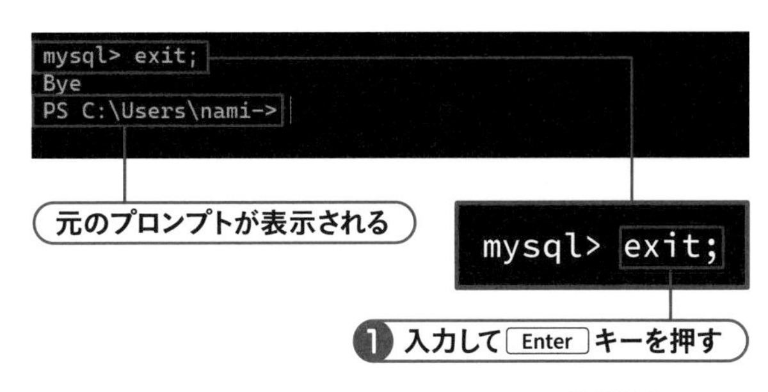

左外部結合と右外部結合

外部結合とは言っても、結合の構文は内部結合とほとんど同じです。

▼構文

```
SELECT フィールド名, ... FROM テーブル名1 LEFT OUTER JOIN テーブル名2
  ON テーブル名1.主キー = テーブル名2.外部キー
  [WHERE／ORDER BY句など]
```

基本的に、先ほど紹介したINNER JOINの部分がLEFT OUTER JOINに変わっただけです。これによって、「双方のテーブルでキーが一致するレコード」+「**左**テーブルのすべてのレコード」を取り出すことができます。ここで言う「左」とは、LEFT OUTER JOINの左に記述したテーブル(つまり、<テーブル名1>)のことです。
例では、scheduleテーブルとusrテーブルとを外部結合しており、usrテーブルが左テーブルに該当します。

SELECT命令ではscheduleテーブルのsubjectフィールド、scheduleテーブルのpdateフィールド、左テーブルであるusrテーブルのunameフィールドを、それぞれ取得しています。しかし、取り出したレコードの中には、scheduleテーブルに対応するキーがないレコードもあります。その場合、scheduleテーブルのフィールドは、実行結果のように「NULL」で表示されます。

LEFT OUTER JOIN句の代わりにRIGHT OUTER JOIN句を使うことで、「双方のテーブルでキーが一致するレコード」+「**右**テーブルのすべてのレコード」を取り出すこともできます。

LEFT OUTER JOIN句による結合を**左外部結合**、RIGHT OUTER JOIN句による結合を**右外部結合**と呼んで区別する場合もあります。以下は、例のSELECT命令を右外部結合で書き換えたものです。

```
mysql> SELECT s.subject, s.pdate, u.uname FROM schedule AS s
    -> RIGHT OUTER JOIN usr AS u ON s.uid = u.uid;
```

SELECT命令を見てもわかるように、左／右外部結合はデータを左／右どちらのレコードを中心に取り出すかの違いだけで、本質的な違いはありません。できるだけどちらかを統一して使うほうが混乱も少ないでしょう。

以下に、内部結合と外部結合の考え方を図にまとめておくことにします。

テーブルA

aid	memo	bid
1	○	B
2	△	D
3	×	F
4	□	H

テーブルB

bid	note
A	あああ
B	いいい
C	ううう
D	えええ

内部結合

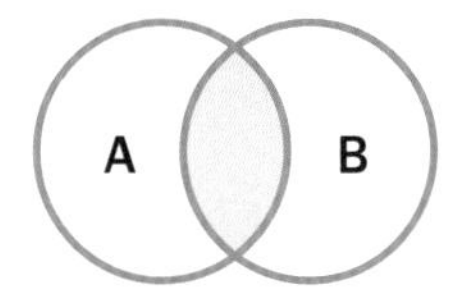

aid	memo	bid	note
1	○	B	いいい
2	△	D	えええ

左外部結合

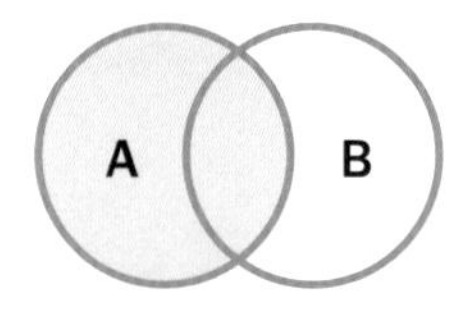

aid	memo	bid	note
1	○	B	いいい
2	△	D	えええ
3	×	F	NULL
4	□	H	NULL

右外部結合

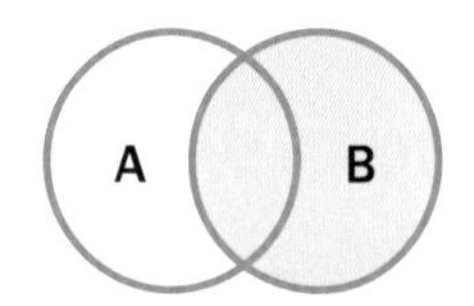

aid	memo	bid	note
NULL	NULL	A	あああ
1	○	B	いいい
NULL	NULL	C	ううう
2	△	D	えええ

まとめ

- ▶外部結合は、結合するテーブルの両方に存在するレコードと、左右いずれかのテーブルのレコードすべてを取り出す結合のこと
- ▶外部結合を行うには、SELECT命令のOUTER JOIN句を使う

3 サブクエリ

予習 サブクエリについて理解する

サブクエリとは、ある命令（**メインクエリ**）の中にもう1つ入れ子で埋め込まれた命令のことを言います。ちょっとイメージが沸きにくいかもしれませんので、例を挙げてみましょう。たとえば、

①usrテーブルから登録ユーザの家族数の平均を求め、
②平均数よりも家族が多いユーザだけを抽出する

といった場合、ここには2つの命令が含まれています。このとき、本来の目的は②で、その目的をはたすための予備的な問い合わせが①です。この①がサブクエリなのです。
これまでの考え方であれば、①と②は2つの命令に分けて実行する必要がありますが、サブクエリを利用することで、これらを1つの命令にまとめることができます。

①サブクエリ
usrテーブルから登録ユーザの家族数の平均を求める
サブクエリの結果をもとに本来の命令を実行
②本来の命令
家族数（平均）よりも家族が多いユーザだけを抽出する

体験 サブクエリでレコードを取得しよう

1 mysqlクライアントを起動する

mysqlクライアントを起動してパスワードを入力し❶、basicデータベースに移動します❷。

```
PS C:\Users\nami-> mysql -u myusr -p;
Enter password: *****
Welcome to the MySQL monitor.  Commands end with ; or \g.
Your MySQL connection id is 64
Server version: 8.0.34 MySQL Community Server - GPL

Copyright (c) 2000, 2023, Oracle and/or its affiliates.

Oracle is a registered trademark of Oracle Corporation and/or its
affiliates. Other names may be trademarks of their respective
owners.

Type 'help;' or '\h' for help. Type '\c' to clear the current input statement.

mysql> USE basic;
Database changed
mysql>
```

```
PS C:\Users\nami-> mysql -u myusr -p↵
Enter password: *****
```

❶ コマンドとパスワードを入力してそれぞれ Enter キーを押す

```
mysql> USE basic;
```

❷ 入力して Enter キーを押す

2 サブクエリでレコードを表示する

usrテーブルからサブクエリを利用して、レコードを取得します。右のように入力してSELECT命令を実行します❶。図のように表示されれば成功です。

Tips

登録ユーザの家族数の平均を求め、平均数よりも家族が多いユーザだけを抽出しています。

```
mysql> SELECT uname, family FROM usr↵
    -> WHERE family > (SELECT AVG(family) FROM usr);
```

3 mysqlクライアントを終了する

mysqlクライアントを終了します。右のように入力して、exit命令を実行します❶。図のように元のプロンプトに戻ります。

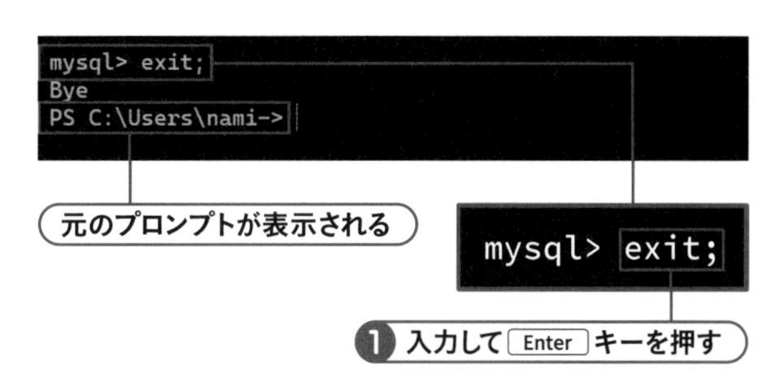

理解 サブクエリの基本

WHERE句でのサブクエリ

サブクエリは、メインクエリの中に予備的な問い合わせを埋め込むしくみを指す言葉なので、これまでのように「これ」と1つで表せるような構文はありません。サブクエリ構文は、SELECT命令をはじめ、INSERT／UPDATE／DELETE命令でも利用できるなど、多くのバリエーションがあります。ここではそのすべての構文を紹介するのは難しいので、手順2のような、SELECT命令とWHERE句を使うサブクエリについて説明します。

▼構文

```
SELECT フィールド名, ... FROM テーブル名
  WHERE フィールド名 比較演算子 (SELECT命令)
```

ポイントとなるのはWHERE句の括弧の中です。これまでのWHERE句と異なるのは「フィールド名 比較演算子 **検索値**」のように固定値であった部分が、SELECT命令で置き換えられています。この部分がサブクエリです。サブクエリで得られた値がそのまま検索値として解釈されるわけですね。

つまり、手順2ではサブクエリである「SELECT AVG(family) FROM usr」から得られた結果「3.5」をもとに、最終的にはメインクエリである「SELECT uname, family FROM usr WHERE family > 3.5」という命令が実行されることになります。

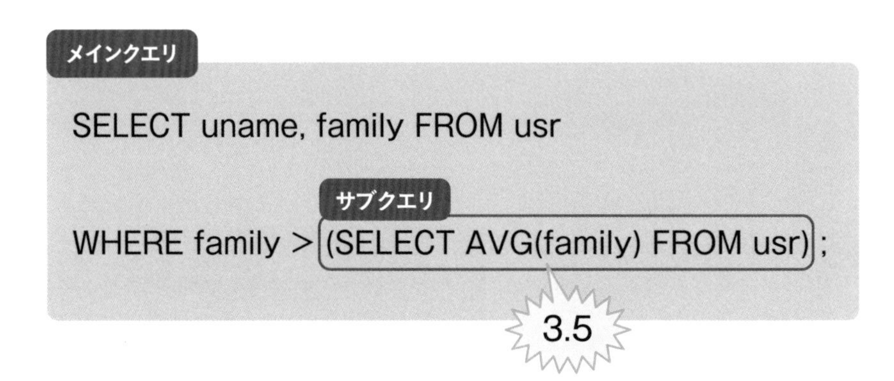

複数値のサブクエリ

「<」や「=」のように条件値として単一の値を要求するような演算子では、サブクエリも値を1つだけ返すようにする必要があります。一方、IN、NOT INのような複数の値を要求するような演算子（**5-3**参照）ではサブクエリでも複数の値を返すことができます。

たとえば、以下はscheduleテーブルにスケジュール情報が登録されているユーザ情報だけを取り出す例です。

```
mysql> SELECT u.uid, u.uname FROM usr AS u
    -> WHERE u.uid IN (SELECT DISTINCT s.uid FROM schedule AS s);
+---------+----------+
| uid     | uname    |
+---------+----------+
| hinoue  | 井上花子 |
| nkakeya | 掛谷奈美 |
| ssuzuki | 鈴木正一 |
| tsatou  | 佐藤留吉 |
| yyamada | 山田祥寛 |
+---------+----------+
5 rows in set (0.00 sec)
```

サブクエリである「SELECT DISTINCT s.uid FROM schedule AS s」は、scheduleテーブルに登録されているuidフィールドを重複なしで取得しなさいという意味です。この結果をもとに、対応するusrテーブルのuidフィールドとunameフィールドを取り出すことで、scheduleテーブルに登録をしているユーザ情報だけを得ることができます。

まとめ

- ▶サブクエリとは、主となる命令の中に入れ子で埋め込まれた命令のこと
- ▶サブクエリは、SELECT命令をはじめ、INSERT／UPDATE／DELETEなどの命令に埋め込むことができる

4 インデックス

 予習 インデックスについて理解する

インデックスとは、データベースにおける索引のようなものです。いかにコンピュータの処理速度が速くなってきたとはいえ、レコードが何万件、何十万件と増えてくれば、目的のレコードを探し出すのには時間がかかります。
しかし、インデックスを利用すれば、コンピュータはあらかじめABC順に整理されたインデックスからレコードの位置を知ることができるので、目的のレコードにもダイレクトにアクセスできるようになります。

インデックス

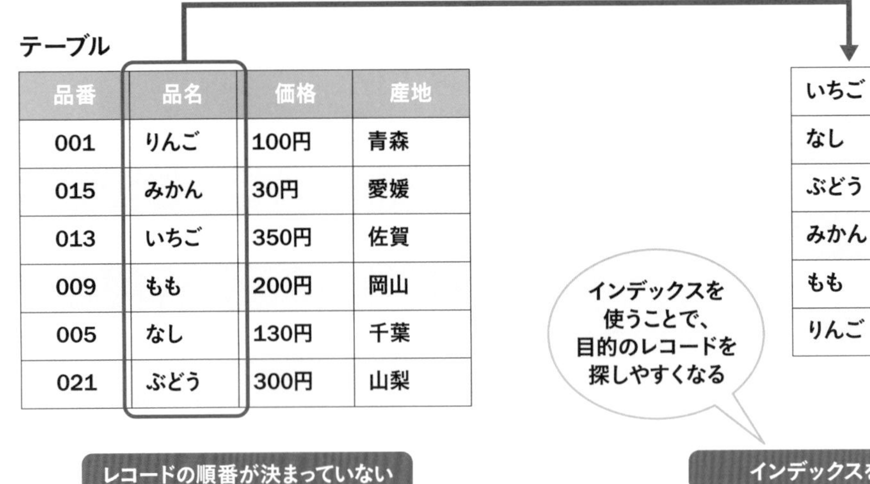

品番	品名	価格	産地
001	りんご	100円	青森
015	みかん	30円	愛媛
013	いちご	350円	佐賀
009	もも	200円	岡山
005	なし	130円	千葉
021	ぶどう	300円	山梨

レコードの順番が決まっていない

全データを検索しないといけないので、
時間がかかる

インデックスを利用する

あいうえお順に整理されているので、
検索の処理速度が速い

体験 インデックスを利用して検索を実行しよう

1 mysqlクライアントを起動する

mysqlクライアントを起動してパスワードを入力し❶、basicデータベースに移動します❷。

```
PS C:\Users\nami-> mysql -u myusr -p;
Enter password: *****
Welcome to the MySQL monitor.  Commands end with ; or \g.
Your MySQL connection id is 66
Server version: 8.0.34 MySQL Community Server - GPL

Copyright (c) 2000, 2023, Oracle and/or its affiliates.

Oracle is a registered trademark of Oracle Corporation and/or its
affiliates. Other names may be trademarks of their respective
owners.

Type 'help;' or '\h' for help. Type '\c' to clear the current input statement.

mysql> USE basic;
Database changed
mysql>
```

```
PS C:\Users\nami-> mysql -u myusr -p⏎
Enter password: *****
```

❶ コマンドとパスワードを入力してそれぞれ Enter キーを押す

```
mysql> USE basic;
```

❷ 入力して Enter キーを押す

2 SELECT命令の状況を確認する

インデックスを設置していない状態でSELECT命令を実行した場合、どれだけの手間がかかっているかを確認します。右のように入力してEXPLAIN命令を実行します❶。図のように表示されれば成功です。

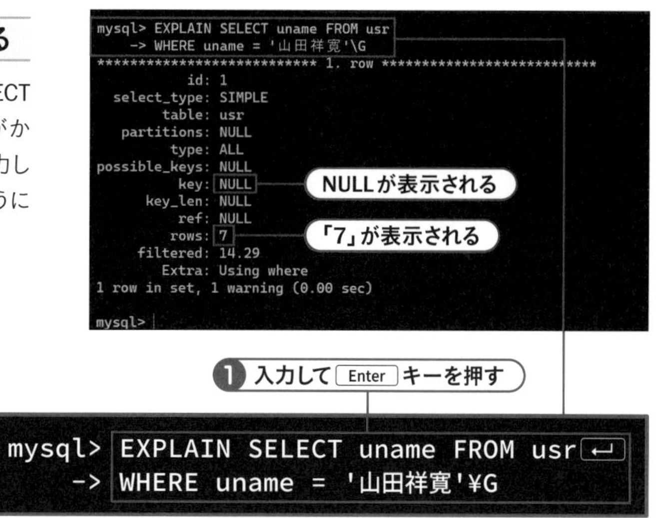

❶ 入力して Enter キーを押す

```
mysql> EXPLAIN SELECT uname FROM usr⏎
    -> WHERE uname = '山田祥寛'¥G
```

Tips

SELECT命令では、usrテーブルからレコードを検索して表示しています。結果に「1 warning」と表示されますが、データベース内部でSELECT文が発行されたことを通知しているだけのものなので無視して構いません。

3 インデックスを作成する

usrテーブルのunameフィールドに対して、インデックスを作成します。右のように入力してCREATE INDEX命令を実行します❶。図のように表示されれば成功です。

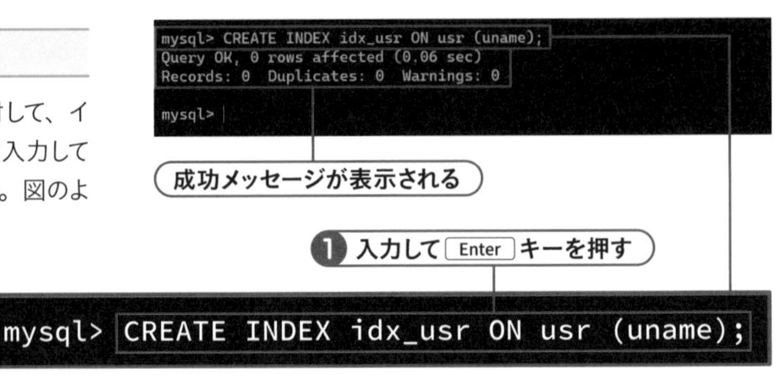

4 SELECT命令の状況を確認する

インデックスを設置した状態でSELECT命令を実行した場合、どれだけの手間がかかっているかを確認します。右のように入力してEXPLAIN命令を実行します❶。図のように表示されれば成功です。

> **Tips**
> 手順2とは違う結果が表示されます。

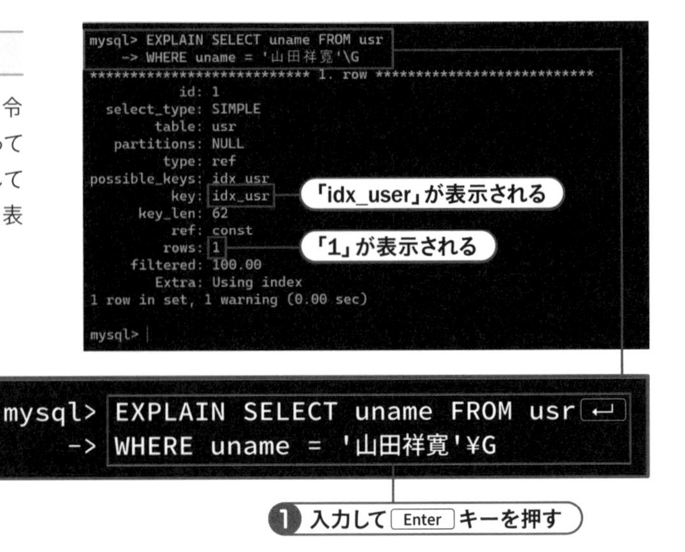

5 インデックスを削除する

手順3で作成したインデックスを削除します。右のように入力してDROP INDEX命令を実行します❶。図のように表示されれば成功です。

> **Tips**
> mysqlクライアントを終了するには「exit;」と入力してください。

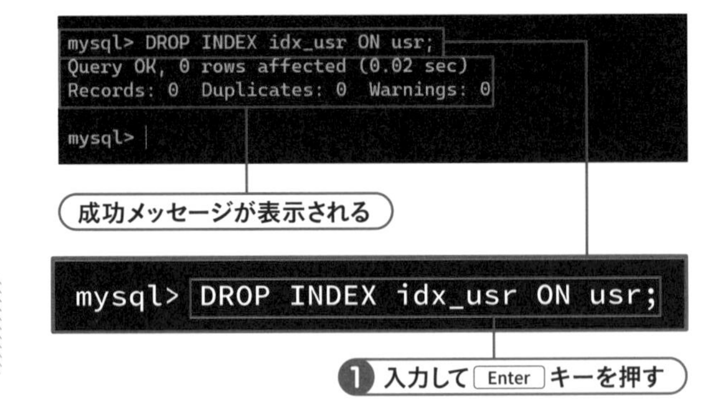

1 2 3 4 5 6 7 8 9

理解 インデックスについて

インデックスが必要なわけ

皆さんは、書籍の中であるキーワードを探すときに1ページ目から探していきますか。たぶん、そんなことはせずに、まずは巻末の索引でキーワードを探し、直接、目的のページを開くはずです。
データベースのインデックスもこれと同じことです。テーブルのレコードは書籍の本文、インデックスは巻末の索引と考えればよいでしょう。検索によく使うキーワード（フィールド）はインデックスに登録しておくことで、目的のレコードをより効率的に探し出すことができるようになります。

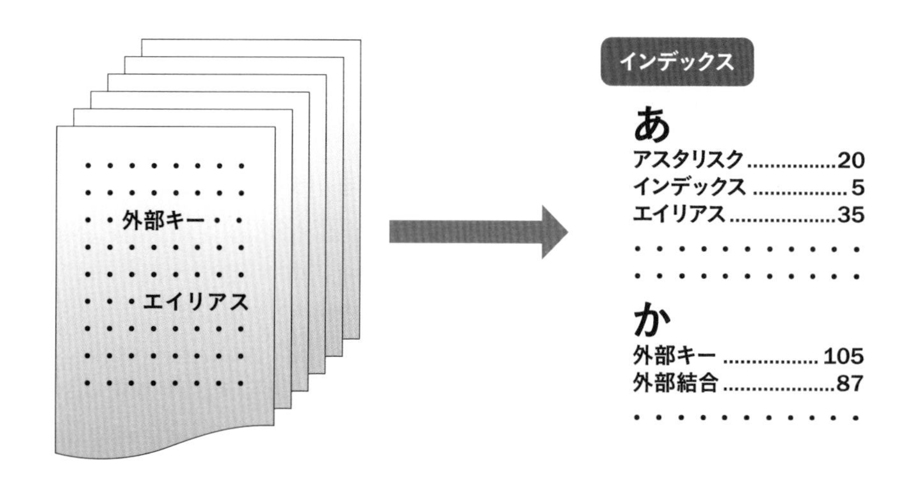

大量のレコードを1から探すより……

インデックス（索引）から探したほうが速い

サンプルデータベースのテーブルはレコードの数が少ないので、体感できるほどの速度差は出ません。しかし、今後数万件におよぶレコードが登録されたテーブルを扱うようになると、インデックスの有無で比較した場合、劇的な差を感じられるでしょう。

インデックスの作成と削除

インデックスの作成は**CREATE INDEX**命令、削除は**DROP INDEX**命令で行います。

▼構文

```
CREATE INDEX インデックス名 ON テーブル名 (フィールド名, ...)
```

▼構文

```
DROP INDEX インデックス名 ON テーブル名
```

インデックスを作成するには、インデックス名のほか、対象となるテーブル名とフィールド名を指定します。手順3ではusrテーブルのunameフィールドに対して「idx_usr」という名前のインデックスを作成しています。
なお、フィールド名を複数指定した場合には、その組み合わせで索引も作成されます。このようなインデックスのことを**マルチカラムインデックス**と言います。

作成したidx_usrインデックスは、手順5で削除しています。削除の場合はインデックス名とテーブル名を指定するだけで大丈夫です。

EXPLAIN命令

SELECT命令がどのようにインデックスを利用しているかは、EXPLAIN命令を使用することで確認できます。

▼構文

```
EXPLAIN 任意のSELECT命令
```

手順2と4はインデックスの設置前と設置後に行っているだけで、どちらも同じ内容です。具体的には、usrテーブルからunameフィールドが「山田祥寛」というレコードを検索しています。その挙動をEXPLAIN命令を使用して確認しており、手順2や手順4の図のようにさまざまな項目が表示されますが、ここでは「key」(使用したインデックス)と「rows」(実際に走査したレコード数)に注目しておけばよいでしょう。

まず、手順2ではインデックスがないので、テーブルの全レコードが走査されます(これを

フルテーブルスキャンと言います)。そのため「rows」はusrテーブルのレコード総数と同じ「7」となっています。また、「key」は「NULL」となっており、インデックスは使用されていないことも確認できます。
それに対し、インデックス設置後の手順4では「rows」は「1」となっており、ピンポイントでレコードにアクセスできていることがわかります。また、「key」は作成したインデックスと同じ「idx_usr」が使用されていることがわかります。

なお、手順2と4ではEXPLAIN命令を実行する際に、命令の末尾に「;」ではなく「¥G」を使用しました。これは**メタコマンド**と呼ばれる特殊な記号で、結果を表ではなくリスト形式で返します。結果の項目数が多い場合に利用するとよいでしょう。

インデックスを作成したほうがよい状況

このように、インデックスは便利な機能ですが、無制限に設置すればよいというものではありません。なぜなら、インデックスもまたレコードの集合なので、ディスクをそれだけ消費します。また、INSERT命令やUPDATE命令を使うたびにインデックスが更新されるのは、レコードの件数が多い場合にはむしろ非効率になってしまいます。インデックスは必要なフィールドに対してだけ設置するべきです。

では、インデックスを設置する基準というのは何でしょうか。一概には言えない点もありますが、通常は以下のような点を気にしておけばよいでしょう。

- **頻繁に検索が実行される**
- **テーブルに含まれるレコードの件数が多い**
- **そのフィールドが検索キーとなる、または外部キーである**
- **そのフィールドで検索することで、全レコードの1割程度までレコードを絞り込める**

▶インデックスはレコードの索引
▶インデックスを作成するにはCREATE INDEX命令を使う
▶インデックスを削除するにはDROP INDEX命令を使う

5 トランザクション

予習 トランザクション処理について理解する

ここまでは1つの処理を実行してきましたが、アプリを開発していく中では、複数の処理を意味的には1つの処理として扱いたいということが出てきます。たとえば、あるショッピングサイトを考えてみましょう。ユーザが商品Aを注文したら、注文レコードが登録されると同時に、在庫レコードから商品Aの在庫数をマイナス1する必要があります。これは「意味的には1つの処理」です。

ここでは、このような複数の処理をまとめて行う場合に欠かせない**トランザクション**という機能について理解します。この処理は、開始→処理→終了（確定かキャンセル）という流れで進みます。

まずは、basicデータベースを例にして、開始から終了までの流れを体験してみましょう。

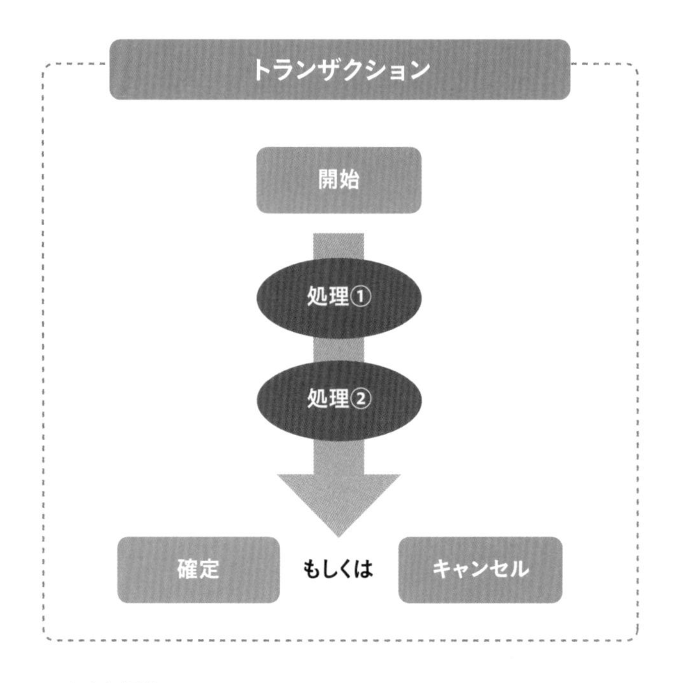

体験 トランザクション処理を試してみよう

1 mysqlクライアントを起動する

mysqlクライアントを起動してパスワードを入力し❶、basicデータベースに移動します❷。

```
PS C:\Users\nami-> mysql -u myusr -p;
Enter password: *****
Welcome to the MySQL monitor.  Commands end with ; or \g.
Your MySQL connection id is 67
Server version: 8.0.34 MySQL Community Server - GPL

Copyright (c) 2000, 2023, Oracle and/or its affiliates.

Oracle is a registered trademark of Oracle Corporation and/or its
affiliates. Other names may be trademarks of their respective
owners.

Type 'help;' or '\h' for help. Type '\c' to clear the current input statement.

mysql> USE basic;
Database changed
mysql>
```

```
PS C:\Users\nami-> mysql -u myusr -p↵
Enter password: *****
```

❶ コマンドとパスワードを入力してそれぞれ Enter キーを押す

```
mysql> USE basic;
```

❷ 入力して Enter キーを押す

2 トランザクションを開始する

トランザクションを開始します。右のように入力してBEGIN命令を実行します❶。図のように表示されれば成功です。

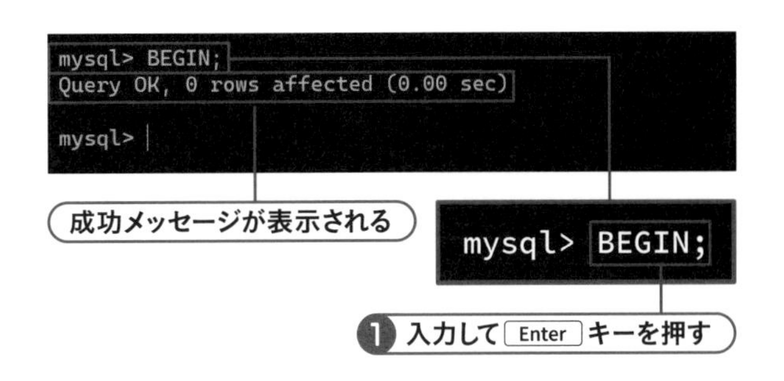

Tips

184ページの図の「開始」にあたる操作です。

3 レコードを登録する

usrテーブルに新規のレコードを登録します。右のように入力してINSERT命令を実行します❶。図のように表示されれば成功です。

```
mysql> INSERT INTO usr
    -> VALUES ('akimura', '38271', '木村愛子', 2);
Query OK, 1 row affected (0.00 sec)

mysql>
```

成功メッセージが表示される

```
mysql> INSERT INTO usr↵
    -> VALUES ('akimura', '38271', '木村愛子', 2);
```

❶ 入力して Enter キーを押す

Tips

184ページの図の「処理」にあたる操作です。解説の都合上、処理はこの1つのみです。

4 テーブルの内容を確認する

usrテーブルの内容を確認します。右のように入力してSELECT命令を実行します❶。図のように表示されれば成功です。

Tips

レコードがきちんと登録されていることを確認しています。

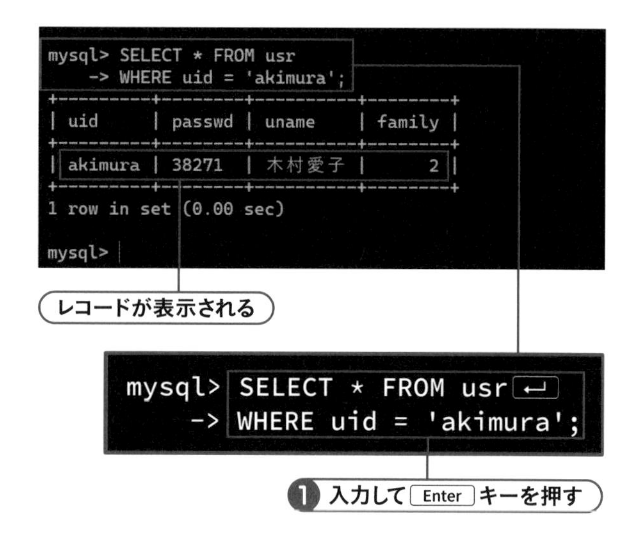

5 トランザクションを終了する

トランザクションを「キャンセル」して終了します。右のように入力してROLLBACK命令を実行します❶。図のように表示されれば成功です。

Tips

184ページの図の「キャンセル」にあたる操作です。「確定」して終了したい場合はCOMMIT命令を実行します。詳しくは187ページからの「理解」を参照してください。

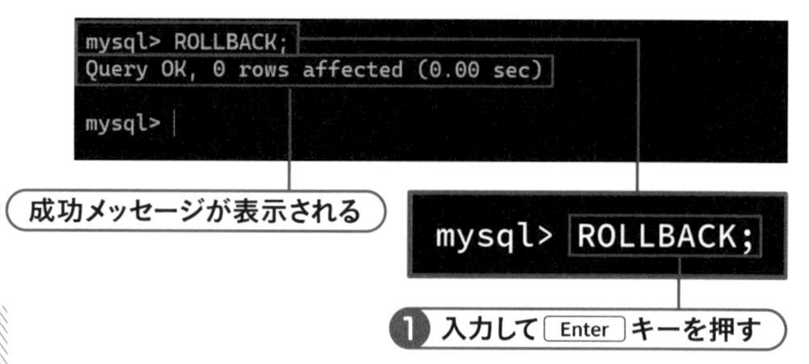

6 テーブルの内容を確認する

もう一度usrテーブルの内容を確認します。右のように入力して、SELECT命令を実行します❶。図のように登録したレコードが消えていれば成功です。

Tips

手順5でトランザクションを「キャンセル」して終了したので、手順3の「処理」もキャンセルされました。そのため登録したレコードが消えています。手順5でトランザクションを「確定」して終了した場合は、手順4と同じ結果になります。

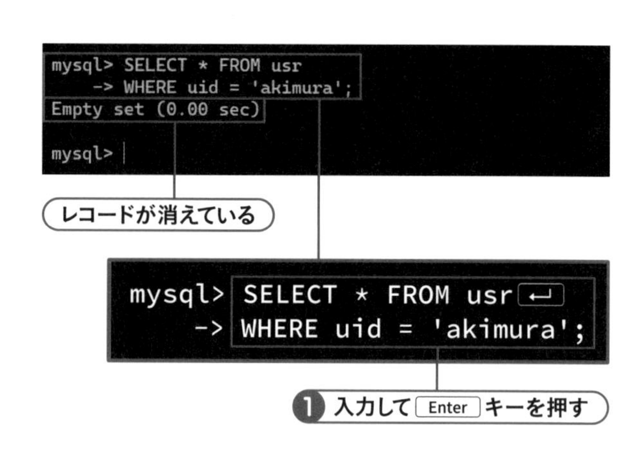

理解 トランザクションについて

トランザクションの構文

トランザクションを開始するにはBEGIN命令、確定して終了するにはCOMMIT命令、キャンセルして終了するにはROLLBACK命令を使います。

▼構文

```
BEGIN
```

▼構文

```
COMMIT
```

▼構文

```
ROLLBACK
```

トランザクションは「開始→処理→終了（確定かキャンセル）」という流れで構成されます。手順2で「開始」、手順3は「処理」、手順5で「終了」となっています。
手順5ではROLLBACK命令により手順3の「処理」をキャンセルして終了しました。そのため、手順6では手順3で登録したはずのレコードが登録されていませんでした。

「処理」を確定して終了するためには、もう一度手順1からやり直して、手順5でROLLBACK命令の代わりに、COMMIT命令を使ってみましょう。今度は手順3で登録したレコードがきちんとテーブルに反映されることが確認できるはずです。

トランザクションが必要なわけ

「予習」でも述べたショッピングサイトを例に、トランザクションの必要性を考えてみましょう。ユーザが注文を行ったときの処理は以下のようになります。

①注文レコードが注文テーブルに登録される
②在庫テーブルから商品の在庫数がマイナス１される

この2つの処理の間に何かしら問題が起こって、②の在庫テーブルの更新が行われなかったらどうなるでしょう。もしかしたら在庫はもうないのにも関わらず、次の注文を受け付けることになってしまうかもしれません。あるいは、その逆――在庫があるにもかかわらず、注文は受け付けられないということも起こりうるでしょう。下図に示すように、注文テーブルと在庫テーブルとの間に矛盾が生じてしまいます。

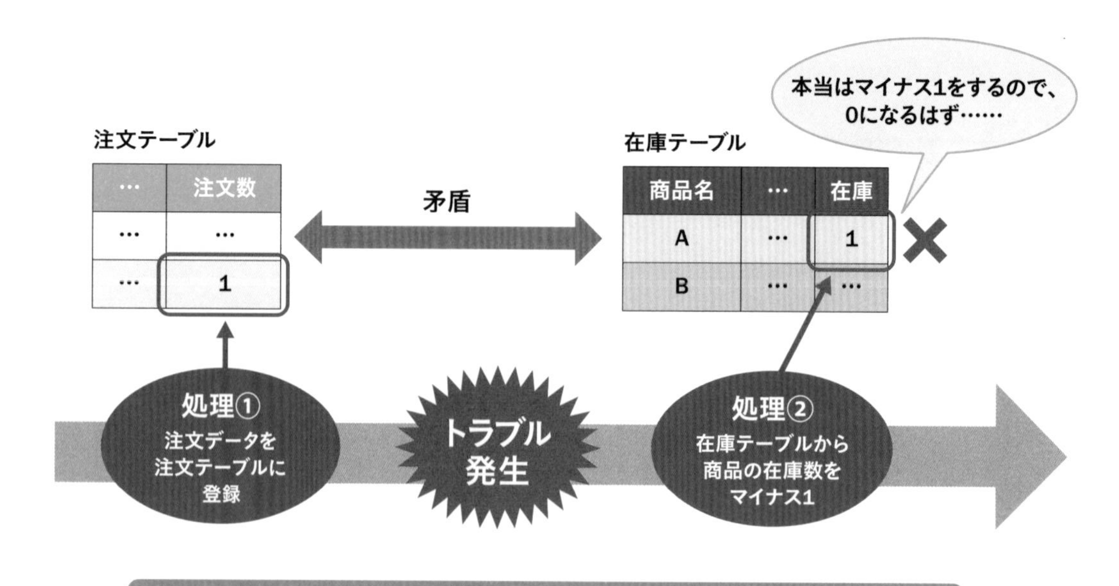

処理①と処理②の間でトラブルが発生すると、処理②が実行されない

このようなレコードの不整合は困ったことです。つまり、ここで「注文の登録」と「在庫の更新」という2つの処理は意味的に1つの処理であり、成功するならば両方とも成功し、失敗するならば両方とも失敗しなければならないのです。

ここで登場するのがトランザクション機能です。トランザクションでは、①の注文の登録処理が行われた時点では、厳密にはまだレコードを確定していません。仮に登録された状態と見なされます。そして、②の在庫の更新処理が成功し、トランザクションを「終了」とした時点で初めて、注文登録／在庫更新という2つの処理を確定するのです。この時点で初めて、①の注文処理も書き込まれます。このような行為のことを**コミット**（Commit）と言います。
ちなみに、途中で処理が失敗した場合には、その時点で仮登録の状態になっているレコードをキャンセルしてトランザクションを終了します。このような処理のことを**ロールバック**（Rollback）と言い、トランザクションの中で行われた①、②の処理をなかったことにします。

以上がトランザクションの大きな流れです。具体的には、189ページの図のようになります。

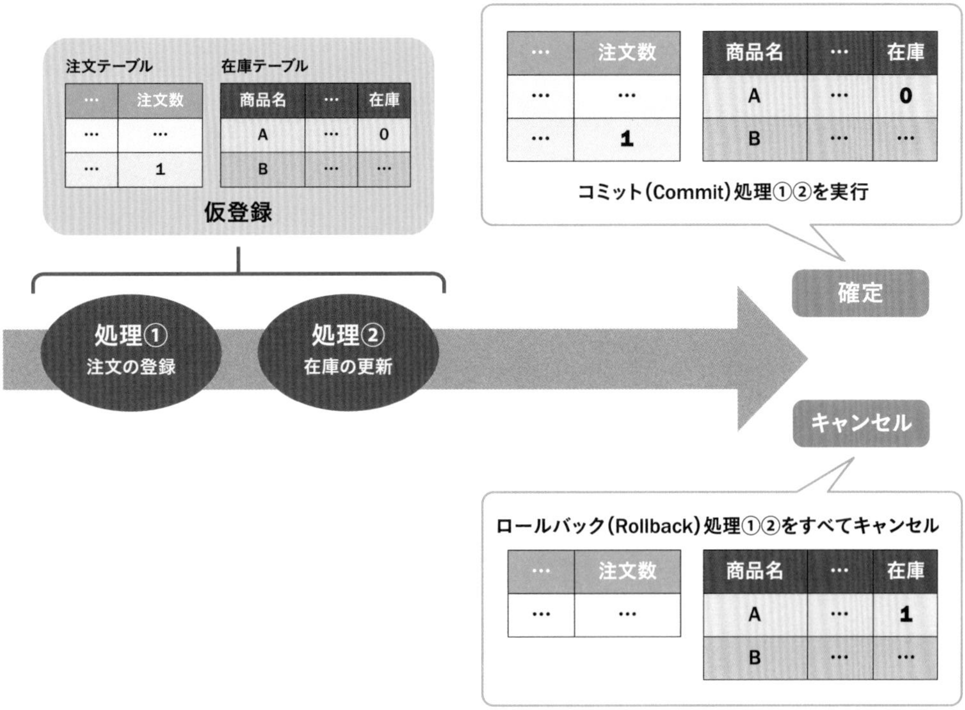

注文テーブル　在庫テーブル

…	注文数
…	…
…	1

商品名	…	在庫
A	…	0
B	…	…

仮登録

処理① 注文の登録
処理② 在庫の更新

確定

コミット(Commit)処理①②を実行

…	注文数
…	…
…	1

商品名	…	在庫
A	…	0
B	…	…

キャンセル

ロールバック(Rollback)処理①②をすべてキャンセル

…	注文数
…	…

商品名	…	在庫
A	…	1
B	…	…

いかがですか。トランザクション機能を利用することで、複数の処理が「すべて成功」であるか「すべて失敗」であることを保証できることがおわかりになりますか。もしトランザクション機能がなかったとしたら、自分で最初に行った処理を記憶しておいて、自分で「元に戻す」という作業をしなければなりません。これがたいへんな作業であることは容易に想像できると思います。

関連する複数の処理を実行したときに、レコードが矛盾を起こさないようにするためには、トランザクション機能の利用は欠かせません。

まとめ

- ▶**トランザクションは複数の処理を行う場合に、レコードが矛盾を起こさないようにするためのしくみ**
- ▶**トランザクションの開始はBEGIN命令、確定／キャンセルはCOMMIT／ROLLBACK命令**

第7章 練習問題

◉問題1

以下の空欄を埋めて、scheduleテーブルとcategoryテーブルとを結合し、予定名(subjectフィールド)、分類名(cnameフィールド)、予定日(pdateフィールド)を取得しなさい。

```
SELECT [ ① ] FROM schedule [ ② ] s
  [ ③ ] category [ ② ] c ON [ ④ ]
```

ヒント 7-1

◉問題2

yyamadaユーザの分類コード5(cidフィールドの値が5)のスケジュールを取得しなさい。取得フィールドはsubject、cid、unameフィールドとする。

ヒント 7-1

◉問題3

スケジュール情報が1件もないユーザの、ユーザ名を取り出しなさい。取得フィールドはuid、unameフィールドとする。

ヒント 7-3

◉問題4

scheduleテーブルのpdateフィールドに対してインデックス「idx_pdate」を追加しなさい。また、インデックス追加の前後で、インデックスの利用状況がどのように変化するかも確認しなさい。動作を確認した後は、インデックス「idx_pdate」は削除しておくこと。

ヒント 7-4

MySQLとPHP

第8章 MySQLとPHP

1 データベースとWebアプリ

予習 データベースとアプリの関係を理解する

ここまでの章で見てきたように、SQLという言語を駆使することで、MySQLデータベースに対してさまざまな操作を実行することができます。SQLは英語によく似た言語で親しみやすいものですが、それでも「誰もが直観的に」使えるという代物ではありませんし、データベースに対する専門的な知識も必要になります。

誰もが――それこそ小さな子どもからコンピュータに慣れないお年寄りまでが気軽にデータベースを利用できるようにするためには、こうした専門的な知識を包み隠してくれる**アプリ**が必要となります。この章では、そういったアプリの作り方について学んでいきます。

データベースとアプリの関係

要求

応答

コンピュータ

データベース

アプリ
(専門的な知識を包み隠す)

アプリを通じて
データベースを
利用できる

理解　データベースとアプリの関係

Webアプリ

ここで言うアプリとは、ユーザ（人間）とデータベースとの間で、お互いの要求と回答とを受け渡ししてくれる仲介役となるソフトウェア、プログラムのことを言います。
たとえば、Yahoo!のような検索エンジンを考えてみましょう。こうした検索エンジンの裏側では、あらかじめ収集された世界中のサイトの情報がデータベースとして管理されています。しかし、この中から目的のサイトを探し出すためにいちいちSELECT命令を実行したことはないはずです。
では、どうしていたのでしょうか。ただ単に、キーワード欄に調べたいキーワードを入力して、[検索]ボタンを押すだけです。入力されたキーワードに基づいて、必要なSELECT命令はアプリが作成してくれますので、データベースを意識することなく、誰もが検索操作を行うことができます。

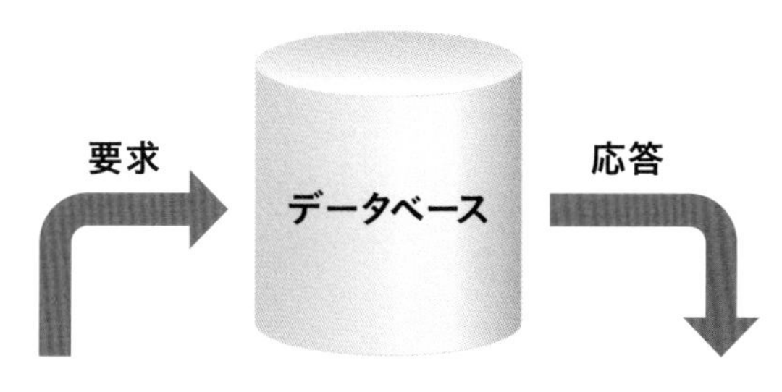

アプリの中でも、Google ChromeやMicrosoft EdgeのようなWebブラウザ上で動作するアプリのことを**Webアプリ**と言います。本章で作るアプリもWebアプリです。

クライアントとサーバ

Webアプリの世界での登場人物は、**クライアント**と**サーバ**です。
クライアント(Client)とは、ネットワークからサービスを受け取る立場のコンピュータ(ソフトウェア)、またはユーザのことを指します。具体的にはGoogle ChromeのようなWebブラウザです。
一方、サーバ(Server)はネットワーク上のどこかに四六時中待機していて、クライアントにサービスを提供する給仕役です。クライアントから「このページを見たい!」と言われると、サーバは要求されたページをクライアントに届けます。インターネット上でブラウザに情報を持ち運ぶ役割を持ったサーバのことを**Webサーバ**と呼びます。

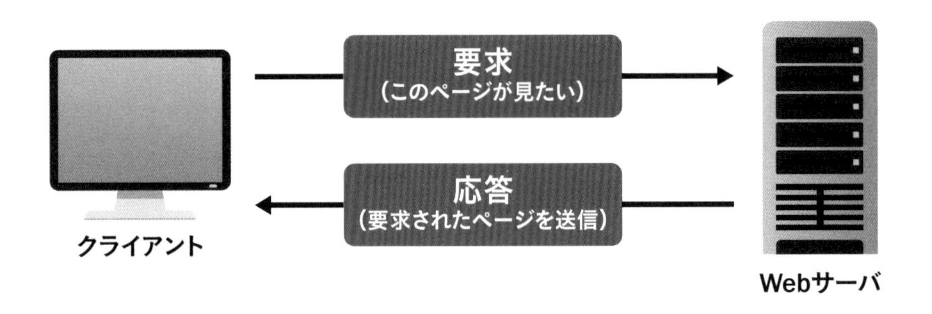

静的なページと動的なページ

Webサーバがページを要求されたときにとる挙動は、大きく2種類に分類できます。
1つに、要求されたページ(ファイル)をそのままクライアントに送り届ければよい場合です。これはカンタンですね。このときのWebサーバの役割は、ただのメッセンジャーボーイです。このようなページのことを**静的なページ**と言います。

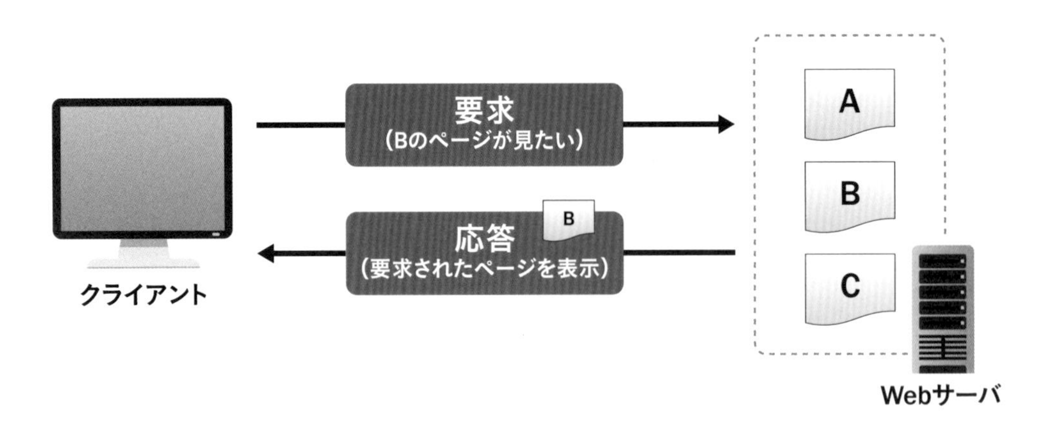

もう１つは、要求されたページをその場で作らなければならない場合です。たとえば、検索エンジンの場合を考えてみましょう。検索エンジンでは、指定されたキーワードに応じて結果リストを返しますが、この結果はあらかじめ用意されているものではありません（無数にあるサイトとキーワードとの組み合わせで想定される結果を用意しておくのは、現実的ではありませんよね）。
あらかじめ用意されているのはリストの骨組み（テンプレート）と、データベースにアクセスした結果をテンプレートに埋め込むためのしくみだけです。Webサーバ側では、クライアントから要求を受け取ると、この「しくみ」と「骨組み」とを使って、その場で応答するページを作成するのです。このようなページを**動的なページ**と言います。

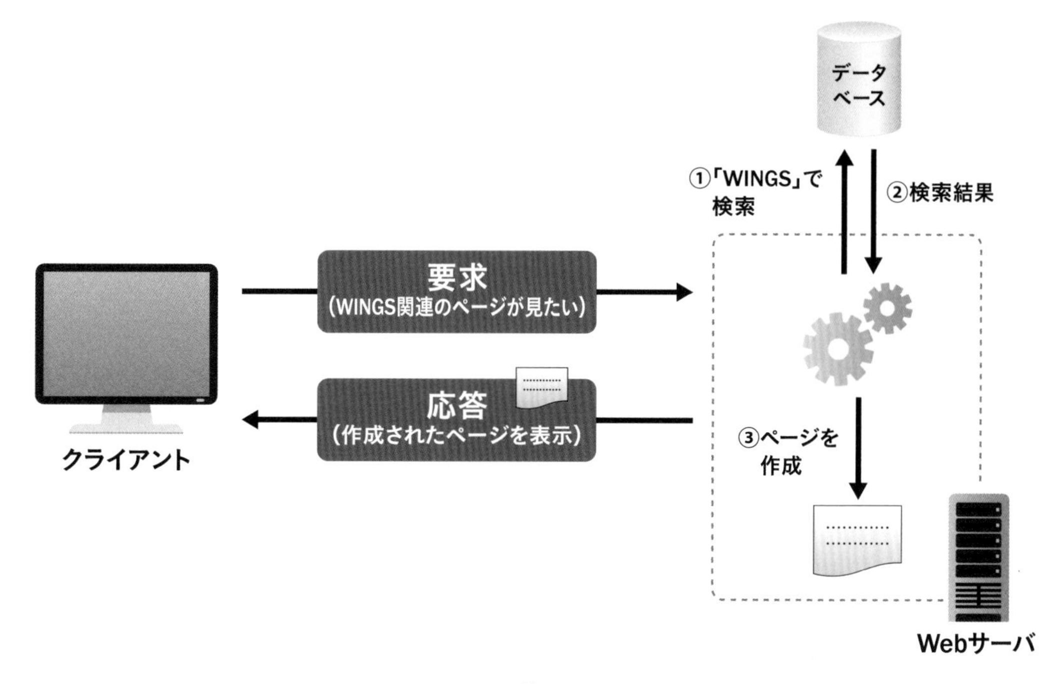

まとめ

▶サービスを受け取るコンピュータのことを「クライアント」、提供するコンピュータのことを「サーバ」と言う
▶あらかじめ用意されたページのことを「静的なページ」、Webサーバ側で要求のある都度、生成されるページのことを「動的なページ」と言う

2 アプリ開発とプログラム言語

予習 開発のための言語を知る

前節でも触れたように、アプリはユーザとデータベースとの間を仲介するための**プログラム**です。プログラムというと、運動会やコンサートのプログラムを思い浮かべるかもしれません。コンサートのプログラムは、コンサートをどのように進めるかを書き記したものですが、コンピュータのプログラムはコンピュータがどのように作業を進めるかを記したものです。
また、コンサートのプログラムは日本人の皆さんがわかるように日本語で書かれますが、コンピュータのプログラムはコンピュータに理解できるように、決められた**プログラム言語**で書く必要があります。
ここでは、アプリ開発にはどのようなプログラム言語が必要なのかを理解しましょう。

プログラムの違い

♪ABCコンサート

1.佐藤花子「アリのさんぽ」
2.鈴木次郎「WINGS行進曲」
3.山田太郎「春のワルツ」

コンサートの
プログラムは日本語で
書かれていますが……

```
<?php
  $msg = 'こんにちは！';
  print($msg);
?>
```

コンピュータのプログラムは
プログラミング言語で
書かれています

理解 HTMLとPHPについて

HTML

Webアプリを作成するうえで、まず絶対に避けることのできないのが**HTML**（HyperText Markup Language）という言語です。ページをどのように表示するのか――文字を大きくしたい、画像を埋め込みたい、他のページへのリンクを設置したい…などなど、ページの見せ方をコンピュータ（Webブラウザ）に指示するための言語です。

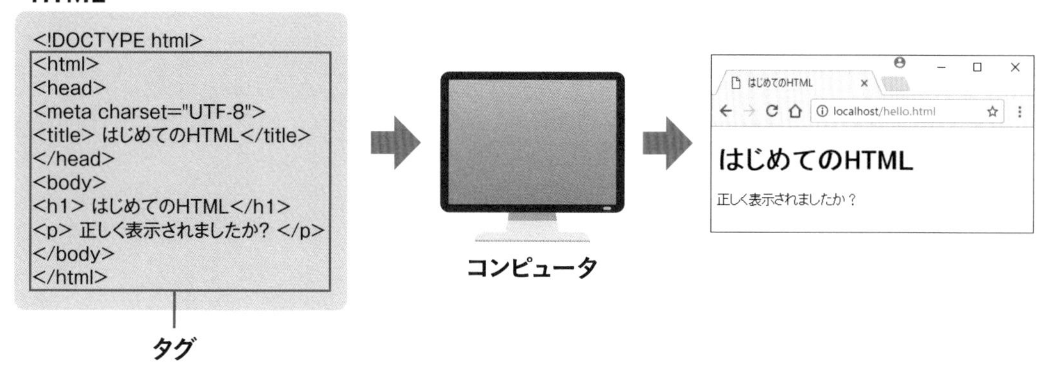

詳しくはあとから説明しますが、HTMLはタグと呼ばれる命令をテキストの中に埋め込んでいくしくみで、いわゆる「言語」というほどかしこまったものではありません。一種の文書フォーマット（書式）と考えたほうがわかりやすいかもしれません。

Webサーバ

Webアプリで、クライアントからの要求を受け取り、また最終的な処理結果を応答するのはWebサーバの役目です。このWebサーバを利用するにはどうしたらよいのでしょう。本来、Webサーバはネットワーク上のどこかにあるべきものですが、本書では自分のコンピュータの中にWebサーバを用意します。自分のコンピュータにWebサーバをインストールすることで、インターネットに接続しなくてもWebアプリが動作する環境を構築することができます。198ページで解説するPHPを利用するにも、このWebサーバが必要となります。

Webサーバには、さまざまな製品がありますが、本書では無償で利用できる**Apache HTTP Server**（以降、Apache）を使用します。Apacheのインストールについては、付録の**A-2**を参照してください。

PHP

HTMLは、あくまでページをどのように表示するかを決めるだけの言語です。しかし、データベースと連携するには、データベースにアクセスして結果を受け取ったり、その結果を見やすい形に整形したりといった機能が必要となります。これらのしくみを記述するための言語が**PHP**(PHP:Hypertext Preprocessor)です。ほかにもC#やJava、Ruby、Pythonといった言語を使うこともできますが、PHPは、そのわかりやすさと高機能性から初心者から上級者まで幅広い層に人気のある言語です。

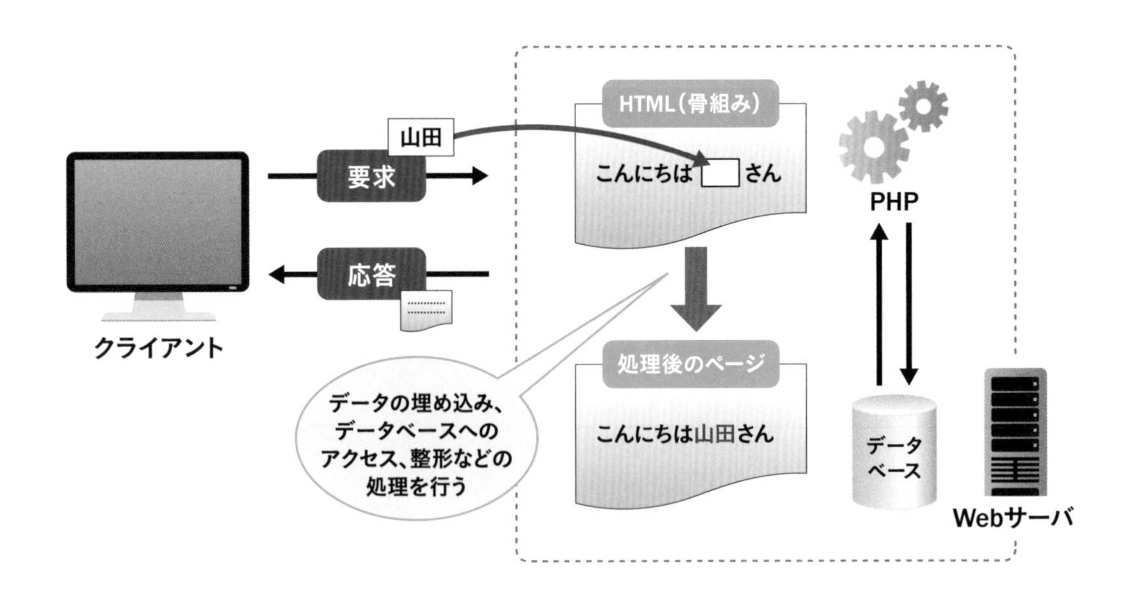

Webサーバは何かしら要求を受け取ると、PHPで書かれたプログラムを動作し、データベースと通信を行い、最終的な結果をHTML文書に整形したものをクライアントに返します。HTMLはあらかじめ用意しておくこともできますし、PHPが動的に出力することもできます。具体的な動きは後から見ますが、「しくみ」を担当するのがPHP、「骨組み」を担当するのがHTMLと考えると、わかりやすいかもしれません。

なお、PHPはあらかじめWebサーバにインストールしておく必要があります。Apacheをインストールしたあとに、付録の**A-3**を参照してPHPをインストールしてください。

SQLとPHP

これまで学んできたSQLは、アプリの世界では不要なのでしょうか。
いえいえ、そのようなことはありません。Webブラウザが理解できる言語がHTML、Webサーバが理解できる言語がPHPであるように、データベースが理解できる言語はSQLです。つまり、PHPからデータベースにアクセスする場合もSQLは必須なのです。
これまでは人手で直接にSQLを書いていたわけですが、アプリではPHPプログラム（**スクリプト**とも言います）が代わりにSQL命令をデータベースに送信します。PHPを使うからと言って、SQLがなくなるわけではありません。

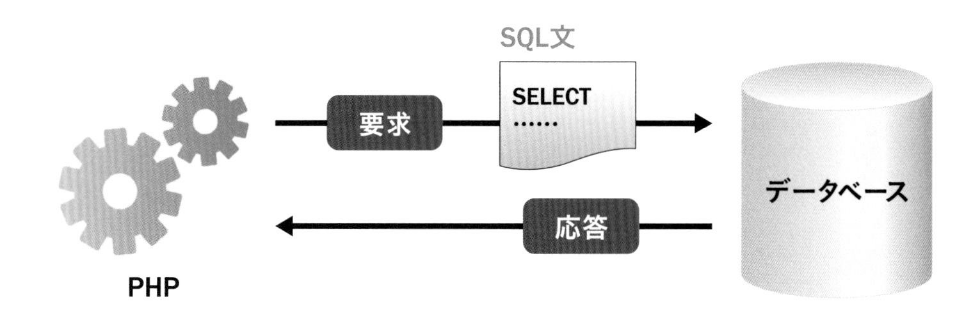

PHPプログラムがデータベースにSQL命令を送信する

- ▶Webブラウザでページをどのように表示するかを決めるのはHTML
- ▶Webサーバ側でデータベースへのアクセスなどの処理を行うのはPHP
- ▶PHPからデータベースにアクセスする場合もSQLは必要

HTMLの基本

完成ファイル｜[samples]→[8-3]→[hello.html]

予習 HTMLを理解する

Webブラウザにページを表示するには、HTMLという形式でテキストを用意しておく必要があります。Webブラウザは、HTMLで指定された情報に従って、(たとえば)テキストに画像を埋め込んだり、テキストを見出しとして強調表示したりするわけです。
Webアプリを作成するには、まずこのHTMLについて理解しておく必要があります。

なお、HTML文書はテキストエディタで作成することができます。本書では、Windows／macOS／Linuxなど複数の環境に対応しており、その機能性から評価も高いVisual Studio Code(以降、VSCode)を採用します。VSCodeのインストール方法については、付録の**A-4**を参照してください。

HTMLを使うことで
Webブラウザにページを表示することができる

HTML

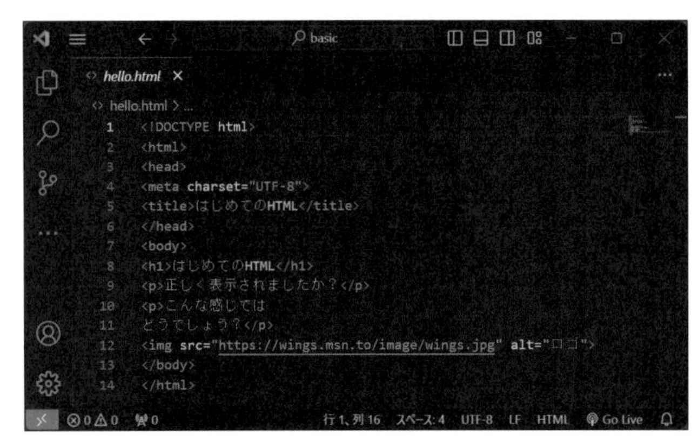

実行画面

体験 HTMLを書いてみよう

1 フォルダを作成する

ApacheのWeb公開フォルダにbasicフォルダを作成します。Windowsのエクスプローラーで「C:¥Apache24¥htdocs」フォルダを開き、新規フォルダを作成して「basic」という名前を付けます❶。

2 VSCodeを起動する

VSCodeを起動します。スタートメニューの「V」欄から［Visual Studio Code］をクリックします❶。

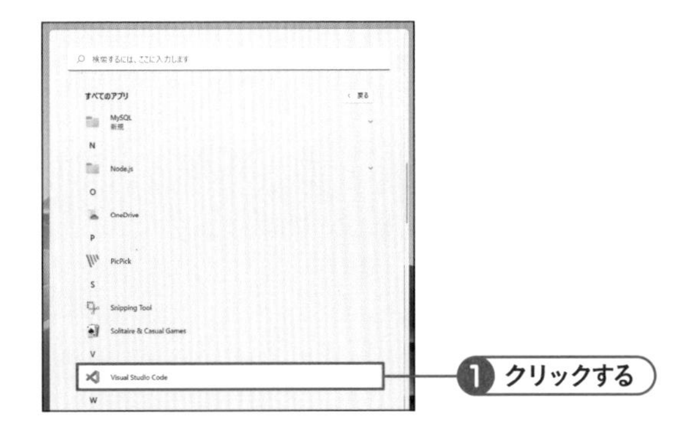

3 VSCodeが開く

新規のVSCodeが開きます。

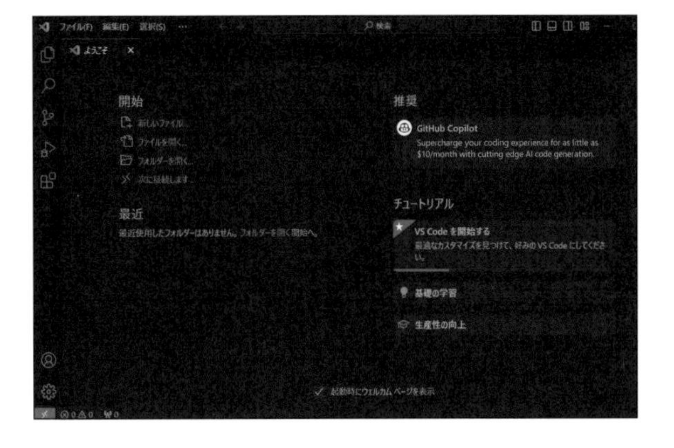

4 フォルダを開く

メニューバーから[ファイル]ー[フォルダーを開く]をクリックします❶。

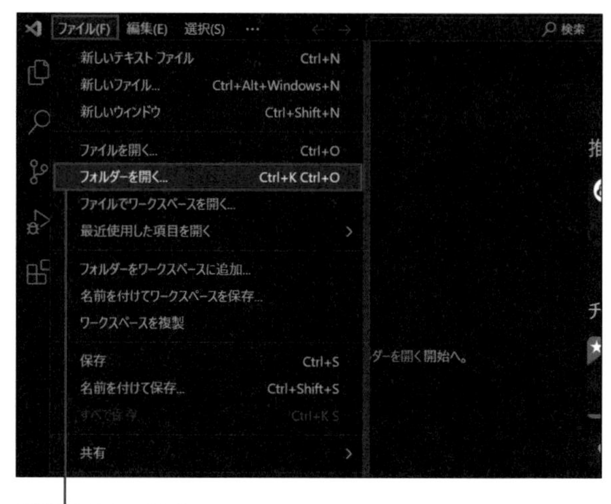

5 basicフォルダを選択する

先ほど、作成したC:¥Apache24¥htdocs¥basicフォルダを選択して❶、[フォルダーの選択]ボタンをクリックします❷。

Tips

[このフォルダー内のファイルの作成者を信頼しますか?]ダイアログが表示される場合は、[はい、作成者を信頼します]ボタンをクリックします。

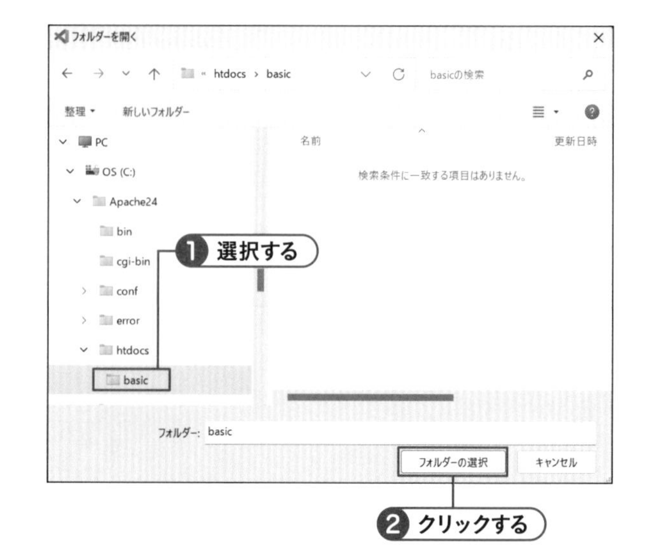

6 フォルダを確認する

画面左側のエクスプローラーにbasicフォルダが表示されていることを確認します❶。

Tips

[ようこそ]画面は邪魔なので、[×]をクリックして閉じておきます。

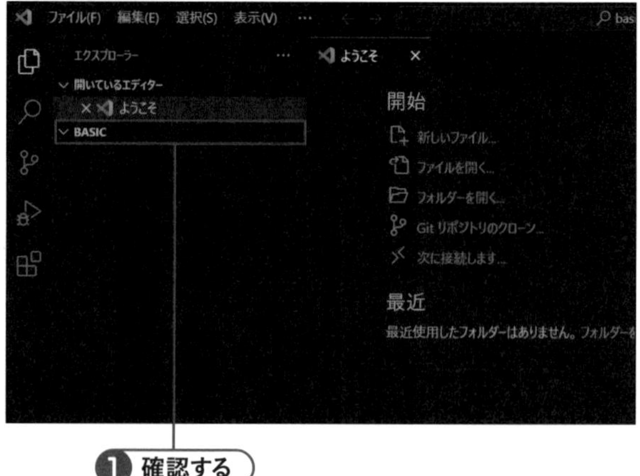

7 ファイルを作成する

エクスプローラーのbasicフォルダにカーソルを乗せると右側にアイコンが表示されます。左端の（新しいファイル）をクリックしてファイルを作成します❶。
ファイル名を入力する欄が表示されるので、「hello.html」と入力します❷。

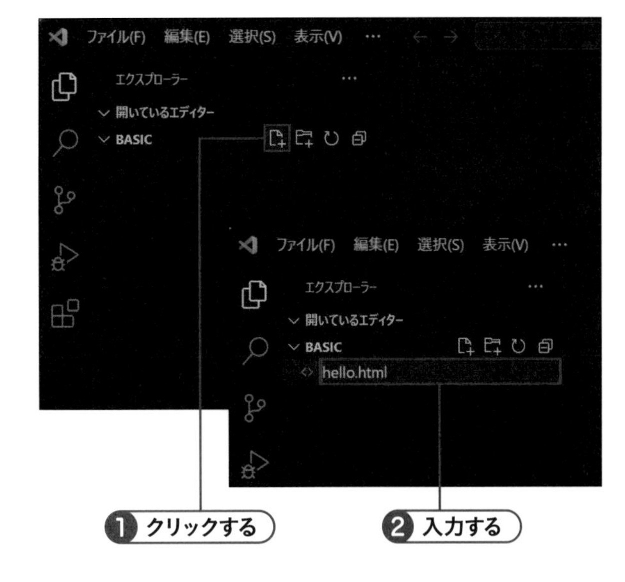

8 HTMLのコードを入力する

以下のようにコードを入力します❶。

❶ 入力する

```
01: <!DOCTYPE html>
02: <html>
03: <head>
04: <meta charset="UTF-8">
05: <title>はじめてのHTML</title>
06: </head>
07: <body>
08: <h1>はじめてのHTML</h1>
09: <p>正しく表示されましたか？</p>
10: <p>こんな感じでは
11: どうでしょう？</p>
12: <img src="https://wings.msn.to/image/wings.jpg" alt="ロゴ">
13: </body>
14: </html>
```

9 作成したファイルを保存する

入力したコードを保存します。画面右下の[エンコードの選択]が「UTF-8」になっていることを確認し❶、エクスプローラーの[開いているエディター]にカーソルを乗せると表示される（すべて保存）をクリックします❷。

Tips

[hello.html]タブの[×]をクリックすると、ファイルが閉じます。

❶ 確認する

❷ ［すべて保存］アイコンをクリックする

10 Webブラウザから確認する

付録**A-2**の手順5に従ってApacheを起動し、続いてWebブラウザも起動します。Webブラウザのアドレス欄にURLを「http://localhost/basic/hello.html」と入力します❶。右のようなページが表示されれば成功です。

Tips

「http://localhost/basic/」を指定すると、「C:¥Apache24¥htdocs¥basic」フォルダの中身を参照することができます。

❶ URLを入力する

COLUMN 文字コードの指定方法

VSCodeで文字コードを指定してファイルを保存するには、画面右下にある[エンコードの選択]（UTF-8と表示されている場所）をクリックします。
画面上部にドロップダウンリストが表示されるので、[エンコード付きで保存]を選択して表示される文字コードの一覧から、該当の文字コードを選択してください。

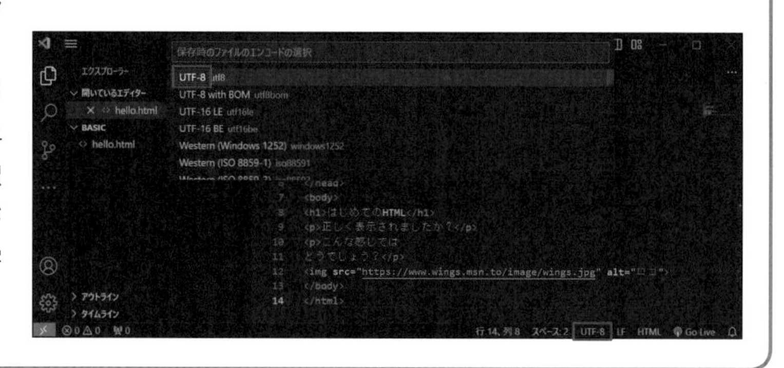

理解 HTMLについて

HTML文書の構造

一般的なHTML文書の基本的な構造は、次のとおりです。

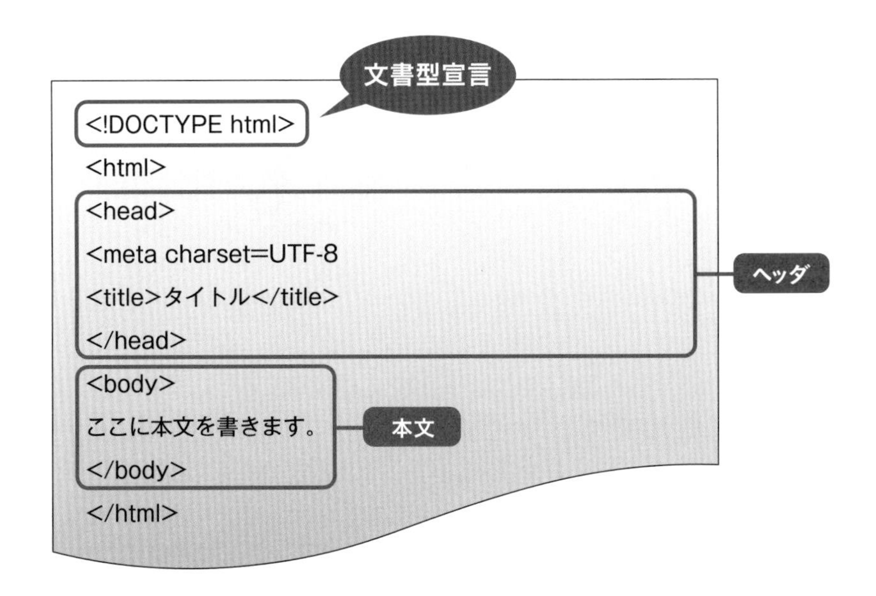

先頭行の<!DOCTYPE html>は**文書型宣言**と呼ばれる書き方です。文書型宣言とは、このテキストがHTMLで書かれているよ、という宣言のことです。これによって、Webブラウザは現在のファイルを正しく解釈できるわけです。まずは、おまじないのようなものと考えて、無条件でこの1行を書くようにします。このあとからがHTMLの本体です。

HTMLでは、**タグ**が基本です。<タグ>～</タグ>という形式でテキストに目印を付けていきます。たとえば、<html>～</html>は、ここからここまでがHTML文書ですよ、という意味ですし、<head>～</head>は**ヘッダ部分**、<body>～</body>は**本文部分**を表します。

ヘッダ部分には、おもにタイトルや.htmlファイルで使っている文字コードの指定などが含まれます。Webブラウザのメイン画面に表示される以外の情報と言い換えてもよいでしょう。また、本文部分にはWebブラウザのメイン画面に表示する内容が含まれます。
上で示したリストは、言うなればHTML文書の最低限の骨組みとも言えます。今後もこのコードをベースに必要なコードを追加していくことにします。上のコードは、ダウンロードサンプルの中に「template.html」という名前で収録しています。

文字コードを宣言する

文字コードとは、コンピュータで文字を表すためのルールのことです。たとえば「3042」であれば「あ」、「3044」であれば「い」のように、ある文字とコード（番号）とが1：1の関係にあるわけです。

こうした文字コードには、Shift-JIS、EUC-JP、JIS（ISO-2022-JP）などさまざまな種類がありますが、プログラミングの世界でよく利用するのは**UTF-8**（Unicode）です。UTF-8は世界各国で使われている文字をひとつにまとめた文字コードで、国際化対応に向いていることから、プログラミングの世界ではとくによく利用されています。
その他の文字コードも利用できないわけではありませんが、利用する機能によっては文字化けなど、思わぬトラブルの原因にもなります。文字コードについて深い知識がないうちは（また、他に大きな理由がないならば）、まずはUTF-8を利用してください。
HTMLで利用している文字コードを宣言しているのは、以下の部分です。

```
<meta charset="UTF-8">
```

実際に利用している文字コード（手順9で確認したものです）と、<meta>タグによる宣言とが食い違っている場合には、文字化けの原因にもなるので要注意です。

COLUMN 文字コードと文字エンコーディング

文字コードとは正しくは文字に割り当てられた番号（コード）のことを言い、実際の文字と文字コードとの対応関係のことは**文字エンコーディング**と呼びます。ただし、実際にはそこまで厳密に区別せずに呼ばれる状況がよくあります。本書でも、双方の意味で「文字コード」と呼ぶものとします。

COLUMN テキストエディタ

テキストエディタもUTF-8に対応しているものならば、自分が使い慣れたものを採用してかまいません。たとえばWindows標準のメモ帳を利用することもできますが、あまりお勧めはしません。というのも、メモ帳は簡易なエディタで機能もそれほど充実していません。
せめて構文ハイライト（決められた命令を色付き表示する機能）などが付いたエディタを利用することをお勧めします。

コンテンツを記述する

手順8で入力したHTMLコードの本文部分について見ていきましょう。以下のようなコードを<body>～</body>の中に記述しました。

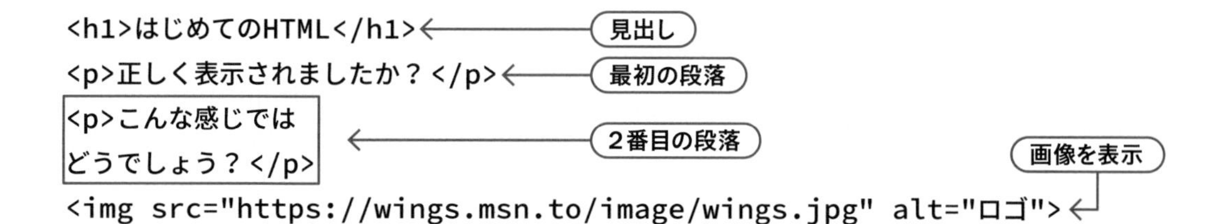

<h1>～</h1>で囲まれた部分は見出し（Header）を表します。見出しのレベルに応じて、<h1>（大見出し）から<h6>（小見出し）まで利用できます。一般的なWebブラウザでは、大見出しから順に、フォントの大きな文字として表示されます。

<p>～</p>は段落（Paragraph）を表します。一般的なWebブラウザでは段落の前後は1行分の余白をおいて表示されます。改行だけをしたい（余白を空けたくない）場合には、以下のように
タグを使うこともできます。

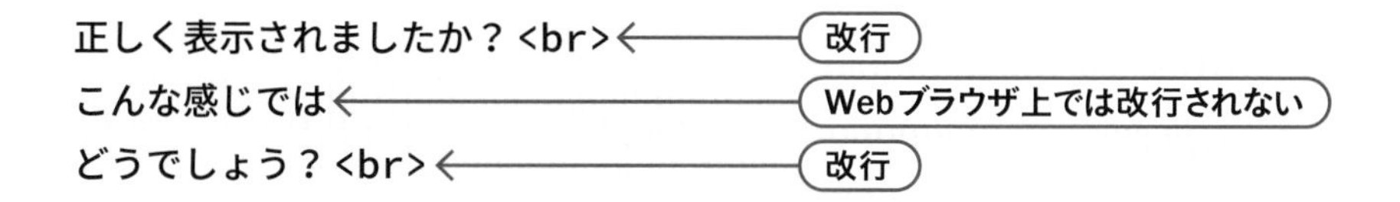

タグは、<p>タグとは異なり、
～</br>とテキストを囲むのではなく、改行したい位置に単に
と書く点に注意してください。また、HTMLではテキストを単に改行しただけでは、Webブラウザ上は改行されない点にも要注意です。あくまで改行の役割を持つのは、
や<p>タグです。

COLUMN スタイル指定はCSSを利用する

<h1>～<h6>タグでフォントが大きくなる、<p>タグで行が空くなどは、いずれもブラウザ標準で決められたスタイルで、一般的にはこれに頼るべきではありません。本格的なアプリでのスタイル指定には、CSS（Cascading StyleSheet）を利用してください。CSSは、タグそれぞれのスタイルを設定するためのしくみです。
CSSについては本書では割愛するので、詳しくは「たった1日で基本が身に付く！HTML&CSS超入門」（技術評論社）などの専門書を参照してください。

属性

<img>タグは、指定された画像ファイルを表示するためのタグです。
ここで注目してほしいのは、<img>タグの以下の部分です。

```
<img src="https://wings.msn.to/image/wings.jpg" alt="ロゴ">
```

HTMLでは、<タグ名 名前="値" ...>の形式でタグに情報を追加することができます。このような情報のことを**属性**と呼びます。ここではsrc属性で画像ファイルのパス（URL）を、alt属性で画像を表示できなかった場合に表示する代替テキストを、それぞれ指定しています。属性の値は、基本的に引用符（シングルクォートかダブルクォート）でくくる必要があります。

そのほかのタグ

HTMLでは、実にたくさんのタグが用意されています。
タグに関する詳細については、以下のようなサイトも合わせて参照することをお勧めします。

- **HTMLクイックリファレンス**
  https://www.htmq.com/

Webブラウザからの確認

手順7で行ったように、作成するHTMLファイルの拡張子は必ず「.html」または「.htm」とする必要があります。間違えて「.txt」などで保存しないよう気をつけましょう。

ファイルはApacheがインストールされているフォルダに作成しました。「C:¥Apache24¥htdocs」フォルダは、ApacheのWeb公開フォルダです。つまり、Webサーバにアクセスすることで、この中にあるドキュメントを見ることができるというわけです。
実際には、手順1でその中にbasicフォルダを作成しており、そこにHTMLファイルを作成しています。

手順10ではWebブラウザからURLを入力することで、Webサーバにアクセスしています。Apacheを起動しておかないとアクセスもできないので気をつけてください。ファイルを保存したbasicフォルダには「http://localhost/basic/」でアクセスできます。localhostはインストールの手順でも説明したように、自分自身のコンピュータを表すキーワードだと理解しておいてください。

まとめ

- ▶Webブラウザに表示するページを記述するには、HTMLという言語を使う
- ▶HTMLでは、テキストにタグと呼ばれる目印を埋め込む
- ▶タグには追加情報として「名前="値"」の形式で属性を指定できる

PHPの基本

完成ファイル | [samples] → [8-4] → [hello.php]

予習 PHPを理解する

HTMLを理解したところで、HTMLファイルにPHPで書いた**スクリプト**（プログラム）を組み込んでみましょう。PHPはHTMLとの親和性が高い言語で、HTMLコードの中に自由にスクリプトを埋め込めるという特長があります。
HTMLは単にページをどのように表示するかを決めるためだけの言語でしたが、PHPスクリプトを埋め込むことで、（たとえば）条件によって表示を変えたり、データベースなどから取り出したレコードをページに埋め込んだりすることができるようになります。
ここでは、まずPHPスクリプトをHTMLに埋め込む基本のキの部分を学んでみます。

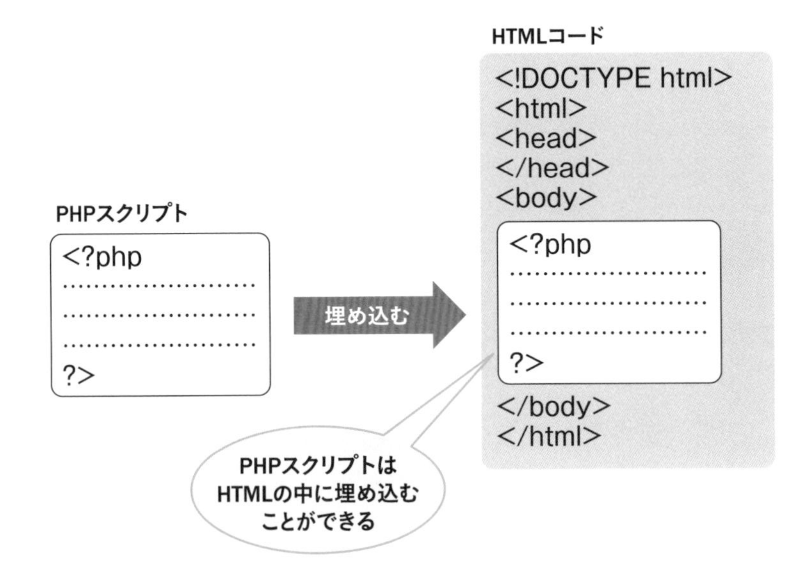

体験 PHPスクリプトを書いてみよう

1 VSCodeを起動する

8-3の手順2に従って、VSCodeを起動します。8-3の手順7に従って「hello.php」という名前のファイルを作成します❶。

2 HTMLのコードを入力する

右のようなコードを入力します❶。

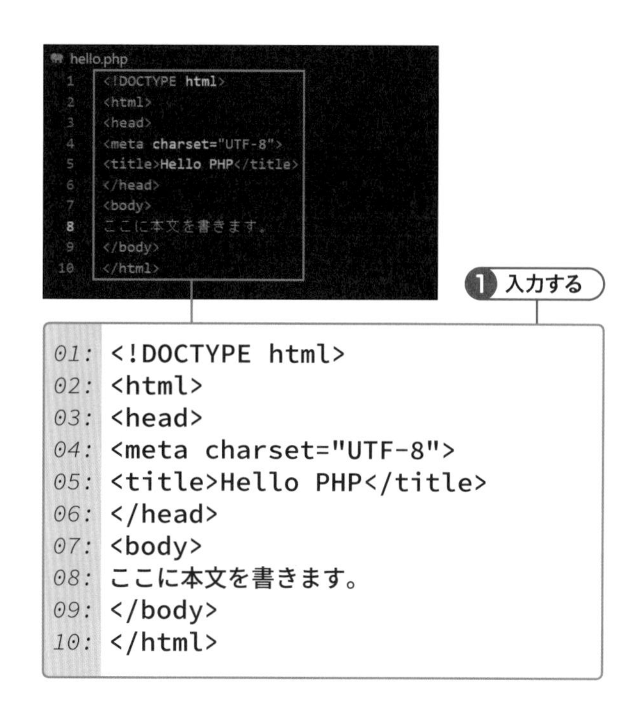


```
01: <!DOCTYPE html>
02: <html>
03: <head>
04: <meta charset="UTF-8">
05: <title>Hello PHP</title>
06: </head>
07: <body>
08: ここに本文を書きます。
09: </body>
10: </html>
```

3 ファイルを保存する

入力したコードを保存します。画面右下の[エンコードの選択]が「UTF-8」になっていることを確認し❶、エクスプローラーの[開いているエディター]にカーソルを乗せると表示される (すべて保存)をクリックします❷。

4 PHPスクリプトを追加する

hello.phpファイルを右のように修正し❶、上書き保存します。

Tips

[hello.php]タブの[×]をクリックすると、ファイルが閉じます。

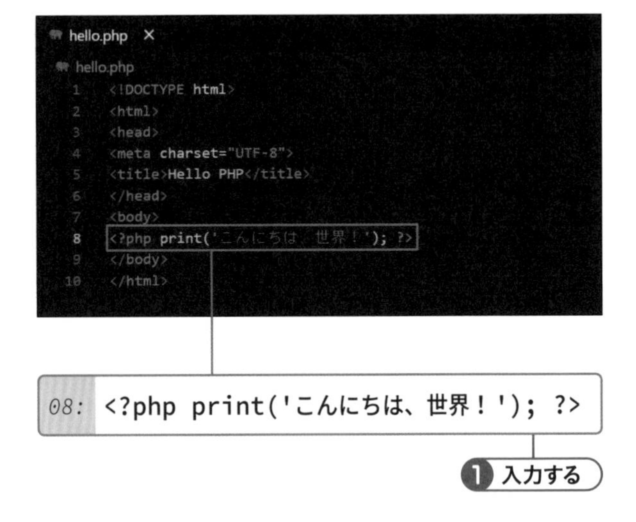

5 Webブラウザから確認する

付録**A-2**の手順5に従ってApacheを起動し、続いてWebブラウザも起動します。Webブラウザのアドレス欄にURLを「http://localhost/basic/hello.php」と入力します❶。右のようなページが表示されれば成功です。

理解 PHPの基本

HTML文書とPHPスクリプト

「予習」でも説明したように、PHPスクリプトはHTML文書のなかに埋め込みます。そのことがわかるように、まずは手順2でHTML文書を作成し、手順4でPHPスクリプトを追加しました。

また手順1で拡張子を「.php」としていますが、これはApacheが「このHTML文書にはPHPが含まれている」ということをわかるようにするためです。拡張子が「.html」のままだと、PHPのスクリプトが実行されないので注意してください。

手順5がPHPスクリプトの実行結果ですが、もし結果がこのようにならない場合は、入力したスクリプトまたは拡張子に問題があると思われるので確認してみてください。

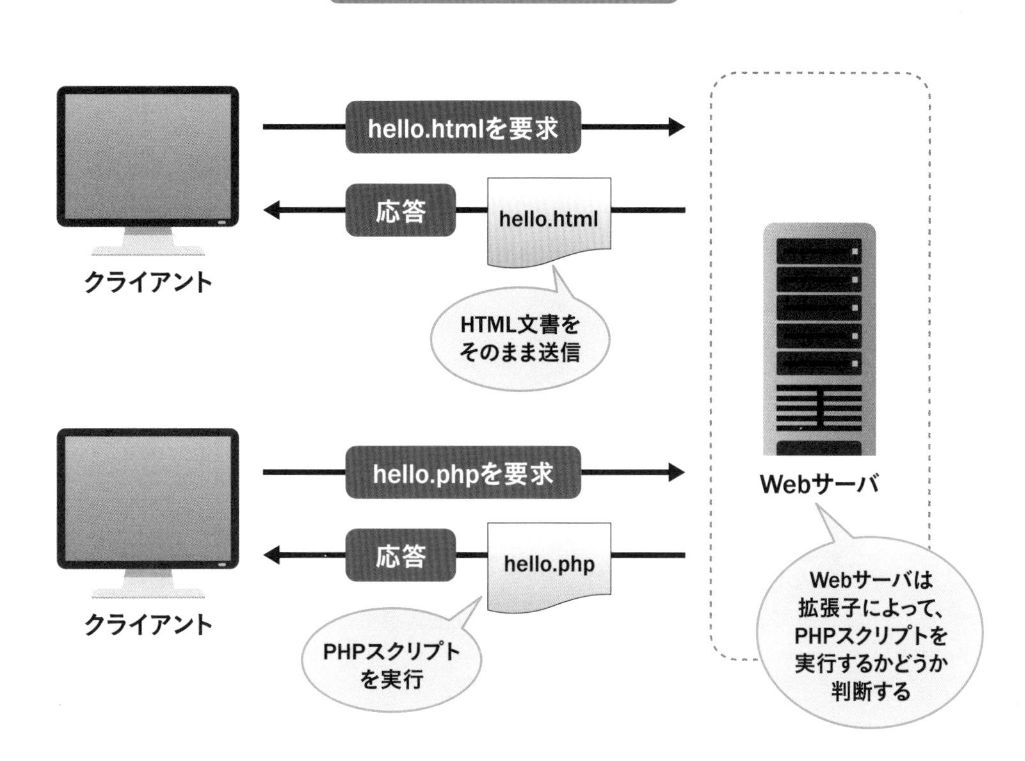

スクリプトを埋め込む方法

HTML文書にPHPスクリプトを埋め込む場合、スクリプトは<?php ...?>というブロックで囲む必要があります。これによって、PHPでは、固定的なHTML部分はそのままに<?php ...?>で囲まれたスクリプトだけを解釈し、その結果を<?php... ?>ブロックと置き換えたものを出力します。

HTML文書にPHPスクリプトを埋め込む

hello.php

```
<!DOCTYPE html>
<html>
<head>
…中略…
<body>
<?php print('こんにちは、世界!');?>
</body>
</html>
```

PHPスクリプト

結果

出力

```
<!DOCTYPE html>
<html>
<head>
…中略…
<body>
こんにちは、世界!
</body>
</html>
```

PHPスクリプトの解釈結果が
HTML文書に出力される

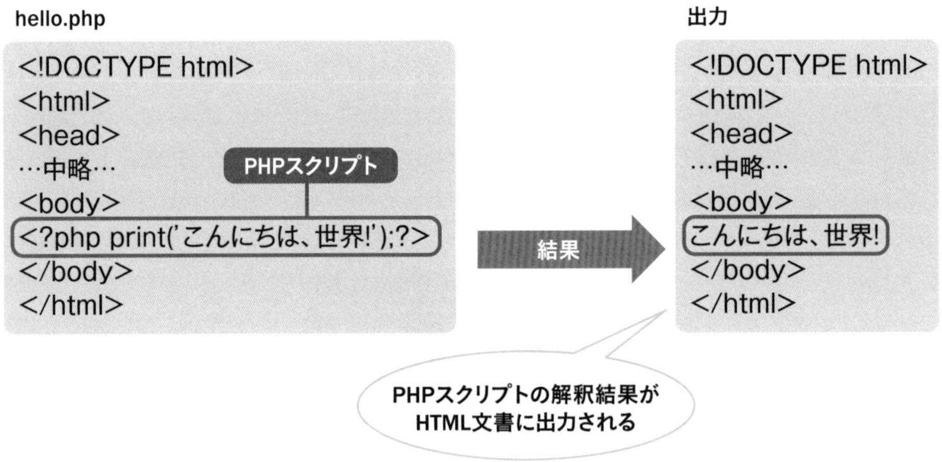

PHPスクリプトの基本

次に、<?php... ?>ブロックの中身に注目しましょう。print命令は「指定された値をHTML文書に書き出しなさい」という意味です。

▼構文

print(*任意の文字列*)

たとえば、「print('こんにちは、世界！');」であれば、「こんにちは、世界！」という文字列を書き出すことになります。これまでに学んできたSQL命令と同じく、PHPスクリプトでも文字列は引用符で囲む必要がありますし、命令文の末尾はセミコロン(;)で終わらなければなりません。

また、命令文の大文字／小文字を区別しない点にも要注意です。たとえば、

```
print('こんにちは、世界！');
```

は

```
Print('こんにちは、世界！');
pRINt('こんにちは、世界！');
```

のように書いても間違いではありません（後者はちょっとありえないかもしれませんが）。ただし、大文字／小文字を不規則に混在させることはコードが見難くなる元です。まずは本書で示すように大文字／小文字もきちんと区別して書くことをお勧めします。

まとめ

- ▶PHPスクリプトは、<?php... ?>というブロックの中に記述する
- ▶命令文の末尾はセミコロン（;）で終わる必要がある
- ▶命令文の大文字／小文字は区別されない

変数

完成ファイル | [samples] → [8-5] → [hello.php]

予習 変数について理解する

変数とは、データを一時的に格納するための箱のようなものです。PHPでは、変数を自分で用意して値を出し入れすることもできますし、あらかじめ用意された変数から値を受け取ることもできます。
スクリプトが最終的な結果（解答）を導くための「データのやり取りの繰り返し」であるとするならば、やり取りされる途中経過のデータを管理するのが変数の役割と言えるでしょう。ちょっとしたスクリプトを書くにも、その途中経過を一時的に格納する変数は欠かせないものです。これから本格的なスクリプトを書き進めていくにあたって、ここではまず基本的な変数の使い方について理解しておきましょう。

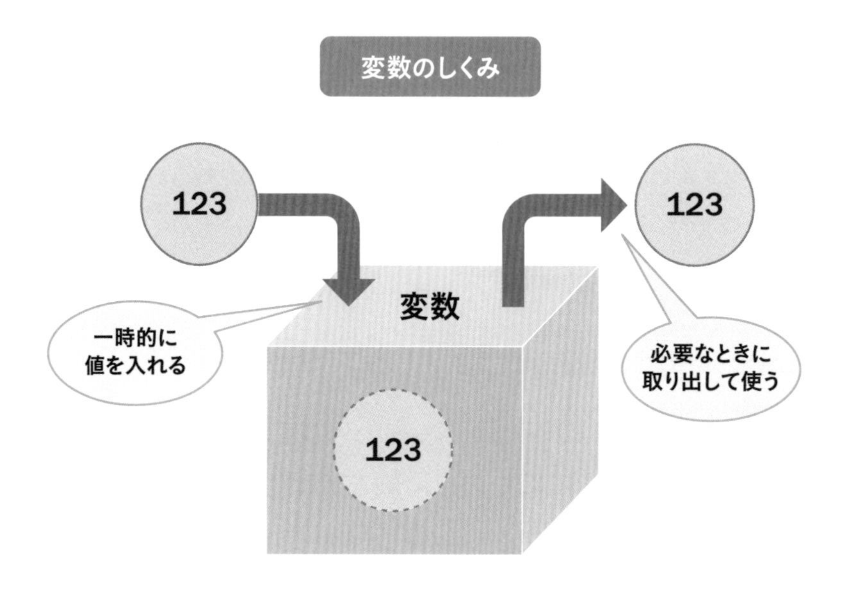

体験 変数を使ってみよう

1 ファイルを開く

8-4で使用したhello.phpファイルを使います❶。

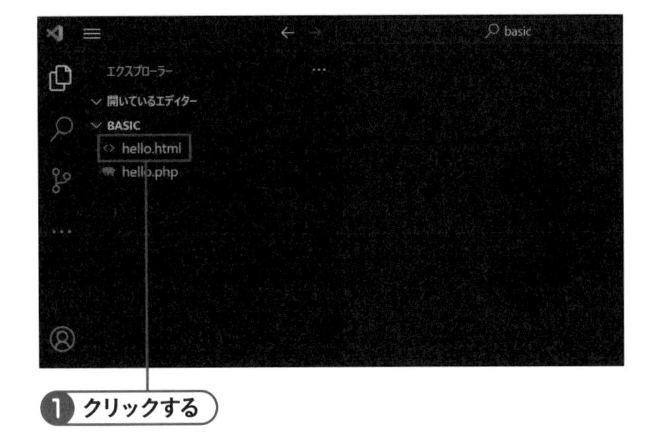

2 コードを修正する

右のようにコードを修正し❶、エクスプローラーの［開いているエディター］にカーソルを乗せると表示される（すべて保存）をクリックします❷。

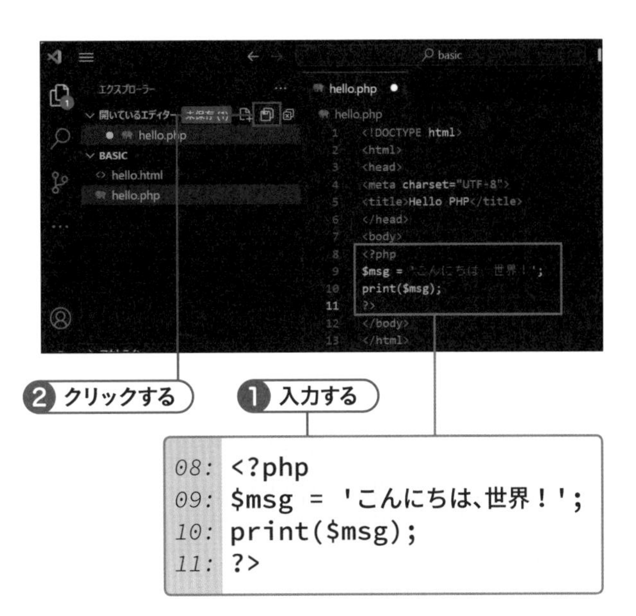

3 Webブラウザから確認する

付録A-2の手順5に従ってApacheを起動し、続いてWebブラウザも起動します。Webブラウザのアドレス欄にURLを「http://localhost/basic/hello.php」と入力します❶。右のようなページが表示されれば成功です。

理解 変数について

変数とは？

「こんにちは、世界！」のような文字列や、100、200のような数字は**リテラル**と呼ばれ、その場で決まった値があとから変わることはありません。一方、変数は値そのものではなく、値を入れている箱ですから、中身さえ入れ替えてしまえば、値を自由に差し替えることができます。PHPで、変数を使うには次のように書きます。

▼構文

変数名 = 値

手順2で追加したPHPスクリプトでは「$msg = 'こんにちは、世界！';」として、「$msg」という名前の変数に「こんにちは、世界！」という文字列（値）をセットしています。これを変数に値を**代入する**と言います。
PHPの変数の便利なところは、ここでデータベースのようにデータ型を意識する必要はないという点です。変数には、数値でも文字列でもその他のデータでも型を意識することなく、なんでも放り込むことができます。

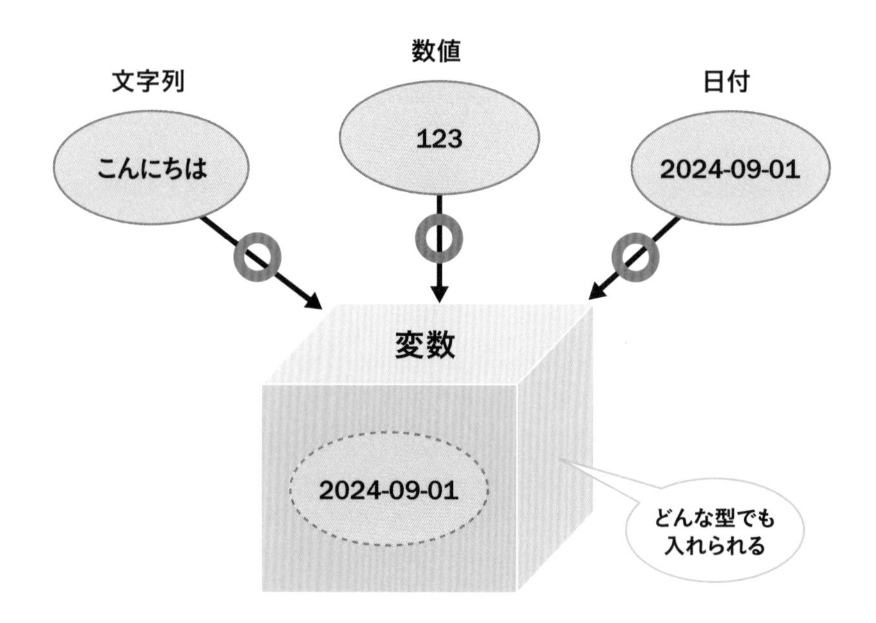

変数の中身を参照するには、「print($msg);」のように変数名を指定するだけです。**8-4**でも使用したように、printは指定された文字列を書き出しなさいという命令です。よって、手順2のPHPスクリプトでは、変数$msgの中身である「こんにちは、世界！」が表示されるわけです。その結果を確認しているのが手順3です。

変数の命名規則

変数には、基本的に自分の好きな名前を付けることができますが、少しだけ命名の規則があります。

①名前の先頭文字は「$」であること
（○：$var、×：var）
②2文字目以降はアンダースコア（_）か英数字
（○：$var_1、×：$あいう）
③ただし、2文字目に数字は使えない
（×：$123）
④変数名の大文字／小文字は区別される
（$var、$VARは別もの）

とくに、④には要注意です。命令文の大文字／小文字は区別されませんが、変数名の大文字／小文字は区別されるのです。この点を混同しないように注意してください。

▶変数は値を自由に差し替えられる箱
▶変数には、文字列や数値をはじめ、任意の型のデータを格納できる
▶変数名は「$」で始まり、英数字、アンダースコアなどの文字で構成される

リクエストデータ

完成ファイル | [samples] → [8-6] → [form.php]

予習 リクエストデータの受け取り方を理解する

これまでの例では文字列を表示するだけだったので、「動的にページを生成する」とは言っても、いまひとつイメージしにくかったかもしれません。
そこでここでは、ユーザ（Webブラウザ）からの入力に応じてスクリプトを実行し、結果を出力するアプリを作成してみましょう。ユーザからの入力→スクリプトの実行→結果の出力という流れは、アプリを作成する場合の基本中の基本です。簡単なコードの中で大まかな流れを理解しておきましょう。

具体的には、テキストボックスを含んだ「フォーム」を設置し、名前を入力して「送信」ボタンをクリックすることで、入力した名前が含まれたメッセージがフォームの下に表示されるというアプリを作成します。

フォームに入力した内容を表示するアプリ

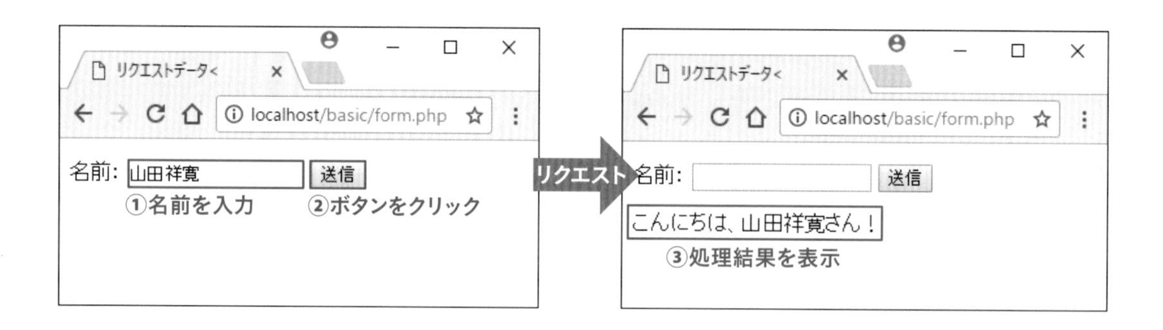

体験 フォームからの入力データを受け取ろう

1 コードを入力する

8-3の手順**2**に従って、VSCodeを起動します。**8-3**の手順**7**に従ってform.phpという名前のファイルを作成します❶。右のようなコードを入力します❷。

Tips

下記の入力部分の横の数字は、解説用の行番号なので入力不要です。

❶ 作成する

❷ 入力する

```
01: <!DOCTYPE html>
02: <html>
03: <head>
04: <meta charset="UTF-8">
05: <title>リクエストデータ</title>
06: </head>
07: <body>
08: <form method="POST" action="form.php">
09: <p>
10: 名前：
11: <input type="text" name="name" size="15" maxlength="20">
12: <input type="submit" value="送信">
13: </p>
14: </form>
15: <?php
16: if(array_key_exists('name', $_POST)) {
17:    $name = htmlspecialchars($_POST['name'], ENT_QUOTES | ENT_HTML5, 'UTF-8');
18:    print('こんにちは、'.$name.'さん！');
19: }
20: ?>
21: </body>
22: </html>
```

2 ファイルを保存する

画面右下の[エンコードの選択]が「UTF-8」になっていることを確認し❶、エクスプローラーの[開いているエディター]にカーソルを乗せると表示される(すべて保存)をクリックします❷。

Tips

[form.php]タブの[×]をクリックすると、ファイルが閉じます。

3 Webブラウザから確認する

付録**A-2**の手順5に従ってApacheを起動し、続いてWebブラウザも起動します。Webブラウザのアドレス欄にURLを「http://localhost/basic/form.php」と入力します❶。右のようなページが表示されるので、テキストボックスに名前を入力し❷、「送信」ボタンをクリックします❸。

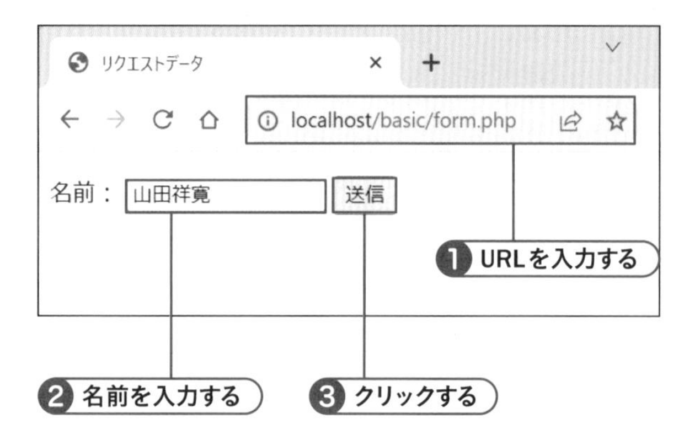

4 フォームの入力結果を確認する

図のように入力した名前に応じて、「こんにちは、○○さん！」のような値が表示されれば成功です。

理解 リクエストデータの処理方法

フォームの作成方法

まずは、フォームの作り方から説明します。HTMLでフォームを作成するには、<form>タグ(<form>～</form>)を使います。手順1で入力したコードの8行目では「<form method="POST" action="form.php">」としています。method属性は「データの送信方法」を、action属性は「データの送信先」を表しています。

method属性には「POST」、「GET」のいずれかを指定できます。「GET」を指定した場合にはURLの一部として「form.php?name=Yamada」のような形式で、「POST」を指定した場合にはフォーム本体としてユーザの目には見えないところで、それぞれデータが送信されます。この2つにはそれぞれに特徴があるのですが、本書ではもっぱら制限の少ない「POST」を優先して使います。

action属性の「送信先」とは、要はそのデータを処理するプログラムのことです。ここではform.phpのことを指しています。つまり、入力されたデータはform.phpのPHPスクリプトに送られるというわけです。

このようにして、フォームに入力したデータがWebサーバに送られ、PHPスクリプトで処理されます。

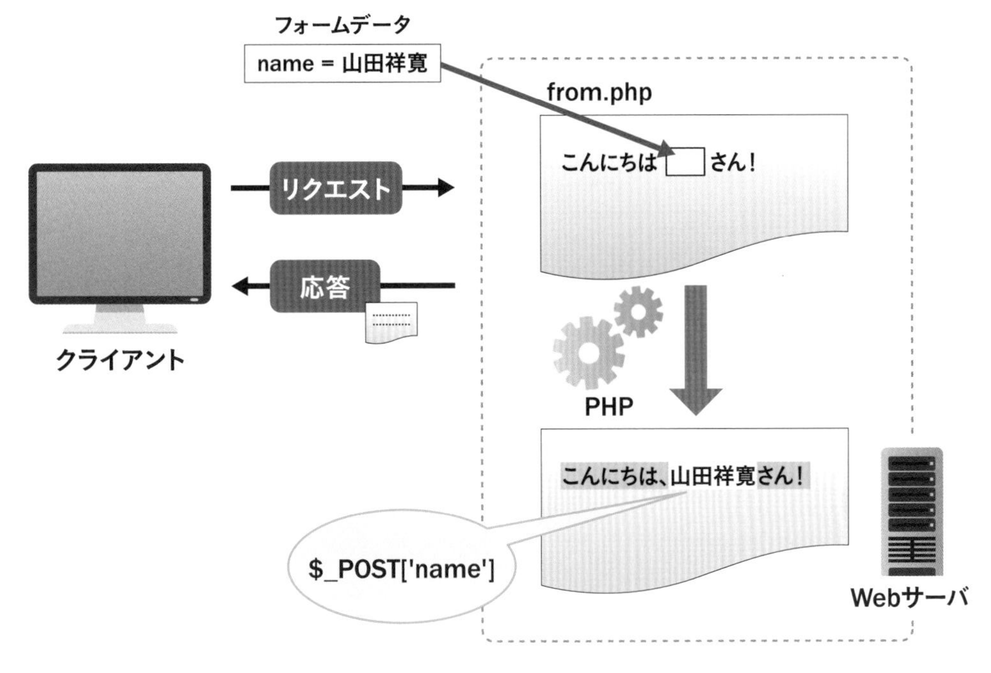

さまざまなフォーム要素

<form>～</form>の中には、テキストボックスやラジオボタン、ドロップダウンリストなど、さまざまな入力要素を配置できます。ここでは、その中でも代表的な要素であるテキストボックスとサブミットボタンを使っています。

入力要素の多くは、<input>タグで作成できます。出力する要素を切り替えるには、type属性の値を変更するだけです。手順1で入力したコードの11行目では「<input type="text"～>」としてテキストボックスを、12行目では「<input type="submit"～>」としてサブミットボタンを出力しています。サブミットボタンとは、フォームの内容を<form>タグのaction属性で指定された相手（ここではform.php）に送信するための「送信」ボタンのことです。

そのほか、「type="password"」とすればパスワード入力ボックス（入力文字が伏字になる）、「type="radio"」とすればラジオボタン、「type="checkbox"」とすればチェックボックスを出力します。

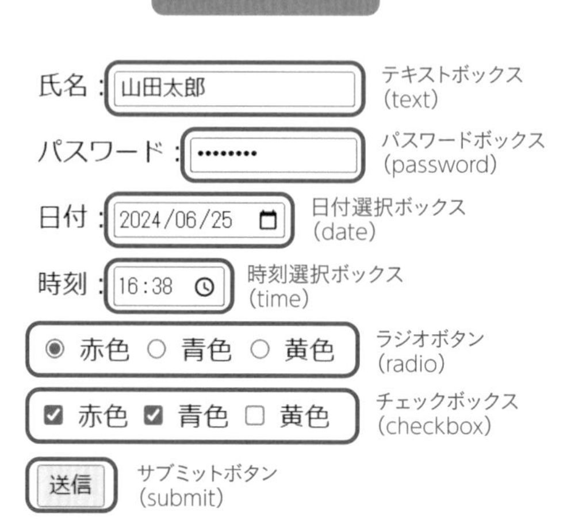

<input>タグのname属性は要素の名前を表す属性で、あとから入力値を取得する場合のキーとなります。手順1で入力したコードの10行目では「<input type="text" name="name"～>」としていますので、このテキストボックスの内容が「name」というキーでアクセスできるようになります。

そのほかにも、その要素の値やデフォルト値を表すvalue属性、ボックスの幅を表すsize属性などがありますが、本書では割愛します。詳しくは、**8-3**で紹介した「HTMLクイックリファレンス」を確認してみるとよいでしょう。

フォームから送信されたデータを取得する

フォームの書き方を理解できたところで、いよいよPHPスクリプトで、フォームから送信した値を取り出してみましょう。入力値を取得するのは、**スーパーグローバル変数**と呼ばれる特殊な変数の役割です。
スーパーグローバル変数は、普通の変数とは異なり、自分で用意しなくてもあらかじめ値がセットされているという特徴があります。

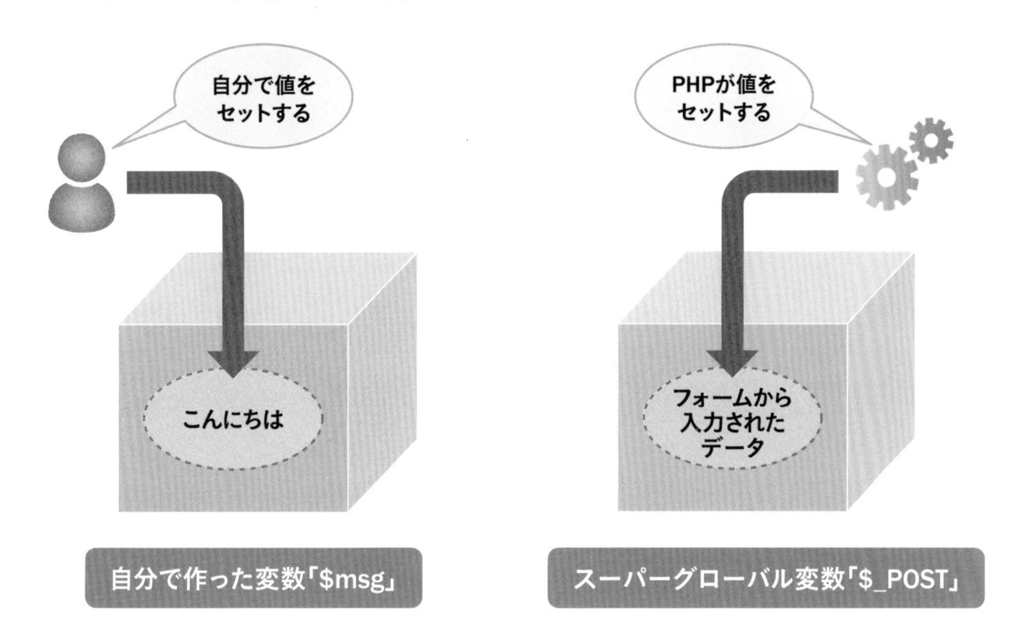

スーパーグローバル変数にはいくつかの種類がありますが、<form method="POST">形式のフォームから送信された入力値は、$_POSTという変数から取り出せます。

▼構文

```
$_POST[キー名]
```

ここで言う「キー名」は、先ほど<input>タグのname属性で指定された値です。つまり、「$_POST['name']」で、テキストボックス「name」に入力された値を取得できるわけです。
ちなみに、<form method="GET">形式で送信された値は、$_POSTの代わりに$_GETというスーパーグローバル変数で取得できます。

続いて、「$_POST['name']」の前にある「htmlspecialchars」について説明します。

関数

「htmlspecialchars」はPHPの**関数**です。関数については、すでにMySQLの説明でも登場しましたが（**6-5**参照）、考え方はほぼ同じです。**引数**と呼ばれる値を受け取って、処理した結果を**戻り値**として返します。PHPでは、このような関数が主要なものだけでも何百も提供されているので、これらを組み合わせることで、自分のやりたいことを直観的に記述できます。コンピュータ特有の原始的な操作やアルゴリズムを意識する必要はほとんどありません。

htmlspecialchars関数は、文字列に含まれる「<」や「>」「&」のような文字を「<」「>」「&」に置き換えます。HTMLでは「<」「>」「&」のような文字はタグの始まりなどを表す意味のある文字なので、そのままでは正しく表示できないからです。このような処理のことを**HTMLエスケープ**と言います。

▼構文

htmlspecialchars(*エスケープする文字列*, *エスケープの方法*, *文字コード*)

入力された文字列にはどんな文字が含まれているかがわかりません。エスケープ処理を怠ると、文字列が意図したように表示されないだけではなく、**クロスサイトスクリプティング脆弱性**と呼ばれるセキュリティホールの原因になる場合があるので、注意してください。

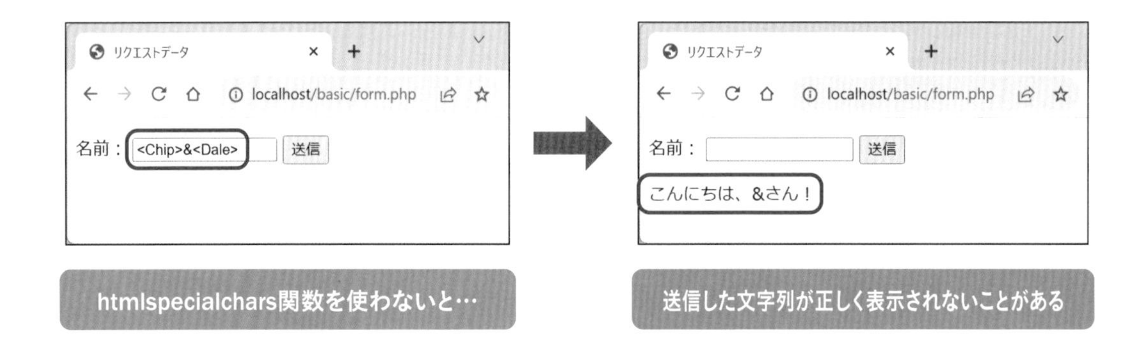

「エスケープの方法」で指定された「ENT_QUOTES | ENT_HTML5」は「シングルクォート／ダブルクォート双方をエスケープし、HTML5文書として処理」することを表します。やや冗長な表現ですが、これらは決まり事として、きちんと明示してください。
つまり、手順1で入力したコードの17行目では、「$_POST['name']」を引数としてエスケープ処理した結果を、変数$nameに代入しているというわけです。

条件分岐

スクリプトでは、与えられた命令をただ順番に実行するだけではありません。ある条件を満たした場合にだけ、命令を実行したいということがあります。これを、**条件分岐**と言います。そんな場合に使うのが、if命令です。

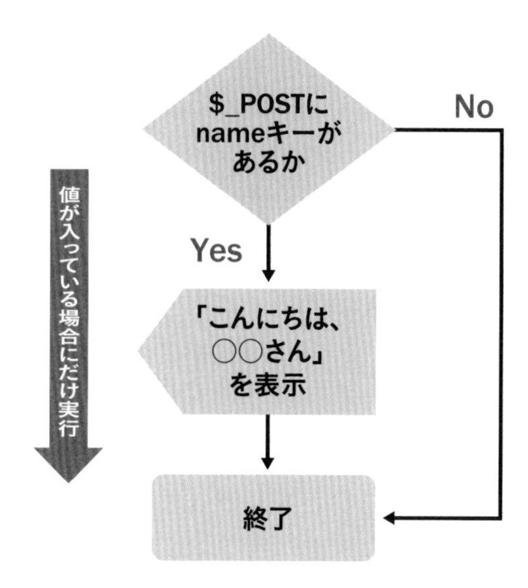

if命令では、最初に与えられた条件式がtrue（真）である場合にだけ、{...}の中の命令を実行します。手順1で入力したコードの16〜19行目は、条件式が「array_key_exists('name', $_POST)」なので、変数$_POSTにnameキーが含まれている場合、という意味になります。array_key_existsはhtmlspecialcharsと同じく、PHPで用意された関数です。
つまり、ここではフォームから何かしら名前が入力された場合にだけ、print命令で「こんにちは、○○さん！」というメッセージを表示するわけです。

まとめ

- ▶フォームからの入力値を取得するには、スーパーグローバル変数を使う
- ▶フォームなどからの入力値を出力する場合には、かならずhtmlspecialchars関数でエスケープ処理を行う
- ▶条件分岐を実現するには、if命令を使う

7 データベースへの接続

完成ファイル | [samples] → [8-7] → [connect.php]

予習 データベース接続を理解する

PHPの基本的な構文を理解したところで（といっても、初歩の初歩ですが）、いよいよ本来の目的であるデータベースへの接続を行ってみましょう。PHPには、MySQLに接続したり、MySQLのデータベースを操作したりする命令があるので、それらを使えば簡単です。
ここでは、まずデータベースに接続する方法を理解するとともに、データベースに対して、基本的な命令を送信してみます。

具体的には、PHPでMySQLに接続し、basicデータベースにbookテーブルを作成していきます。

PHPによるMySQLへの接続

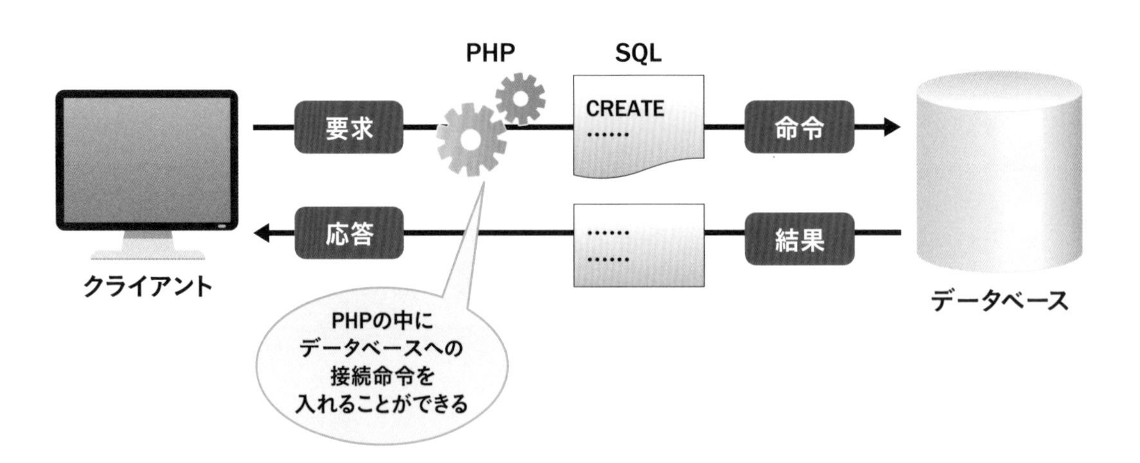

体験 データベースに命令を発行しよう

1 コードを入力する

8-3の手順2に従って、VSCodeを起動します。**8-3**の手順7に従ってconnect.phpという名前のファイルを作成します❶。以下のようなコードを入力します❷。

Tips

コードを右端で折り返して表示させるには、メニューバーから[表示] – [折り返しの切り替え]を選択してください。

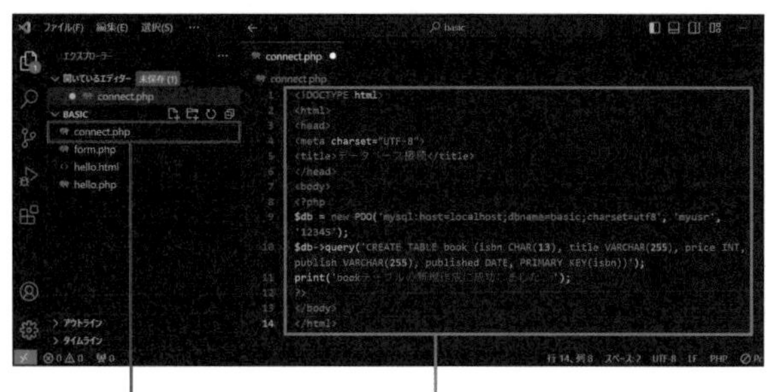

❶ 作成する

❷ 入力する

```
01: <!DOCTYPE html>
02: <html>
03: <head>
04: <meta charset="UTF-8">
05: <title>データベース接続</title>
06: </head>
07: <body>
08: <?php
09: $db = new PDO('mysql:host=localhost;dbname=basic;charset=utf8',
    'myusr', '12345');
10: $db->query('CREATE TABLE book (isbn CHAR(13), title VARCHAR(255),
    price INT, publish VARCHAR(255), published DATE, PRIMARY KEY(isbn))');
11: print('bookテーブルの新規作成に成功しました。');
12: ?>
13: </body>
14: </html>
```

2 ファイルを保存する

画面右下の［エンコードの選択］が「UTF-8」になっていることを確認し❶、エクスプローラーの［開いているエディター］にカーソルを乗せると表示される（すべて保存）をクリックします❷。

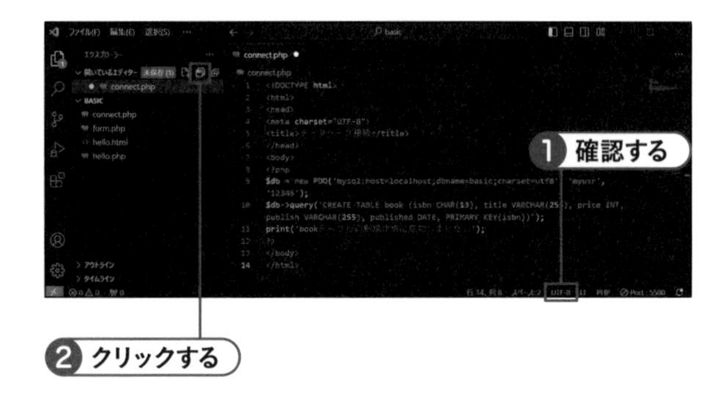

3 Webブラウザから確認する

付録**A-1**の手順21、**A-2**の手順5に従ってMySQL、Apacheを起動し、続いてWebブラウザも起動します。Webブラウザのアドレス欄にURLを「http://localhost/basic/connect.php」と入力します❶。右のようなページが表示されれば成功です。

4 mysqlクライアントから確認する

bookテーブルが本当に作成されているか、mysqlクライアントから確認します。**7-5**の手順1に従って、basicデータベースに接続します。右のように入力してSHOW TABLES命令を実行します❶。テーブルの一覧が表示されるので、bookテーブルが表示されていることを確認してください。

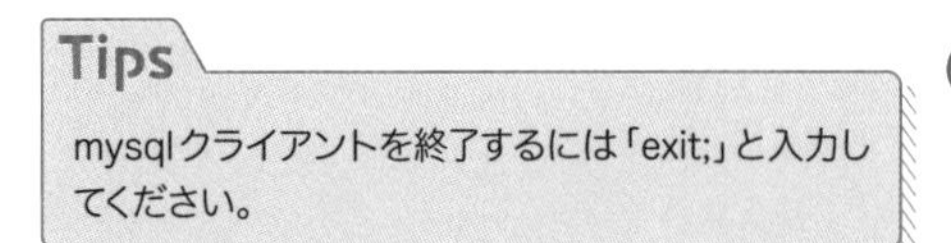

Tips

mysqlクライアントを終了するには「exit;」と入力してください。

理解 データベースの接続について

データベース接続の基本

データベースに接続するには、PDOという**クラス**を使います。クラスとは、ざっくりと言ってしまうならば、関連する関数を集めた高機能な道具と考えればよいでしょう。クラスを利用するには、まずnewという命令でクラスを使える状態に「準備」しておく必要があります。

▼構文

```
変数名 = new PDO(接続文字列, ユーザ名, パスワード)
```

手順1で入力したコードの本文部分は、すべてPHPのスクリプトです。9行目でPDOクラスを使用していますが、ここではMySQLのbasicデータベースにmyusrユーザで接続するための準備をしているわけです。「接続文字列」については後述しますが、「ユーザ名」と「パスワード」については、basicデータベースに接続する際の値を指定します。これで、変数$dbには、準備されたPDOクラスが格納されます。このように、使える準備が整ったクラスのことを**オブジェクト**と呼びます。

オブジェクトが生成できたら、あとは「変数名->関数名(引数, ...);」のような形式で、PDOにあらかじめ用意された関数を呼び出すことができるようになります(クラスに属する関数は**メソッド**と呼ぶ場合もあります)。手順1で入力したコードの10行目がそのように記述されています。

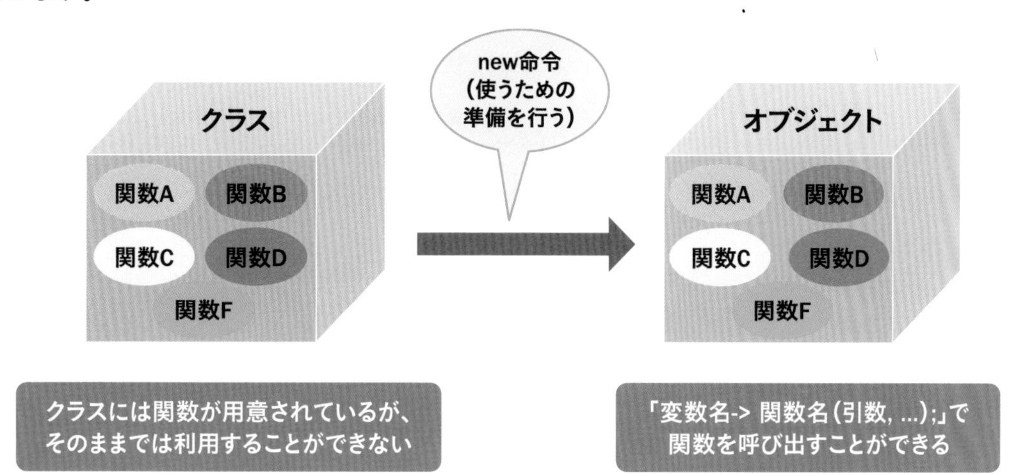

PDOオブジェクトを準備するとは、言うなれば、mysqlクライアントを起動し、USE命令で特定のデータベースに接続することと同じ意味だと思ってもよいでしょう。

接続文字列

接続文字列とは、データベースに接続するための情報を表す文字列です。接続文字列の書き方は接続するデータベースによって違いますが、MySQLに接続するならば、以下のフォーマットで指定できます。

▼構文

```
mysql:host=ホスト名;dbname=データベース名;charset=文字コード
```

自分のコンピュータにデータベースがインストールされているならば、ホスト名はlocalhostとしておけばよいでしょう。ネットワーク上の別のコンピュータのデータベースにアクセスするならば「mysql.hogehoge.co.jp」のようなドメイン名を指定します。
「charset=utf8」は、データベースに対してUTF-8を使って通信するよ、という意味です。この一文がないと、PHPスクリプトから送信された日本語がデータベース側で文字化けしてしまう可能性があるので、注意してください。

> **Tips**
> 本当は、接続に失敗したときのために例外処理という処理を加えるのが正しいあり方ですが、ここでは解説の簡略化のために省略しています。

データベースに命令を発行する

データベースに接続できたら、あとはデータベースに対して命令を送信し、実行するだけです。命令を実行するにはいくつかのメソッドがありますが、いちばん簡単なのはqueryメソッドを使うことです。queryメソッドを使う構文は以下のとおりです。

▼構文

```
PDOオブジェクト->query(SQL命令)
```

PDOオブジェクトには先ほどの例で言うと変数$dbを指定します。SQL命令には、これまで学んだMySQLを操作するための命令をそのまま記述します。
つまり、queryメソッドでSQL命令を指定することは、mysqlクライアントで「mysql>」からSQL命令を実行するのと同じ意味です。手順1で入力したコードの10行目は、

```
CREATE TABLE book (isbn CHAR(13), title VARCHAR(255), price INT,
  publish VARCHAR(255), published DATE, PRIMARY KEY(isbn))
```

というSQL命令をqueryメソッドで実行しています。CREATE TABLEは**3-1**でも紹介した命令で、ここではbookテーブルを新規に作成しています。

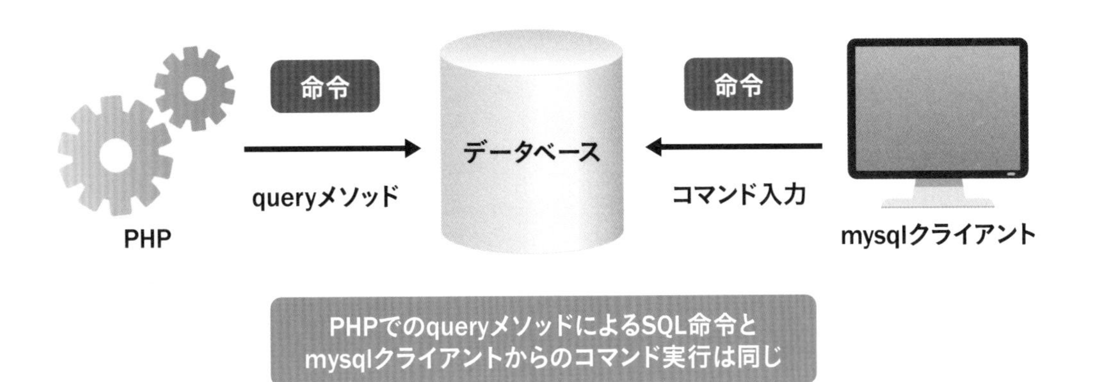

いかがでしょう。形は変われど、mysqlクライアントでやっていることと、それほど変わりはないということがわかると思います。

まとめ

- PHPでデータベースに接続するには、PDOクラスを利用する
- PDOクラスに「mysql:host=ホスト名;dbname=データベース名;charset=文字コード」のような接続文字列を渡すことで、データベースに接続できる
- PHPでデータベースに命令を発行するには、queryメソッドを実行する

第8章 練習問題

◉問題1

以下は、Webアプリについて述べた文章である。正しいものには○、誤っているものには×を付けなさい。

①（　）クライアントとは、ネットワーク上でサービスを提供するコンピュータのことである。
②（　）動的なページでは、あらかじめ用意されたファイルをサーバが動的に判定して、適切なファイルをクライアントに送信する。
③（　）PHPは、Webアプリを作成するための代表的な言語である。
④（　）PHPを使えば、データベースへのアクセスにもSQLは必要ない。
⑤（　）Apache HTTP Serverは、PHPが使える唯一のWebサーバである。

ヒント 8-1～8-2

◉問題2

次のPHPスクリプトで、文法的に間違っているポイントを3つ挙げなさい。

```
01: <%php
02: Print('こんにちは、世界！')
03: $1x = 10;
04: %>
```

ヒント 8-4

◉問題3

以下は、本書で使用しているbasicデータベースに接続し、bookテーブルを作成するためのコードである。空欄を埋めて、コードを完成させなさい。

```
01: $db = new [  ①  ] ('[  ②  ]', 'myusr', '12345');
02: $db-> [  ③  ] ('CREATE TABLE book (isbn CHAR(13), title
    VARCHAR(255), price INT, publish VARCHAR(255), published DATE,
    PRIMARY KEY(isbn))');
03: print('bookテーブルの新規作成に成功しました。');
```

ヒント 8-7

第9章 応用アプリ

9-1　スケジュール情報の一覧表示

9-2　スケジュール情報の登録

9-3　スケジュール情報の削除

◉第9章　練習問題

第9章 応用アプリ

1 スケジュール情報の一覧表示

完成ファイル | [samples]→[9-1]→[list.php]

予習 データの参照方法を理解する

データベースアクセスの初歩を理解したところで、最終章ではもうちょっとだけ本格的なアプリを作成してみましょう。

ここで紹介するのは、スケジュール管理アプリです。ここまで使ってきたサンプルデータベースのschedule、category、usrテーブルを使って、Webブラウザ上からスケジュール情報の登録や削除を行えるようにしてみましょう。

まずは、list.phpで、スケジュール情報を表形式でWebブラウザ上に一覧表示してみます。このファイルは次の「体験」で入力して作成することもできますし、ダウンロードサンプルにも収録されています。

スケジュール管理アプリ

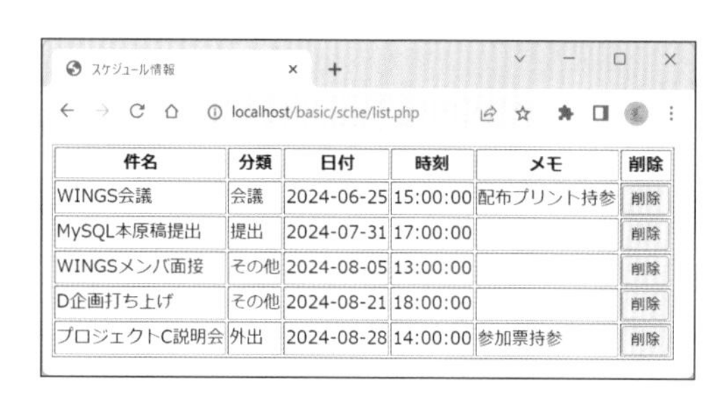

スケジュール情報の一覧表示／削除

スケジュール情報の登録

体験 スケジュール情報を参照しよう

1 フォルダを作成する

8-3の手順2に従って、VSCodeを起動します。エクスプローラーのbasicフォルダにカーソルを乗せると右側にアイコンが表示されます。左から2番目の(新しいフォルダー)をクリックしてフォルダを作成します❶。
フォルダ名を入力する欄が表示されるので、「sche」と入力します❷。

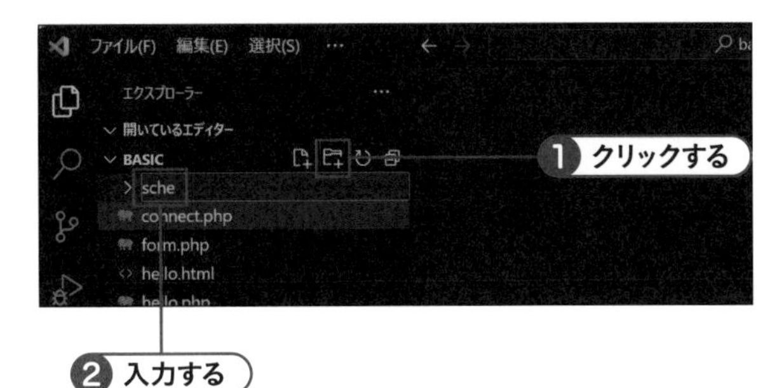

2 ファイルを作成する

エクスプローラーから作成したscheフォルダを選択して、(新しいファイル)をクリックします❶。ファイル名を入力する欄が表示されるので、「list.php」という名前のファイルを作成します❷。

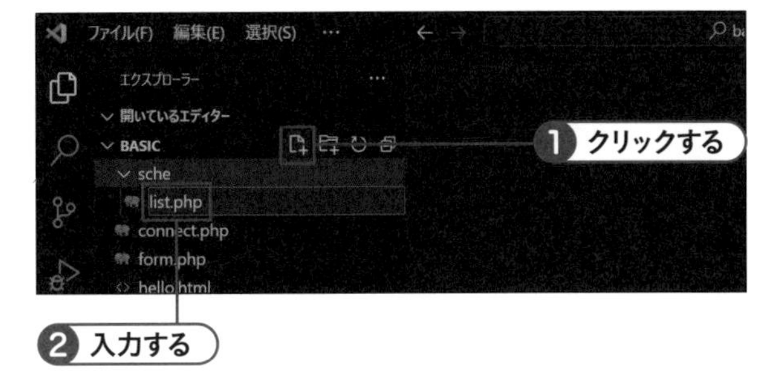

3 コードを入力する

右のようなコードを入力して❶、画面右下の[エンコードの選択]が「UTF-8」になっていることを確認し❷、エクスプローラーの[開いているエディター]にカーソルを乗せると表示される(すべて保存)をクリックします❸。

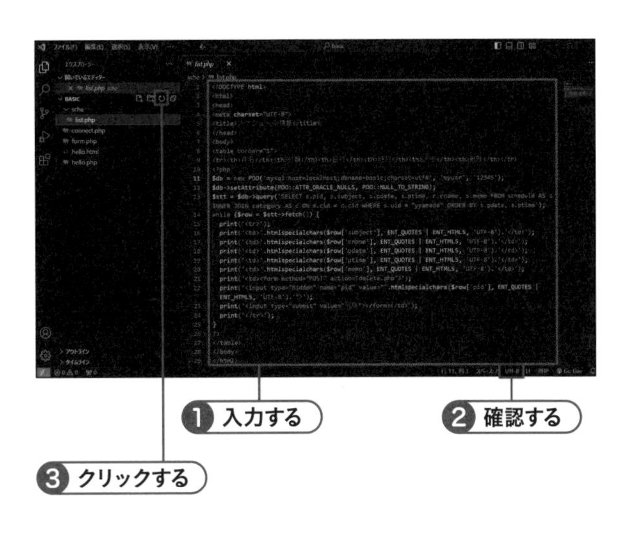

Tips

コードを右端で折り返して表示させるには、メニューバーから[表示]－[折り返しの切り替え]を選択してください。

Tips

[list.php]タブの[×]をクリックすると、ファイルが閉じます。

```
01: <!DOCTYPE html>
02: <html>
03: <head>
04: <meta charset="UTF-8">
05: <title>スケジュール情報</title>
06: </head>
07: <body>
08: <table border="1">
09: <tr><th>件名</th><th>分類</th><th>日付</th><th>時刻</th><th>メモ</th></tr>
10: <?php
11: $db = new PDO('mysql:host=localhost;dbname=basic;charset=utf8', 'myusr', '12345');
12: $db->setAttribute(PDO::ATTR_ORACLE_NULLS, PDO::NULL_TO_STRING);
13: $stt = $db->query('SELECT s.subject, s.pdate, s.ptime, c.cname, s.memo FROM schedule AS
    s INNER JOIN category AS c ON s.cid = c.cid WHERE s.uid = "yyamada" ORDER BY s.pdate,
    s.ptime');
14: while ($row = $stt->fetch()) {
15:   print('<tr>');
16:   print('<td>'.htmlspecialchars($row['subject'], ENT_QUOTES | ENT_HTML5, 'UTF-8')
    .'</td>');
17:   print('<td>'.htmlspecialchars($row['cname'], ENT_QUOTES | ENT_HTML5, 'UTF-8').'</td>');
18:   print('<td>'.htmlspecialchars($row['pdate'], ENT_QUOTES | ENT_HTML5, 'UTF-8').'</td>');
19:   print('<td>'.htmlspecialchars($row['ptime'], ENT_QUOTES | ENT_HTML5, 'UTF-8').'</td>');
20:   print('<td>'.htmlspecialchars($row['memo'], ENT_QUOTES | ENT_HTML5, 'UTF-8').'</td>');
21:   print('</tr>');
22: }
23: ?>
24: </table>
25: </body>
26: </html>
```

4 Webブラウザから確認する

付録**A-2**の手順5に従ってApacheを起動し、続いてWebブラウザも起動します。WebブラウザのアドレスにURLを「http://localhost/basic/sche/list.php」と入力します❶。右のようなページが表示されれば成功です。

件名	分類	日付	時刻	メモ
WINGS会議	会議	2024-06-25	15:00:00	配布プリント持参
MySQL本原稿提出	提出	2024-07-31	17:00:00	
WINGSメンバ面接	その他	2024-08-05	13:00:00	
D企画打ち上げ	その他	2024-08-21	18:00:00	

理解 レコードの取得について

テーブルの作成方法

HTMLでテーブル（表）を表すには、<table>タグを使います。<table>タグはテーブル全体を表すタグで、<table>～</table>の中には行を表す<tr>タグ（Table Row）を、<tr>～</tr>タグの中にはさらに個別のセルを表す<th>、<td>タグを入れ子にすることができます。

<th>タグと<td>タグとの違いは、前者がタイトル（Table Header）を表すのに対して、後者がデータ（Table Data）を表すという点です。手順3のlist.phpでは、HTML部分（1～9行目、24～26行目）でテーブルのタイトルまでを、PHP部分10～23行目）で各データを生成しています。

<table>タグのしくみ

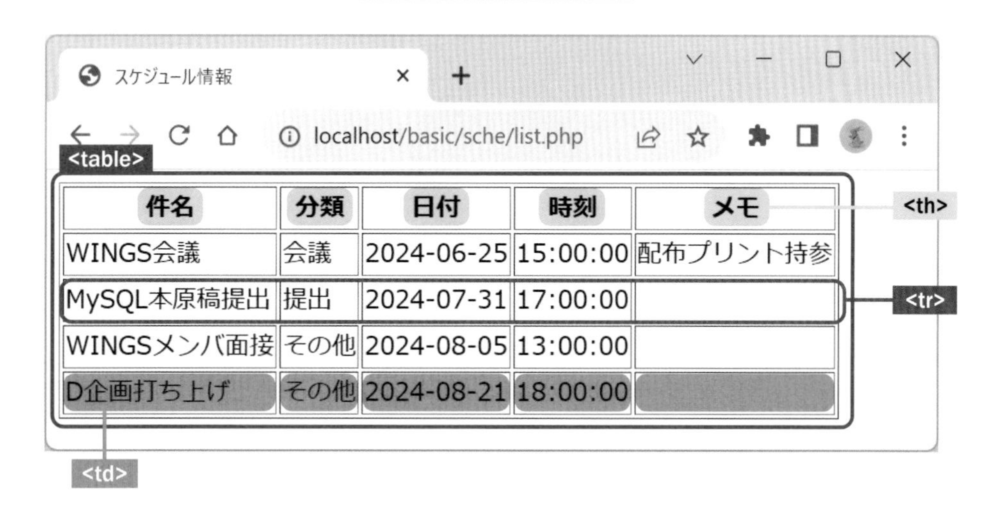

なお、<table>タグで指定された「border="1"」は枠線の太さを表す属性です。208ページでも触れたように、スタイル（見た目）の部分は本来、CSSで定義すべきですが、簡単化のため、ここではborder属性に頼っています。あくまで便宜的なコードで、本来は「べからず」である点を頭の片隅に留めておきましょう。

SELECT命令の結果を取得する

list.phpのPHP部分のコードを見てみましょう。11行目では、PDOオブジェクトでデータベースに接続しています。12行目は、データベースから取り出した値がNULL（未定義）だった場合に、空文字列に変換しなさい、という設定です。NULL値は何かと扱いが面倒なので、データベースから取り出した段階で取り除いておくと、コードが少しだけシンプルになります。まずはおまじないのようなものと思っておいても構いません。

そして、続く13行目からが本題です。queryメソッドでSELECT命令を実行してレコードを取得しますが、コードを見てみると「$stt = $db->query('SELECT～');」のように記述しています。これはどういうことなのでしょう。

MySQLのSELECT命令を実行した場合、queryメソッドはPDOStatementというオブジェクトを返します。PDOがデータベースとの接続を管理するオブジェクトであったのに対して、PDOStatementとはデータベースに発行するコマンドやその結果を管理するためのオブジェクトであると考えればよいでしょう。

SELECT命令によって取り出した結果（**結果セット**）を読み込むにも、このPDOStatementオブジェクトを利用します。

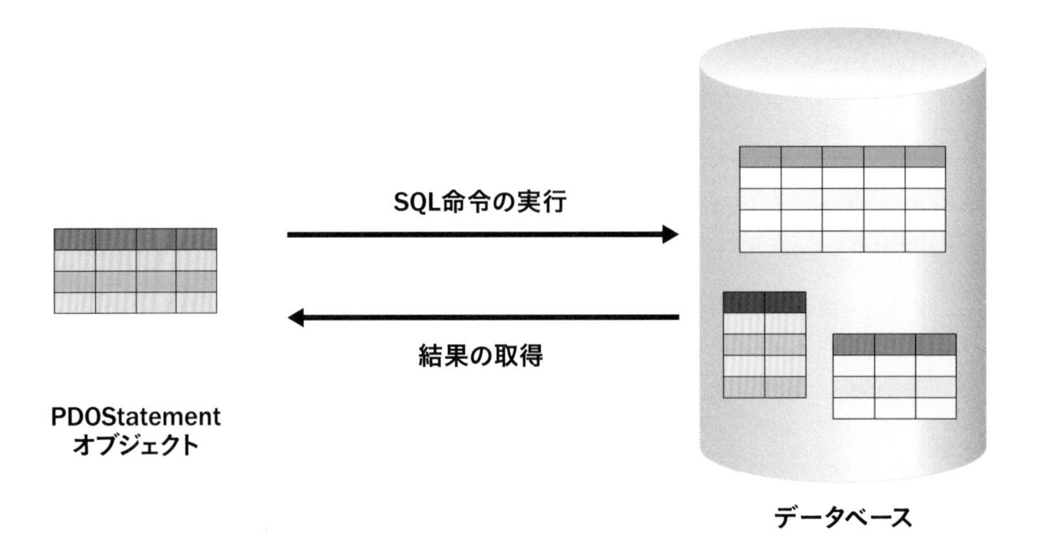

結果セットとは、テーブルから取り出したレコード（群）を表す仮想的なテーブルです。つまり、変数$sttには、SELECT命令を実行した結果が一種のテーブルとして格納されるというわけです。

13行目のSELECT命令では、scheduleテーブルとcategoryテーブルを内部結合して、「yyamada」のスケジュール情報を日時順に取り出しています。

結果セットとレコードポインタ

続いて、この結果セットの各レコードをテーブルの行として表示します。結果セットを利用する場合、まず理解しておかなければならないのは「ポインタ」という概念です。先ほども触れたように、結果セットはテーブル形式になっていますが、表の任意のフィールドにランダムにアクセスするということはできません。結果セットを読み込む場合には、「先頭から」「行単位に」読み込んでいく必要があるのです。
このとき、現在読み込んでいる行のことを**カレントレコード**、カレントレコードを指している内部的な目印のことを**レコードポインタ**、そして、カレントレコードからレコードを読み込むことを**フェッチする**と言います。

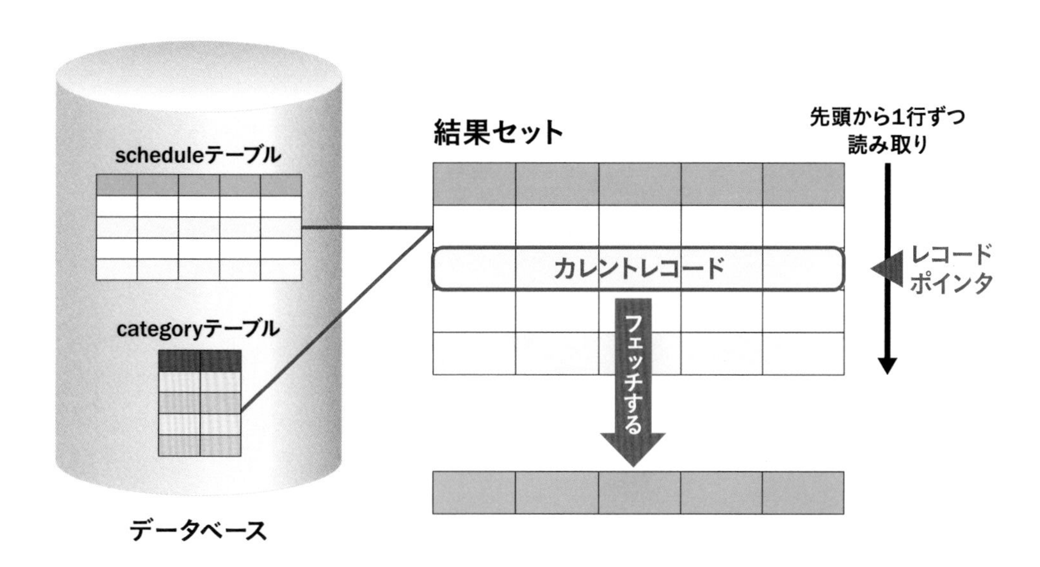

レコードをフェッチするために、PDOStatementオブジェクトではfetchというメソッドを用意しています。fetchメソッドは、(デフォルトで)次の行を**連想配列**という形式で取り出します。つまり「$row = $stt->fetch()」とすることで、配列$rowにカレントレコードの1行分のレコードを格納することができます(list.phpの14行目。while命令については後述します)。

連想配列

連想配列とは、名前と値の形式で複数のレコードが格納されているデータ形式のことで、それぞれの値には「配列名['名前']」でアクセスできます（実は、**8-6**で登場したスーパーグローバル変数も連想配列だったのです）。

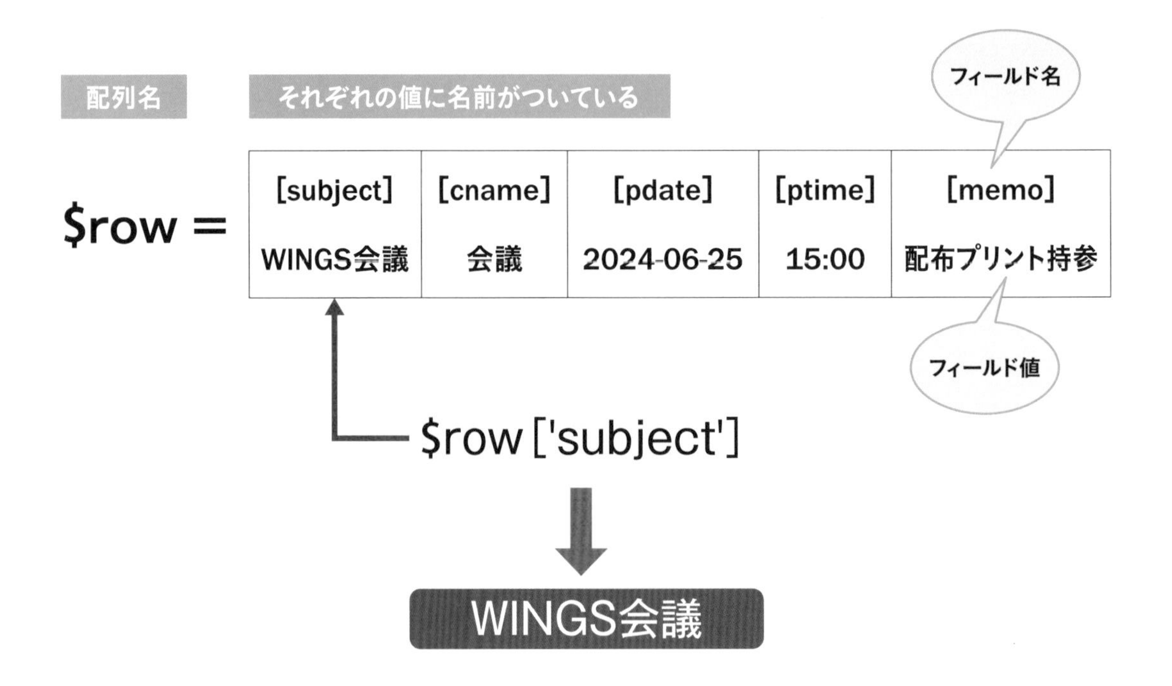

ここまで理解できてしまえば格納された1行分のレコードから、それぞれのフィールド値を取得することができます。

この例では、配列$rowには上の図のようにレコードが格納されているので、「$row['フィールド名']」でそれぞれの値にアクセスできます。たとえば、print文を使うことで、「print($row['subject']);」のようにして任意のフィールド値を表示することが可能です。

フィールド値からテーブルセルを組み立てる

フィールド値からテーブルセルを組み立てているのは、list.phpの16～20行目です。テーブルセルは<td>～</td>で表すのでした。

<td>～</td>(文字列)でフィールド値(配列)を囲んでやるわけです。このような場合には、「'文字列'.配列['キー名']」のように表します。ピリオド(.)は、前後の文字列を連結しなさい、という意味です。

なお、行は<tr>～</tr>で表すのでした。よって、テーブルセル(<td>～</td>)の組みを囲むように、15、21行目で「print('<tr>');」と「print('</tr>');」も入れてあります。

繰り返し処理とwhile命令

1行分のレコードを表示する方法についてはわかりましたが、これをすべてのレコードについて行うにはどうしたらよいのでしょうか。list.phpの14行目では「while ($row = $stt->fetch()) {」とありますが、繰り返し処理にはこのwhileという命令を使用します。
PHPのwhile命令は、指定された条件式がtrue（真）である間だけ、{...}の中の命令（ここではフィールドの値を出力）を繰り返します。

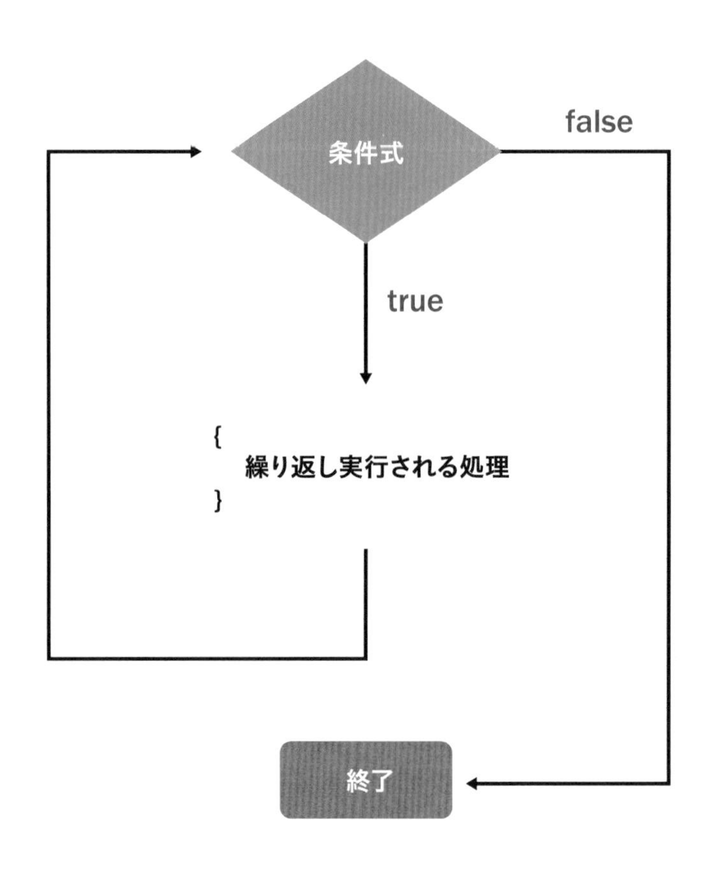

14行目の条件式は「$row = $stt->fetch()」です。fetchメソッドは次にフェッチすべき行がないときにfalse（偽）を返します。そして、レコードポインタは最初の状態で「先頭行の直前」に位置しています。つまりここでは、ポインタとfetchメソッドの性質を利用して、fetchメソッドがfalseを返すまで処理を繰り返すことで、結果セットのすべての行を読み込み、表示しているのです。

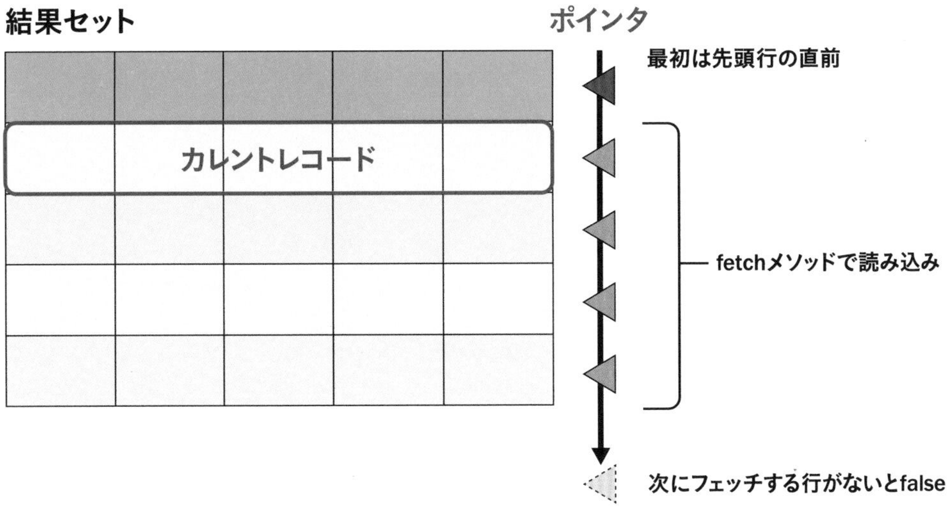

結果セット　　ポインタ

カレントレコード

最初は先頭行の直前

fetchメソッドで読み込み

次にフェッチする行がないとfalse

以上で、PHPからMySQLにアクセスして、Webブラウザ上にスケジュール情報を表示することができました。

まとめ

- ▶queryメソッドは、SELECTメソッドの結果（結果セット）を、PDOStatementオブジェクトとして返す
- ▶PDOStatementオブジェクトからレコードを取り出すには、fetchメソッドを使う。fetchメソッドは行の内容を連想配列として返す
- ▶fetchメソッドはフェッチすべき次の行がない場合にfalseを返す

スケジュール情報の登録

完成ファイル | [samples] → [9-2] → [input.php、input_process.php]

予習 データの登録方法を理解する

ただ、今あるデータをWebブラウザ上に表示するだけでは、実用的なアプリとは言えません。次に、新規にスケジュール情報を登録するための入力フォームを作成してみましょう。

ここでは、スケジュール情報をWebブラウザ上から登録できるページを作成します。入力フォームはinput.php、入力された情報を処理するのはinput_process.phpと２つに分けています。このファイルは247ページからの「体験」で入力して作成することもできますし、本書ダウンロードサンプルにも収録されています。

スケジュール情報の登録画面

体験 スケジュール情報を登録しよう

1 コードを入力する(フォームの作成)

8-3の手順2に従って、VSCodeを起動します。**9-1**の手順2に従ってscheフォルダの配下に「input.php」という名前のファイルを作成します❶。右のようなコードを入力して❷、画面右下の[エンコードの選択]が「UTF-8」になっていることを確認し❸、エクスプローラーの[開いているエディター]にカーソルを乗せると表示される(すべて保存)をクリックします❹。

❶ 作成する

❸ 確認する

❹ クリックする

❷ 入力する

```
01: <!DOCTYPE html>
02: <html>
03: <head>
04: <meta charset="UTF-8">
05: <title>スケジュール登録</title>
06: </head>
07: <body>
08: <form method="POST" action="input_process.php">
09: <p>
10:   件名：<input type="text" name="subject" size="25">
11: </p><p>
12:   日付：<input type="date" name="pdate">
13: </p><p>
14:   時刻：<input type="time" name="ptime">
15: </p><p>
16:   分類：
17:   <input type="radio" name="cid" value="1">会議
18:   <input type="radio" name="cid" value="2">外出
19:   <input type="radio" name="cid" value="3">提出
20:   <input type="radio" name="cid" value="4">私用
21:   <input type="radio" name="cid" value="5">その他
22: </p><p>
23:   メモ：<input type="text" name="memo" size="50">
24: </p><p>
25:   <input type="submit" value="登録">
26: </p>
27: </form>
28: </body>
29: </html>
```

Tips

本書ダウンロードサンプルに収録されているinput.phpを使用しても結構です。

2 コードを入力する(フォームの処理)

9-1の手順2に従ってscheフォルダの配下に「input_process.php」という名前のファイルを作成します❶。以下のようなコードを入力して❷、画面右下の[エンコードの選択]が「UTF-8」になっていることを確認し❸、エクスプローラーの[開いているエディター]にカーソルを乗せると表示される(すべて保存)をクリックします❹。

❶ 作成する

❸ 確認する

❹ クリックする

❷ 入力する

```
01: <?php
02: $db = new PDO('mysql:host=localhost;dbname=basic;charset=utf8', 'myusr',
    '12345');
03: $stt = $db->prepare('INSERT INTO schedule(uid, subject, pdate, ptime,
    cid, memo) VALUES (:uid, :subject, :pdate, :ptime, :cid, :memo)');
04: $user = 'yyamada';
05: $stt->bindParam(':uid', $user);
06: $stt->bindParam(':subject', $_POST['subject']);
07: $stt->bindParam(':pdate', $_POST['pdate']);
08: $stt->bindParam(':ptime', $_POST['ptime']);
09: $stt->bindParam(':cid', $_POST['cid']);
10: $stt->bindParam(':memo',$_POST['memo']);
11: $stt->execute();
12: header('Location: http://localhost/basic/sche/list.php');
```

Tips

本書ダウンロードサンプルに収録されているinput_process.phpを使用しても結構です。
上記の入力部分の横の数字は、解説用の行番号なので入力不要です。

Tips

コードを右端で折り返して表示させるには、メニューバーから[表示]-[折り返しの切り替え]を選択してください。

Tips

[input_process.php]タブの[×]をクリックすると、ファイルが閉じます。

3 Webブラウザから確認する

付録**A-2**の手順5に従ってApacheを起動し、続いてWebブラウザも起動します。Webブラウザのアドレス欄にURLを「http://localhost/basic/sche/input.php」と入力します❶。右のようなページが表示されるので、適当なスケジュールデータを入力して❷［登録］ボタンをクリックします❸。

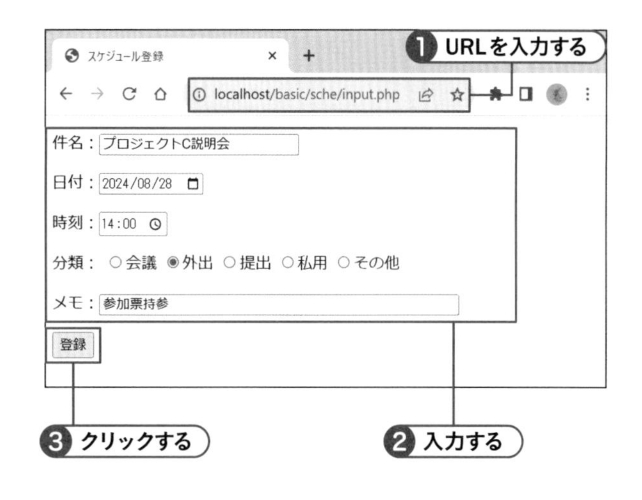

4 データの登録を確認する

スケジュール一覧画面に表示が切り替わります。その中に、自分で登録したスケジュールデータが追加されていることを確認してください。

件名	分類	日付	時刻	メモ
WINGS会議	会議	2024-06-25	15:00:00	配布プリント持参
MySQL本原稿提出	提出	2024-07-31	17:00:00	
WINGSメンバ面接	その他	2024-08-05	13:00:00	
D企画打ち上げ	その他	2024-08-21	18:00:00	
プロジェクトC説明会	外出	2024-08-28	14:00:00	参加票持参

理解 動的なSQL命令の生成について

prepareメソッドとexecuteメソッド

ここでは、入力された情報を処理するinput_process.phpについて解説します。
ユーザからの入力値に基づいてSQL命令を作成したい場合があります。このような場合には、これまでに紹介してきたqueryメソッドではなく、prepareメソッドを使います。
引数としてSQL命令を指定できるのは、queryメソッドもprepareメソッドも同じですが、prepareメソッドは以下の点が違います。

1 その場では命令を実行しない

prepareメソッドは、指定されたSQL命令をその場では実行しません。ただ、SQL命令を準備し、「準備済みのSQL」を表すPDOStatementというオブジェクトを返します。先述したように、PDOStatementオブジェクトは、コマンドそのものやコマンドの実行結果を返すためのオブジェクトです。実際にSQL命令を実行するには、改めてexecuteというメソッドを呼び出す必要があります。
input_process.phpでは3行目の「$stt = $db->prepare('INSERT INTO～';)」で命令を準備し、11行目の「$stt->execute();」で実行しています。

2 プレイスホルダを埋め込むことができる

「:subject」「:pdate」のように、「:名前」の形式で埋め込まれているのが、**プレイスホルダ**です。
プレイスホルダとは、あとからパラメータ値を埋め込むための「置き場所」です。
プレイスホルダに値をセットするには、bindParamというメソッドを使います。

▼構文

```
PDOStatementオブジェクト->bindParam(パラメータ名, 値)
```

input_process.phpの5～10行目では、「$_POST」で取得した値を、それぞれ対応するプレイスホルダにセットしています。(ただし、uidフィールドには5行目のように、固定で「yyamada」という値をセットしています)。以上の関係を図に示すと、251ページ上図のようになります。
なお、値はセットされるときに、自動的にクォート処理(前後に引用符をセット)されますので、プレイスホルダの前後にクォートを加える必要がない点にも注目です。

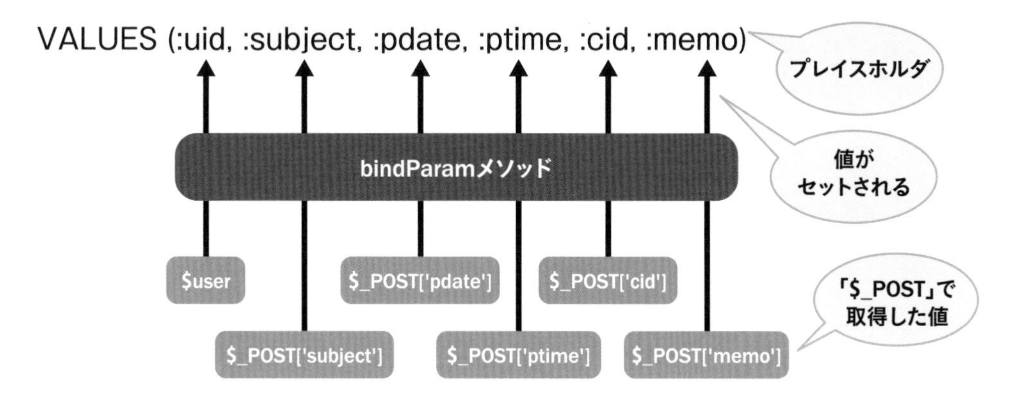

header関数

12行目のheader関数は、**HTTP応答ヘッダ**をブラウザに返すための関数です。Webブラウザに対してサーバ側の情報や指示を伝えるための命令と言い換えてもよいかもしれません。
ヘッダ情報は「ヘッダ名:値」の形式で指定できます。input_process.phpでは、**Location**ヘッダでブラウザ側に「次のコンテンツはhttp://localhost/basic/sche/list.phpにあるよ」と教えているわけです。結果、ブラウザは自動的にlist.phpにアクセスし、ユーザからはlist.phpにジャンプ(リダイレクト)しているように見えることになります。

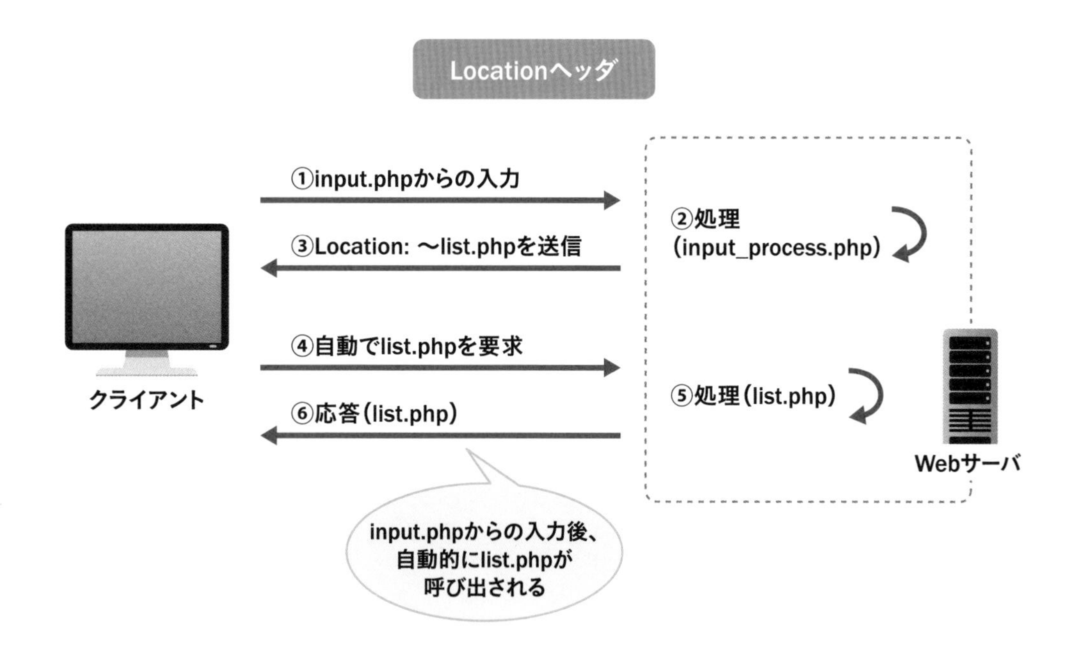

「～?>」は省略可能

input_process.phpのように、ファイル末尾がPHPスクリプトで終わっている場合には、スクリプトの終了を表す「?>」は省略できる点に注目です。あっても間違いではありませんが、「?>」があって、その後ろに空行や空白があると、これがブラウザにも出力されてしまい、微妙なズレの原因にもなります。まずは、ファイル末尾の「?>」は省略する、と覚えておくのが吉でしょう。

COLUMN ラジオボタンを自動生成する

input.phpでは、[分類]欄のラジオボタンを表示するために、直接HTMLのコードを記述しています。しかし、せっかくcategoryテーブルで分類コードや分類名を管理しているのですから、実際にはデータベースから動的に生成したほうがよいでしょう。
以下に、PHPスクリプトで動的にラジオボタンを生成するコードを紹介します。実際にコードを書き換えて、同じようにページが表示されることを確認してみましょう。書き換えたPHPスクリプト部分は16行目から24行目に当たります。なお、このコードは、「input2.php」という名前でダウンロードサンプルに収録しています。

```
01: <!DOCTYPE html>
02: <html>
03: <head>
04: <meta charset="UTF-8">
05: <title>スケジュール登録</title>
06: </head>
07: <body>
08: <form method="POST" action="input_process.php">
09: <p>
10:   件名：<input type="text" name="subject" size="25">
11: </p><p>
12:   日付：<input type="date" name="pdate">
13: </p><p>
14:   時刻：<input type="time" name="ptime">
15: </p><p>
16:   分類：
17:   <?php
18:   $db = new PDO('mysql:host=localhost;dbname=basic;charset=utf8', 'myusr', '12345');
19:   $stt = $db->query('SELECT cid, cname FROM category ORDER BY cid');
20:   while ($row = $stt->fetch()) {
21:       print('<input type="radio" name="cid" value="'.htmlspecialchars
    ($row['cid'], ENT_QUOTES | ENT_HTML5, 'UTF-8').'">');
22:     print(htmlspecialchars($row['cname'], ENT_QUOTES | ENT_HTML5, 'UTF-8'));
```

```
23:     }
24:     ?>
25: </p><p>
26:     メモ：<input type="text" name="memo" size="50">
27: </p><p>
28:     <input type="submit" value="登録">
29: </p>
30: </form>
31: </body>
32: </html>
```

PHPスクリプト部分について解説します。
まず18行目はこれまでと同様のデータベースへの接続手順です。19行目では、SELECT命令でcategoryテーブルから分類コードと分類名を取得しています。20〜23行目で、分類コード順にinput.phpと同じ内容の<input>タグを出力しています。

queryメソッドやfetchメソッドを使ってデータベースからレコードを表示しているだけなので、命令文の使い方や全体の流れについては、**9-1**の内容と合わせて参照するとわかりやすいでしょう。

まとめ

- ▶動的にSQL命令を生成するには、prepareメソッドを使う
- ▶prepareメソッドの引数（SQL命令）には、「:名前」の形式でプレイスホルダを設置できる
- ▶処理後にページを移動するには、header関数でLocationヘッダを送信する

スケジュール情報の削除

完成ファイル | [samples] → [9-3] → [list.php、delete.php]

予習 スケジュール情報を削除しよう

続いて、不要になったスケジュール情報を削除するための機能を追加してみます。

最初に作成したスケジュール情報を表示するページに[削除]ボタンを付け、それをクリックするとデータベースからレコードが削除されるようにします。list.phpを修正するとともに、削除処理を行うdelete.phpを作成します。delete.phpは255ページからの「体験」で入力して作成することもできますし、本書ダウンロードサンプルにも収録されています。

スケジュール情報の削除

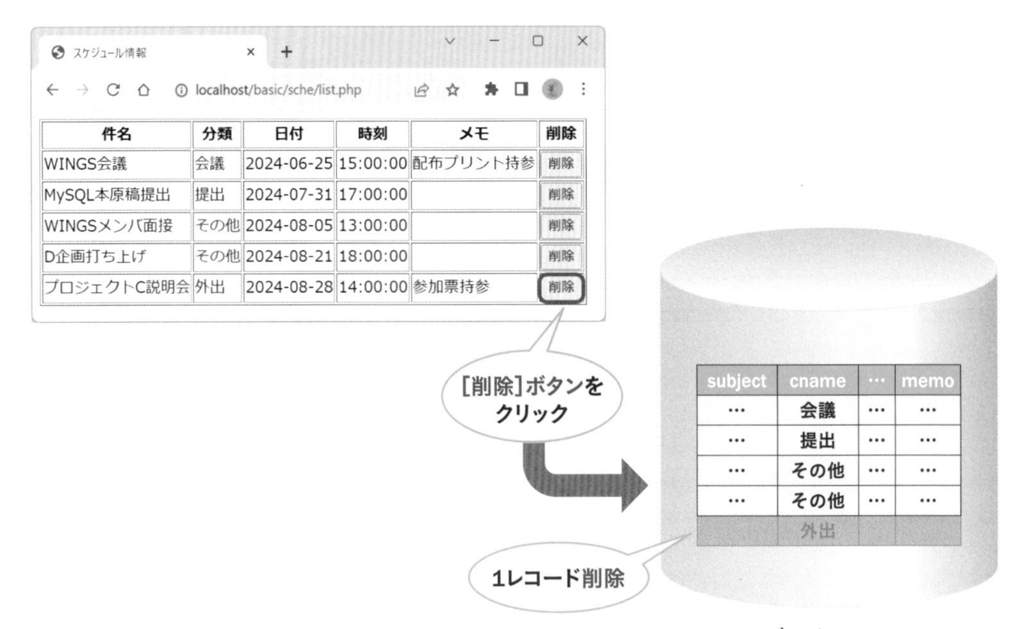

体験 削除機能を実装しよう

1 ファイルを開く

8-3の手順**2**に従って、VSCodeを起動します。エクスプローラーからscheフォルダ配下のlist.phpをクリックします❶。ファイルが開いて、list.phpのコードが表示されます。

Tips

コードを右端で折り返して表示させるには、メニューバーから[表示]－[折り返しの切り替え]を選択してください。

❶ クリックする

2 コードを修正する(一覧表の修正)

以下のようにコードを修正します❶❷。画面右下の[エンコードの選択]が「UTF-8」になっていることを確認し❸、エクスプローラーの[開いているエディター]にカーソルを乗せると表示される (すべて保存)をクリックします❹。

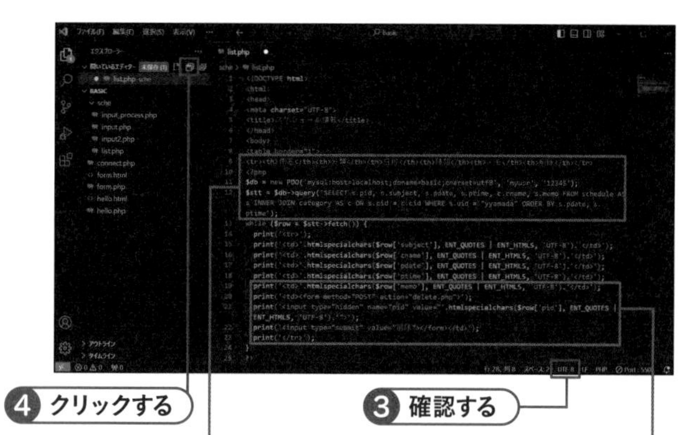

❹ クリックする

❸ 確認する

❶ 入力する

```
09: <tr><th>件名</th><th>分類</th><th>日付</th><th>時刻</th><th>メモ</th>
    <th>削除</th></tr>
10: <?php
11: $db = new PDO('mysql:host=localhost;dbname=basic;charset=utf8', 'myusr', '12345');
12: $db->setAttribute(PDO::ATTR_ORACLE_NULLS, PDO::NULL_TO_STRING);
13: $stt = $db->query('SELECT s.pid, s.subject, s.pdate, s.ptime, c.cname, s.memo FROM
    schedule AS s INNER JOIN category AS c ON s.cid = c.cid WHERE s.uid = "yyamada"
    ORDER BY s.pdate, s.ptime');
```

```
20: print('<td>'.htmlspecialchars($row['memo'], ENT_QUOTES | ENT_HTML5, 'UTF-8')
    .'</td>');
21: print('<td><form method="POST" action="delete.php">');
22: print('<input type="hidden" name="pid" value="'.htmlspecialchars($row['pid'],
    ENT_QUOTES | ENT_HTML5, 'UTF-8').'">');
23: print('<input type="submit" value="削除"></form></td>');
24: print('</tr>');
```

❷ 入力する

Tips

[list.php] タブの [×] をクリックすると、ファイルが閉じます。

3 コードを入力する（削除処理）

付録**A-2**の手順2に従ってscheフォルダの配下にdelete.phpという名前のファイルを作成します❶。右のようなコードを入力して❷、画面右下の[エンコードの選択]が「UTF-8」になっていることを確認し❸、エクスプローラーの[開いているエディター]にカーソルを乗せると表示される[すべて保存]アイコンをクリックします❹。

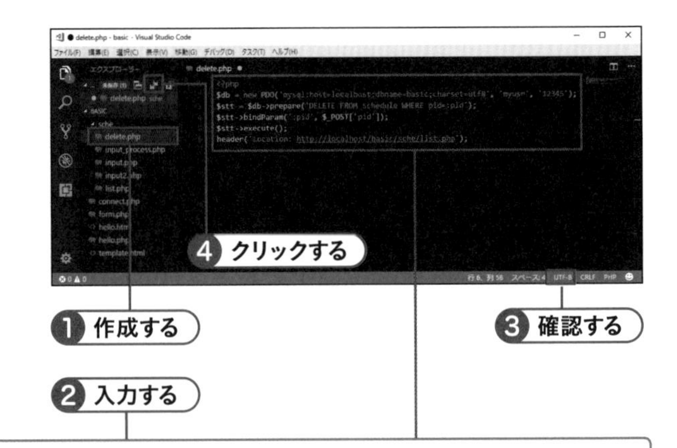


```
01: <?php
02: $db = new PDO('mysql:host=localhost;dbname=basic;charset=utf8', 'myusr', '12345');
03: $stt = $db->prepare('DELETE FROM schedule WHERE pid=:pid');
04: $stt->bindParam(':pid', $_POST['pid']);
05: $stt->execute();
06: header('Location: http://localhost/basic/sche/list.php');
```

Tips

本書ダウンロードサンプルに収録されているdelete.phpを使用しても結構です。
上記の入力部分の横の数字は、解説用の行番号なので入力不要です。

Tips

[delte.php] タブの [×] をクリックすると、ファイルが閉じます。

Tips

コードを右端で折り返して表示させるには、メニューバーから [表示] − [折り返しの切り替え] を選択してください。

Tips

本来であれば、削除処理については確認ダイアログなどを出すべきですが、本書では説明の簡単化のため、省略しています。

4 Webブラウザから確認する

付録**A-2**の手順5に従ってApacheを起動し、続いてWebブラウザも起動します。Webブラウザのアドレス欄にURLを「http://localhost/basic/sche/list.php」と入力します❶。右のようなページが表示されます。

5 スケジュールデータを削除する

9-2の手順3で登録したスケジュールデータを削除してみます。登録したスケジュールデータの一番右の列にある［削除］ボタンをクリックします❶。

6 スケジュールデータの削除を確認する

該当するスケジュールデータが削除されることを確認してください。

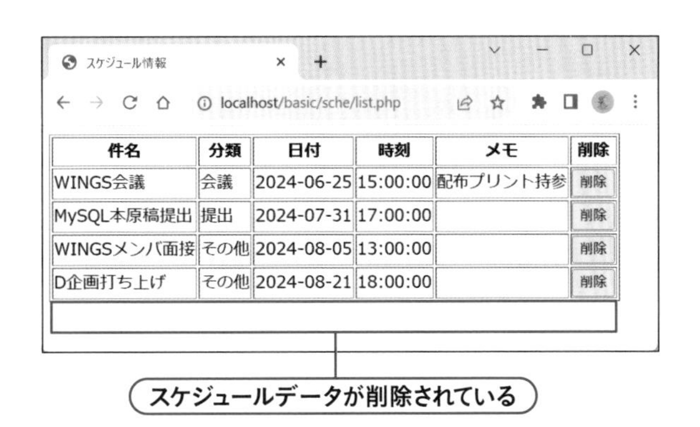

list.phpの修正

手順**2**では、**9-1**で使用したlist.phpを修正しています。[削除] ボタンを追加し、これをクリックすることでdelete.phpが呼び出されて削除処理が行われます。また、delete.phpに対して削除対象のレコード(pid)を教えるために、**隠しフィールド**というしくみを用いています。

隠しフィールドとは?

隠しフィールドとは、テキストボックスやラジオボタンなどと異なり、目に見えないフォーム要素です。あらかじめセットされた値をユーザが変更することはできません。アプリを制御するための内部的な情報を受け渡しするために利用します。

たとえばサンプルでは、削除するスケジュール情報を識別するための番号を渡しています。以下は21～23行目から出力される隠しフィールドの例です。

```
<td>
  <form method="POST" action="delete.php">
    <input type="hidden" name="pid" value="1">
    <input type="submit" value="削除">
  </form>
</td>
```

手順**2**で入力した「value="'.htmlspecialchars(～).'"」の部分が「value="1"」となっています。これでdelete.phpを呼び出す際に「pidが1であることを伝えなさい」という意味になります。

隠しフィールドの受け取り方

隠しフィールドの値を受け取るには、テキストボックスなどからのそれと同じく、スーパーグローバル変数$_POSTを利用します。delete.phpの4行目がそれです。

```
$stt->bindParam(':pid', $_POST['pid']);
```

ここでは受け取った隠しフィールドpid（予定コード）をキーに、scheduleテーブルから該当するスケジュール情報をDELETE命令で削除しています。つまり、先の「pid=1」を例にすると、以下の命令と同じことです。

```
DELETE FROM schedule WHERE pid=1
```

データを削除したあとは、ふたたびlist.phpを表示しています（delete.phpの6行目）。そのほかに出てくるprepareメソッド、executeメソッド、プレイスホルダなどについては、すでに**9-2**でも紹介しているので、忘れてしまったという方はもう一度確認してみましょう。

まとめ

- **隠しフィールドは、アプリ内部で利用する情報を受け渡しするための、目に見えないフォーム要素である**
- **隠しフィールドも、スーパーグローバル変数$_POSTで受け取ることができる**

第9章 練習問題

◉問題1

以下は、scheduleテーブルからレコードを取得するコードの抜粋である。空欄を埋めて、コードを完成させなさい。

```
01: $db = new [ ① ] ('mysql:host=localhost;dbname=basic;charset=utf8', 'myusr', '12345');
02: $db->setAttribute(PDO::ATTR_ORACLE_NULLS, PDO::NULL_TO_STRING);
03: $stt = $db-> [ ② ] ('SELECT s.subject, s.pdate, s.ptime, c.cname, s.memo FROM schedule AS s INNER JOIN category AS c ON s.cid = c.cid WHERE s.uid = "yyamada" ORDER BY s.pdate, s.ptime');
04: [ ③ ] ([ ④ ]) {
05:   print('<tr>');
06:    print('<td>'. [ ⑤ ] ($row['subject'], ENT_QUOTES | ENT_HTML5, 'UTF-8')).'</td>');
07:   ...中略...
08:   print('</tr>');
09: }
```

ヒント 9-1

◉問題2

以下は、フォームから入力された値に基づいて、scheduleテーブルにレコードを登録するコードの抜粋である。空欄を埋めて、コードを完成させなさい。

```
01: $stt = $db-> [ ① ] ('INSERT INTO schedule(uid, subject, pdate, ptime, cid, memo) VALUES ([ ② ])');
02:   ...中略...
03: [ ③ ] (':memo', $_POST['memo'] ENT_HTML5, 'UTF-8')
04: $stt-> [ ④ ] ();
```

ヒント 9-2

開発環境のインストール

ここでは、本書の内容に沿ってMySQLの操作を行うための
開発環境のインストール方法について解説します。

1 MySQLのインストール

MySQLのインストール方法を解説します。最新のインストールファイルは、MySQLの本家サイトにあるダウンロードページから入手できますが、初学者の方は動作検証バージョン（8ページ参照）での利用をお勧めします。これと異なるバージョンを使った場合、以降の手順が異なったり、サンプルが正しく動作しないなどの可能性もありますので、要注意です。

▶MySQLのインストール

ここでは、MySQL本体のダウンロードとインストールを行い、動作設定を行っていきます。

1 MySQLのインストールファイルを準備する

MySQLを入手するには、Webブラウザで「https://dev.mysql.com/downloads/windows/installer/8.0.html」と入力し❶、ダウンロードページにアクセスします。[Windows (x86, 32-bit), MSI Installer (mysql-installer-web-community-8.0.xx.x.msi)] 横の [Download] ボタンをクリックすると❷、[MySQL Community Downloads] ページが表示されます。画面下部の [No thanks, just start my download.] リンクをクリックすると❸、インストールファイルのダウンロードが開始します。

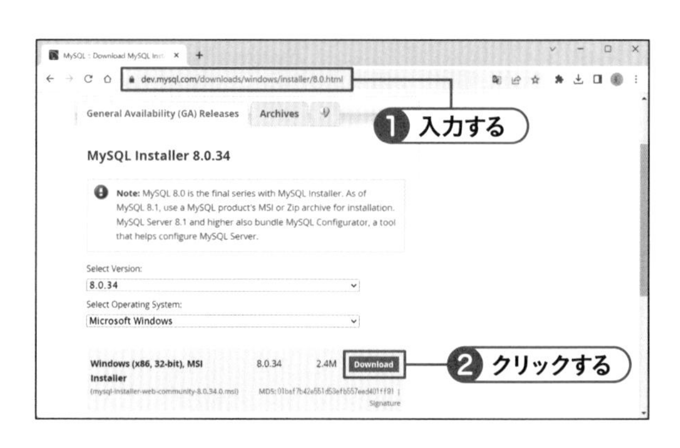

Tips

とくに指定しない場合は、ダウンロードフォルダ（C:¥Users¥ユーザ名¥Downloads）にインストールファイルが配置されます。

COLUMN イノベーションリリースと長期サポートリリースについて

MySQL 8.1からバージョン管理モデルが変更になり、イノベーション（Innovation）リリースと長期サポート（Long-Term Support：LTS）リリースの2つに分割されました。
イノベーションリリースは、約3ヵ月ごとにv8.1、v8.2、v8.3……とリリースされます。サポート期間は、次のマイナーリリース（イノベーションまたはLTS）までとなります。このリリースでは、新機能やバグ修正、セキュリティパッチなどが提供されます。一方、長期サポートリリースは、2年ごとにリリースされて以降8年間、新機能の追加は行われず、バグ修正やセキュリティパッチのみが提供されます。
本書では、より安定しており、学習に専念できることから、長期サポートリリースを採用しています。

2 インストールファイルを実行する

MySQLのインストールを行います。［ダウンロード］フォルダの「mysql-installer-web-community-8.0.xx.x.msi」をダブルクリックします❶。

Tips

［ユーザーアカウント制御］画面が表示される場合は、［はい］をクリックします。以降インストールの途中で同様の画面が出てきたときは、［はい］をクリックして先に進めてください。

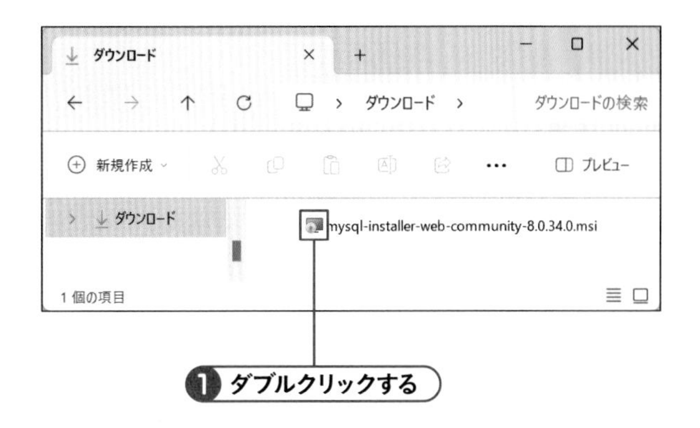

3 インストーラを起動する

インストーラが起動し、セットアップの種類を聞かれます。本書では、［Server only］を選択して❶、［Next >］ボタンをクリックします❷。

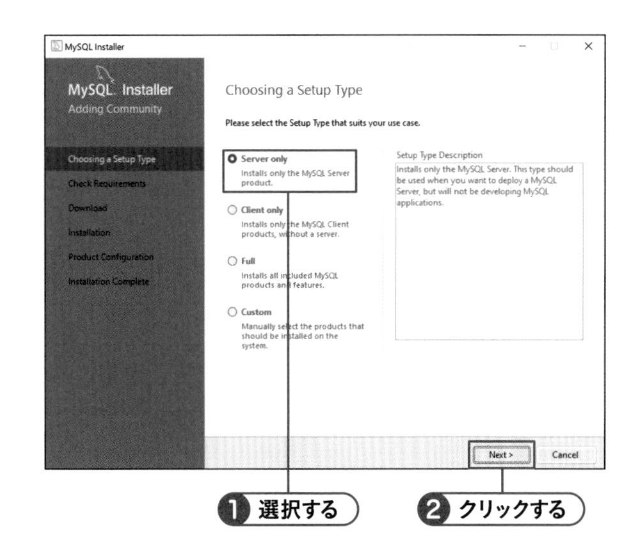

4 インストール要件をチェックする①

[Check Requirements] 画面が表示されるので、[Execute] ボタンをクリックします❶。

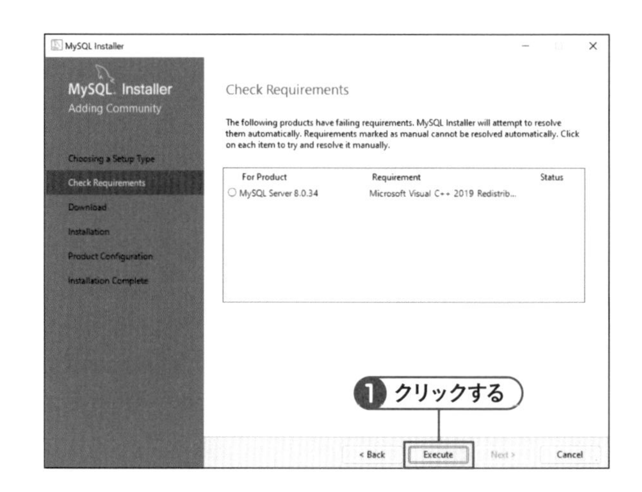

Tips

お使いの環境がすでにインストール要件を満たしている場合は、この画面は表示されず、すぐに手順8の画面が表示されます。

5 Visual C++再頒布可能パッケージをインストールする

Visual Studio 2015-2019 Visual C++再頒布可能パッケージのインストーラが起動します。「ライセンス条項および使用条件に同意する」にチェックを入れて❶、[インストール] ボタンをクリックすると❷、インストールが開始します。

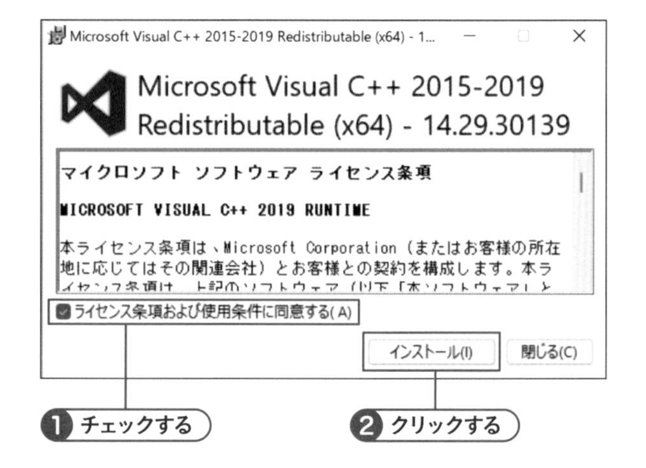

6 Visual C++再頒布可能パッケージのインストーラを閉じる

[セットアップ完了] 画面が表示されます。[閉じる] ボタンをクリックしてインストールを終了します❶。

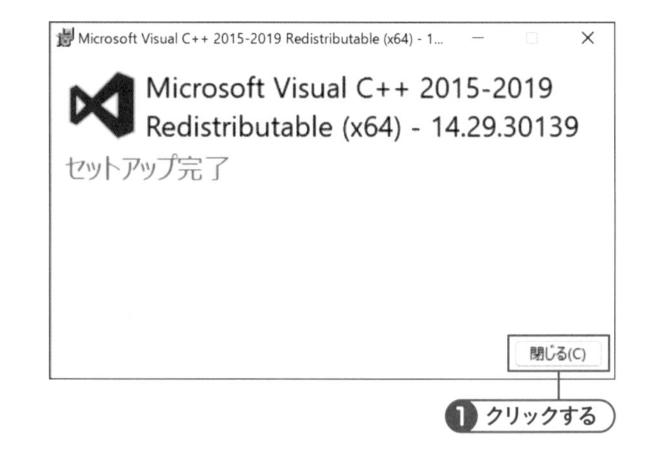

7 インストール要件をチェックする②

[Check Requirements] 画面に戻るので、MySQL Server 8.0.xxの左側に緑のチェックマークが入ったことを確認したら❶、[Next >] ボタンをクリックします❷。

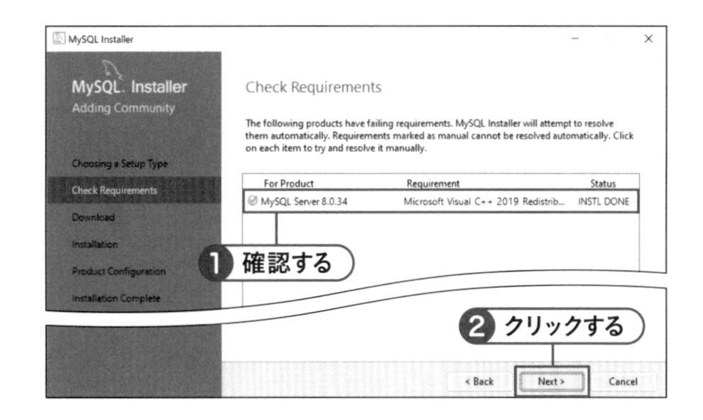

8 MySQL Serverをダウンロードする

ダウンロードの準備ができたので、[Execute] ボタンをクリックして❶、MySQL Serverをダウンロードします。

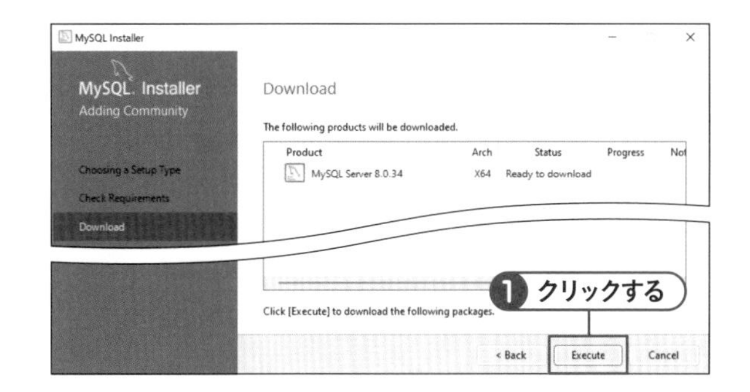

9 ダウンロードを確認する

確認画面が表示されます。Statusが「Downloaded」になっていることを確認して❶、[Next >] ボタンをクリックします❷。

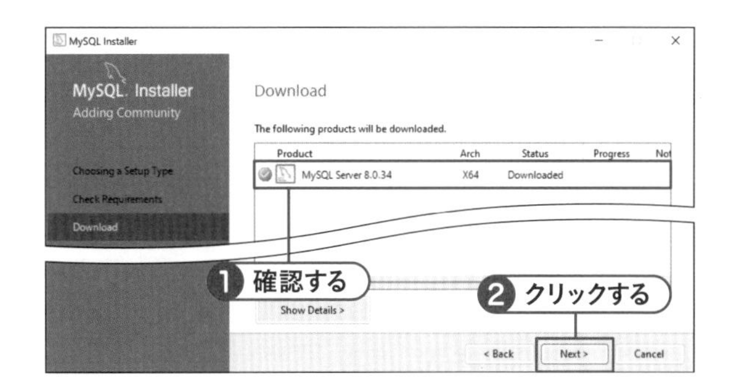

10 インストールを開始する

画面の指示に従って [Execute >] ボタンをクリックします❶。

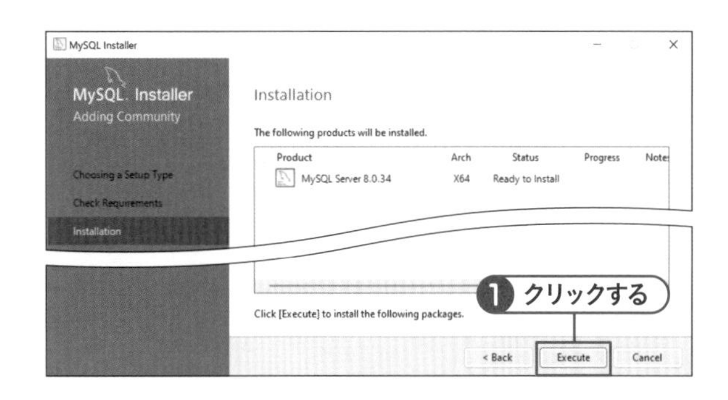

11 インストールを確認する

確認画面が表示されます。StatusがCompleteになっていることを確認して❶、[Next >]ボタンをクリックします❷。

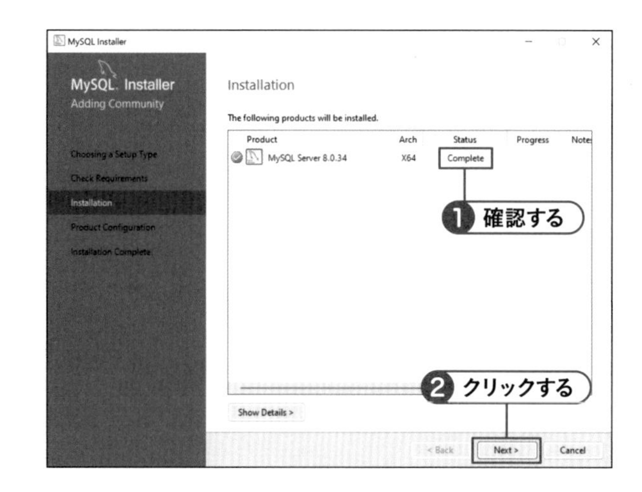

12 設定ウィザードを起動する

インストールが無事に終了し、Statusが「Ready to Configure」になっていることを確認します❶。MySQLの設定を行うため、[Next >]ボタンをクリックします❷。

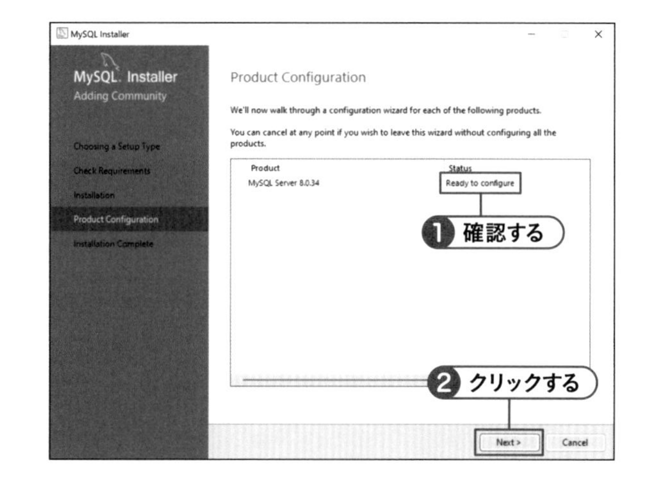

13 MySQLの設定を行う

設定ウィザードが起動します。[Type and Networking]画面が表示されるので、[Config Type]が[Development Computer]になっていることを確認して❶、[Next >]ボタンをクリックします❷。次に詳細設定の画面が出てきますが、ここでも[Next >]ボタンをクリックします。

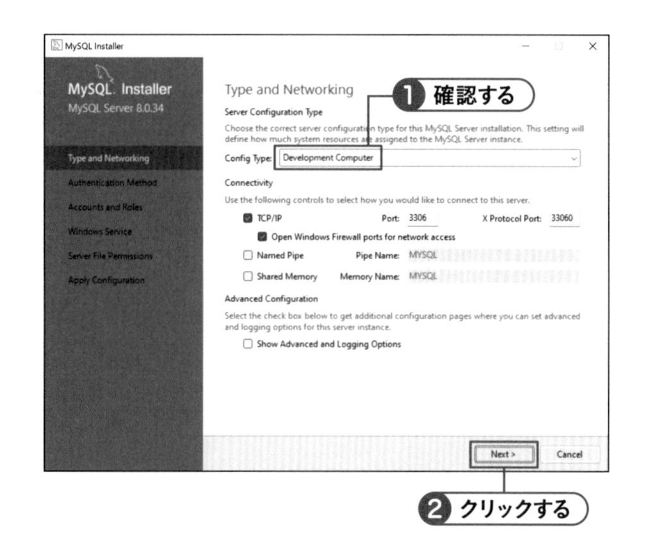

Tips

設定ウィザードでは、ほとんどデフォルトのまま進めていきますので、[Next >]ボタンをクリックして次の画面に進めてください。途中、パスワードの設定画面でのみ設定を行います。

14 管理者のパスワードを設定する

管理者ユーザ(root)のパスワードを設定します。[MySQL Root Password][Repeat password]にそれぞれ「12345」と入力して❶、[Next >]ボタンをクリックします❷。

Tips

ここで設定した「12345」は、パスワードとして弱いので、「Weak(弱い)」と表示されています。実際の運用環境では、第三者に推測されにくいもので、最低でも「Medium(普通)」と表示されるパスワードを設定してください。

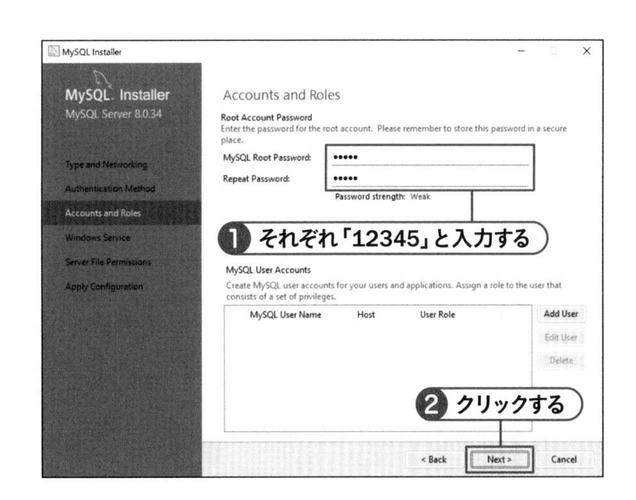

15 設定を反映させる

設定ウィザードを進め[Apply Configuration]画面が表示されたら[Execute]ボタンをクリックします❶。

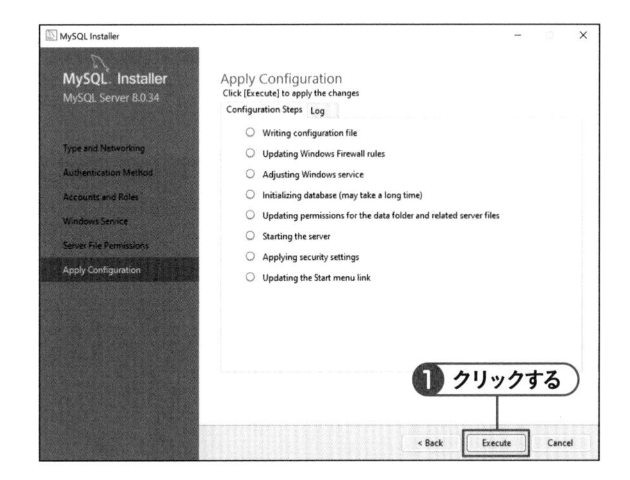

16 設定ウィザードを終了する

各ステップの左側に緑のチェックマークが入ったことを確認したら❶、[Finish]ボタンをクリックして設定ウィザードを終了します❷。

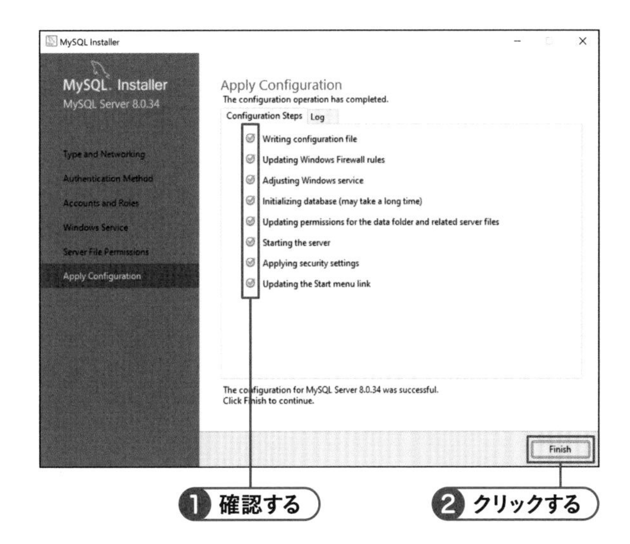

17 インストールを終了する

元のインストーラに戻り、[Product Configuration] 画面が表示されるので、[Next >] ボタンをクリックします❶。

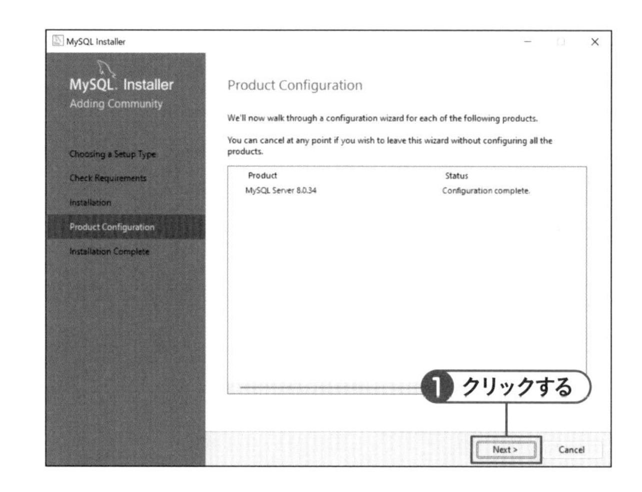

18 インストーラを閉じる

[Installation Complete] 画面が表示されるので、[Finish] ボタンをクリックして❶、インストーラを閉じます。

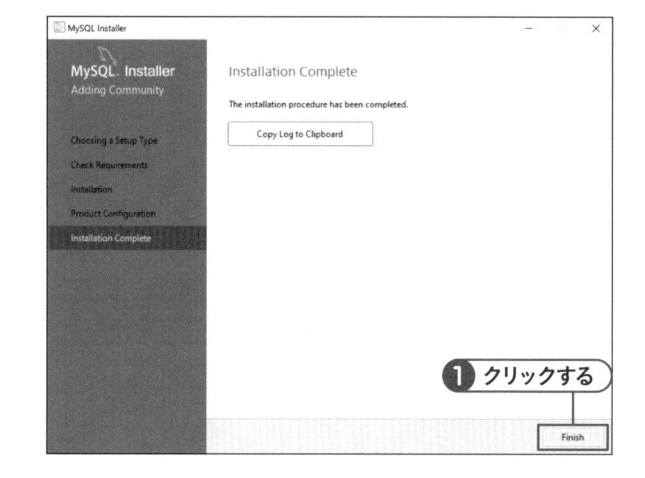

19 コンピュータの管理を開く

最後に、MySQLサーバが起動しているか確認します。スタートメニューを右クリックして表示されるメニューから[コンピュータの管理]をクリックします❶。

20 状態を確認する

画面左側から[コンピュータの管理(ローカル)]ー[サービスとアプリケーション]ー「サービス」を選択します❶。
サービス一覧から「MySQL80」を探し、[状態]列が「実行中」になっていることを確認してください❷。

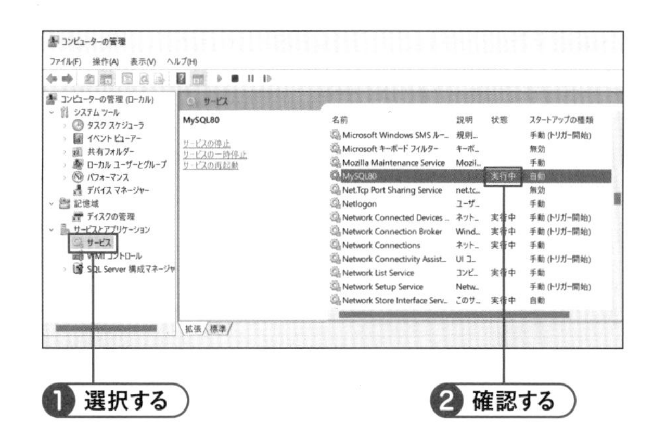

21 起動していない場合

[状態]が空欄の場合、MySQLサーバは起動していません。「MySQL80」の行を選択して右クリックし、コンテキストメニューから[開始]を選択します❶。

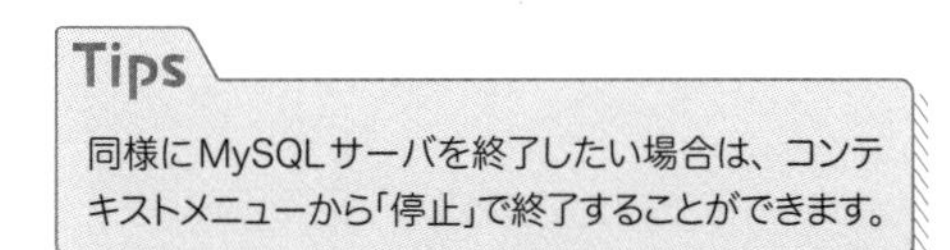

Tips

同様にMySQLサーバを終了したい場合は、コンテキストメニューから「停止」で終了することができます。

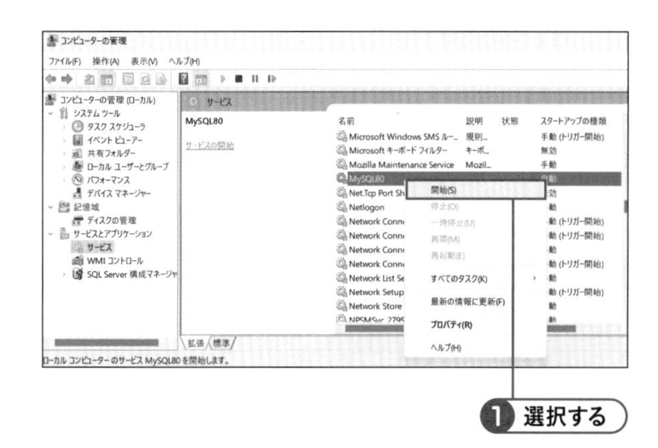

▶環境変数の設定

ターミナルからMySQLを使いやすくするため、環境変数Pathを設定します。Pathは、コマンドの検索先(場所)を表す環境変数で、これを定義しておくことで、コマンドを打つたびに絶対パスで指定しなくても済むようになります。

1 システム設定を開く

スタートメニューを右クリックして表示されるメニューから[システム]をクリックします❶。

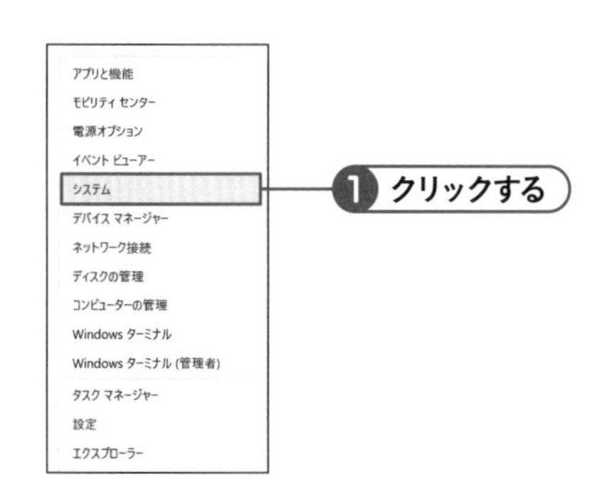

2 システムの詳細設定を開く

[システム] 画面が開くので、画面中央の [関連リンク] から [システムの詳細設定] をクリックします❶。

3 環境変数を開く

[システムのプロパティ] 画面が開くので、[環境変数 ...] ボタンをクリックします❶。

Tips

スタートボタン横の検索ボックスに「システム環境変数の編集」と入力して検索することで、直接 [システムのプロパティ] 画面を開くこともできます。

4 環境変数の編集画面を開く

[環境変数] 画面が開くので、画面下側の [システム環境変数] 欄の [Path] を選択して❶、[編集 ...] ボタンをクリックします❷。

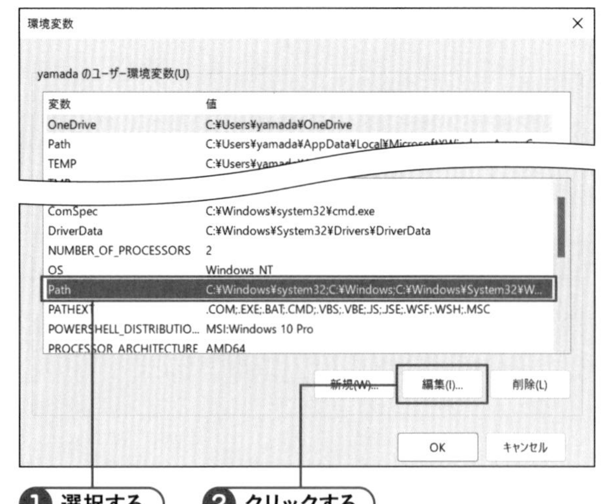

5 環境変数Pathを追加する

[環境変数名の編集] 画面が開くので、[新規] ボタンをクリックします❶。

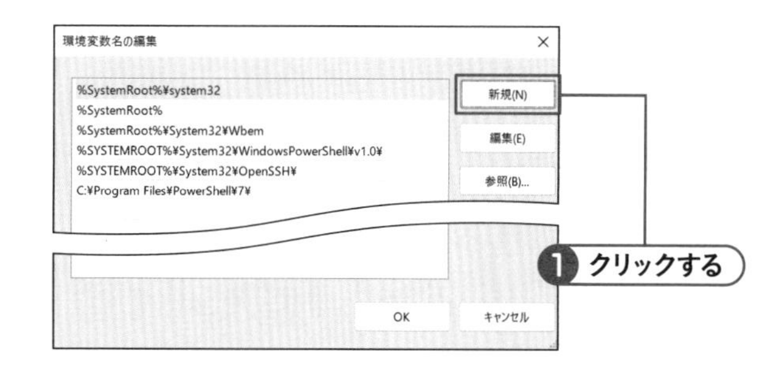

6 環境変数Pathを入力する

以下のようにMySQLのbinフォルダ（主要なコマンドの保存先）を設定して❶、[OK] ボタンをクリックします❷。[環境変数] 画面に戻るので [OK] ボタンをクリックし、[システムのプロパティ] 画面で [OK] ボタンをクリックして画面を閉じてください。

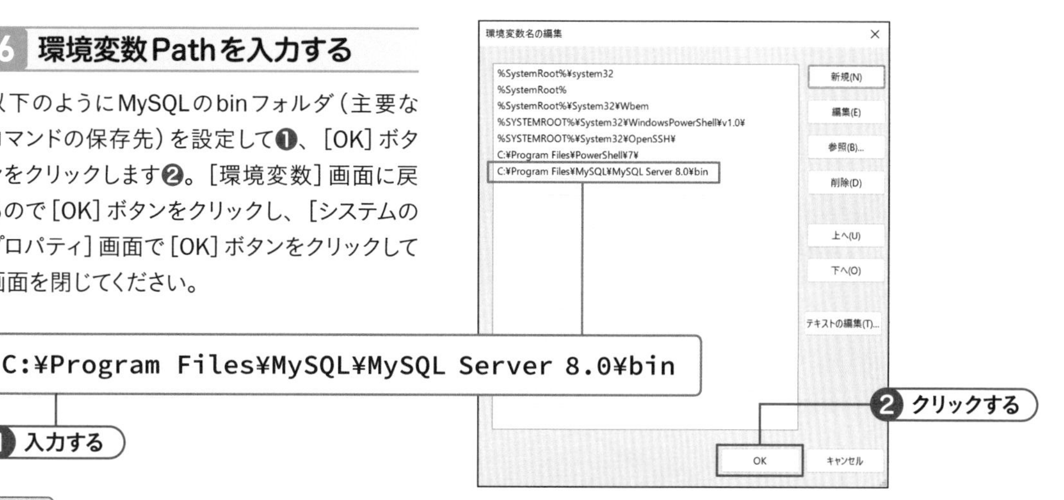

Tips

手順7がうまくいかない場合は、環境変数Pathが正しく入力されていない可能性があります。WindowsのエクスプローラーでMySQLのbinフォルダを開いて、アドレスバーに表示されたパスをコピーし、それを環境変数Pathとして❶で入力してください。

7 MySQLの動作を確認する

スタートメニューを右クリックして表示されるメニューから[ターミナル]をクリックして、ターミナルが起動したら、右のように入力します❶。「Enter password」と表示されたら「12345」を入力します❷。「mysqld is alive」と表示されれば、MySQLは正常に動作しています。

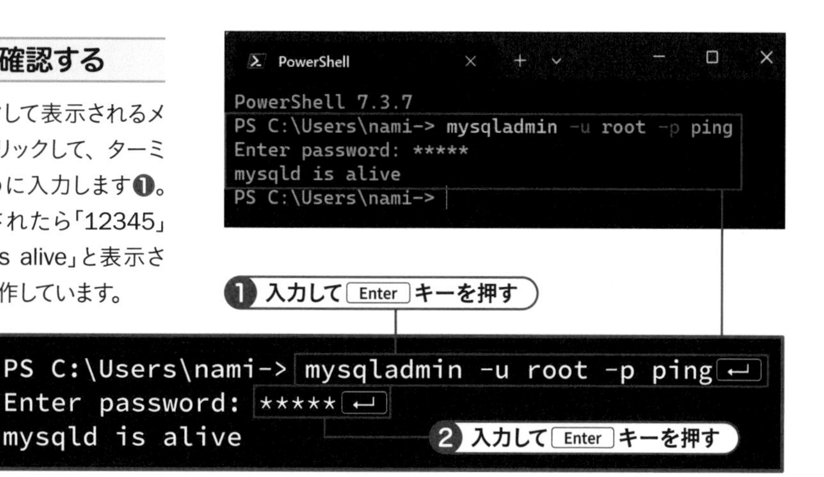

Apacheのインストール

Apacheのインストール方法を解説します。最新のインストールファイルは、Apacheの本家サイトにあるダウンロードページから入手できますが、初学者の方は本書検証バージョン(8ページ参照)の使用をお勧めします。異なるバージョンを使っている場合、以降の手順が異なったり、サンプルが正しく動作しないなどの可能性もありますので、要注意です。

▶インストールの前準備

Apacheのインストールには、Visual Studio 2022のVisual C++再頒布可能パッケージが必要です。ご自身の環境にインストールされていない場合は、まず、このパッケージをインストールしてください。

> **Tips**
>
> 既にインストールされている場合は、273ページの「Apacheのインストール」から開始してください。MySQLのインストール時に導入したもの(264ページ)とは、バージョンが異なるので要注意です。

1 インストールファイルを準備する

Visual Studio 2022の Visual C++再頒布可能パッケージを入手するには、Webブラウザで「https://learn.microsoft.com/ja-JP/cpp/windows/latest-supported-vc-redist」と入力し❶、ダウンロードページにアクセスします。画面中央付近の[https://aka.ms/vs/17/release/vc_redist.x64.exe]リンクをクリックすると❷、インストールファイル(VC_redist.x64.exe)のダウンロードが開始します。

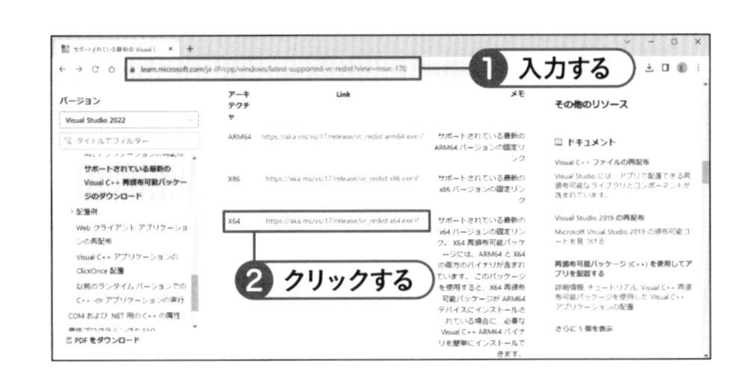

2 インストールファイルを実行する

Visual Studio 2022のVisual C++再頒布可能パッケージのインストールを行います。[ダウンロード]フォルダのVC_redist.x64.exeをダブルクリックします❶。

❶ ダブルクリックする

3 インストーラを起動する

インストーラが起動します。「ライセンス条項および使用条件に同意する」にチェックを入れて❶、[インストール] ボタンをクリックすると❷、インストールが開始します。

Tips

[ユーザーアカウント制御]画面が表示される場合は、[はい] をクリックします。

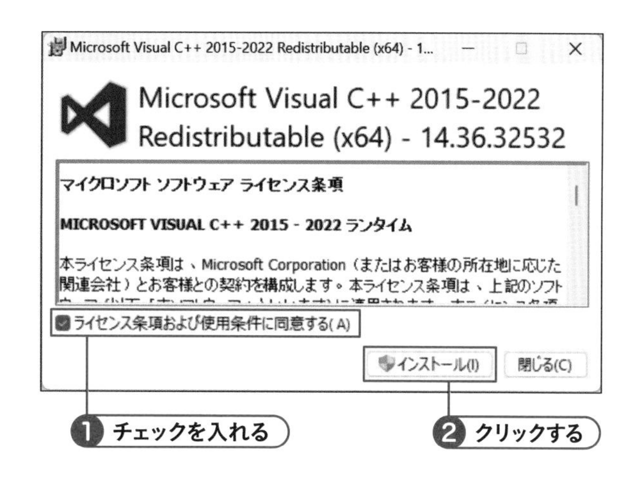

4 インストールを終了する

[セットアップ完了] 画面が表示されます。[再起動] ボタンをクリックし❶、コンピュータを再起動させてインストールを完了します。

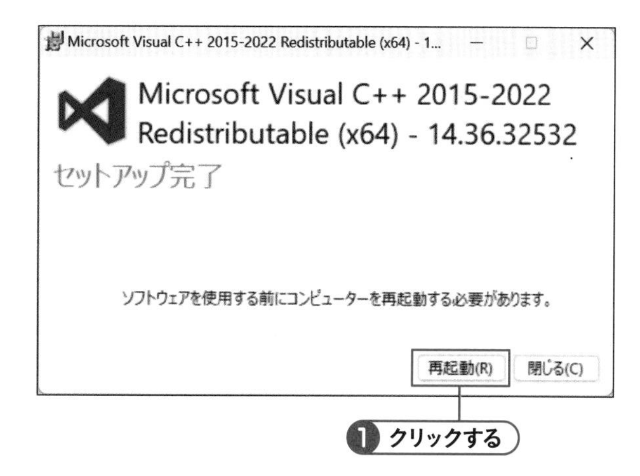

▶Apacheのインストール

インストールの前準備ができたところで、Apache本体をインストールし、動作設定をしていきます。

1 Apacheのインストールファイルを準備する

Apacheのインストールファイルを入手するには、Webブラウザで「https://www.apachelounge.com/download/」と入力し❶、ダウンロードページにアクセスします。[httpd-2.4.xx-win64-VS17.zip] リンクをクリックすると❷、ダウンロードが開始します。

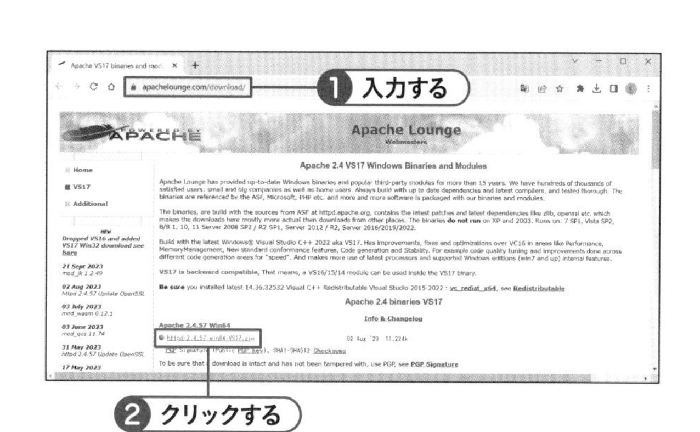

2 ファイルを展開する(その1)

ダウンロードしたインストールファイルを右クリックして[すべて展開…]を選択します❶。

Tips

他のZIP展開ソフトウェアを使用しても構いません。

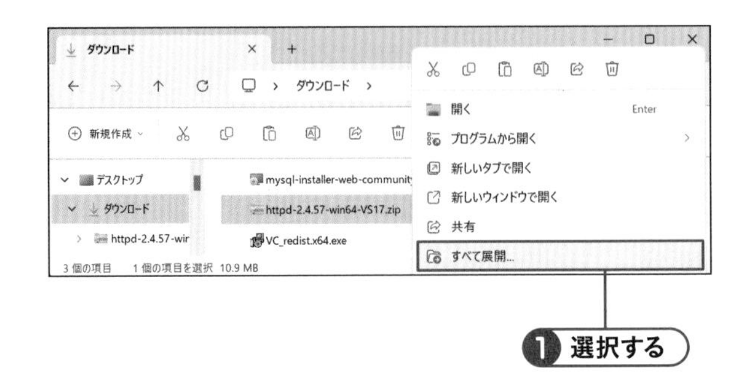

3 ファイルを展開する(その2)

展開先がダウンロードフォルダになっていることを確認し❶、[完了時に展開されたファイルを表示する]にチェックが付いていることを確認して❷、[展開]ボタンをクリックして展開します❸。

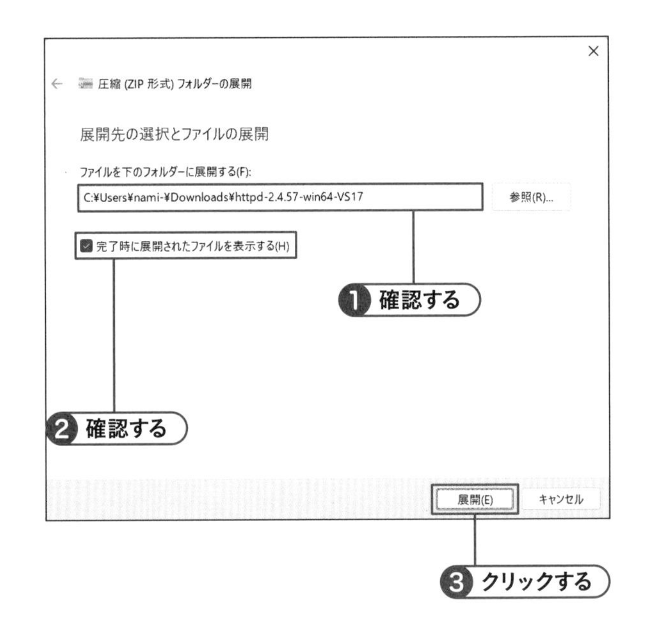

4 Apache24フォルダを移動する

展開されたhttpd-2.4.xx-Win64-VC15フォルダの配下にあるApache24フォルダを「C:¥」に移動します❶。

5 Apacheを起動する

スタートメニューを右クリックして表示されるメニューから[ターミナル]をクリックして、ターミナルが起動したら、右のコマンドを入力します❶。

❶ 入力して [Enter] キーを押す

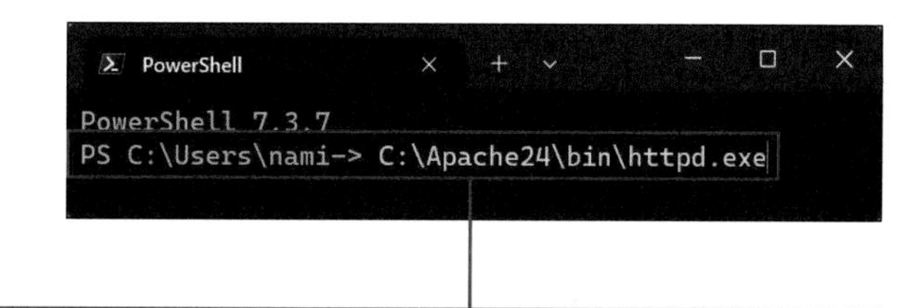

Tips

起動しても、とくに何も表示されません。エラーの表示もなく、下にカーソルだけが表示されることを確認してください。

Tips

ファイアウォールに関する警告画面が表示される場合は、[プライベートネットワーク]にチェックを付けて、[アクセスを許可する]ボタンをクリックしてください。

6 Apacheの動作を確認する

Apacheの動作を確認します。Webブラウザを起動し、アドレス欄から「http://localhost/」と入力します❶。右のように「It Works!(動いてるよ!)」というシンプルなメッセージがWebブラウザに表示されれば成功です。

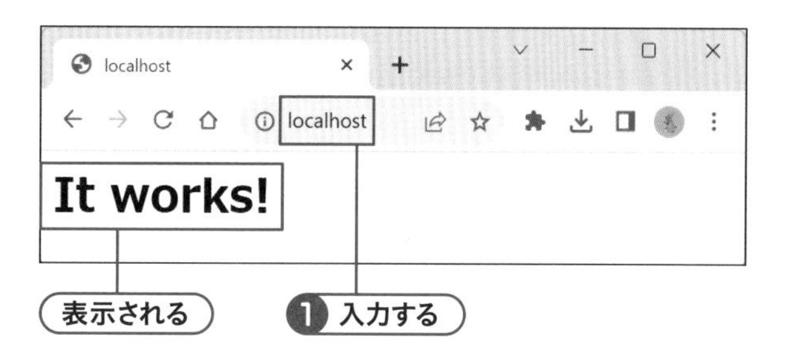

7 Apacheを停止する

Apacheを停止するには、コマンドプロンプト上で Ctrl + C を押します❶。ユーザ名の表示に変われば、Apacheは停止しています。

❶ [Ctrl] + [C] キーを押す

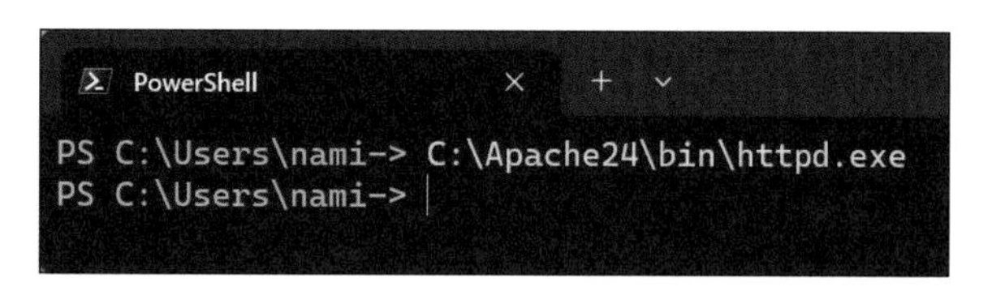

Tips

Apacheは、MySQLと同様にサービスに登録して、サービスから起動/停止することもできますが、本書では、簡単化のため、コマンドから直接操作します。

3 PHPのインストール

PHPのインストール方法を解説します。最新のインストールファイルは、PHP本家サイトのダウンロードページから入手できますが、本書を学習する初学者の方は、本書検証バージョン（8ページ参照）を使用することをお勧めします。異なるバージョンを使っている場合、以降の手順が異なったり、サンプルが正しく動作しないなどの可能性もありますので、要注意です。

1 PHPのインストールファイルを準備する

PHPのインストールファイルを入手するには、Webブラウザで「https://windows.php.net/download/」と入力し❶、ダウンロードページにアクセスします。［VS16 x64 Thread Safe］欄内の［Zip］リンクをクリックすると❷、php-8.x.xx-Win32-vs16-x64.zipのダウンロードが開始します。

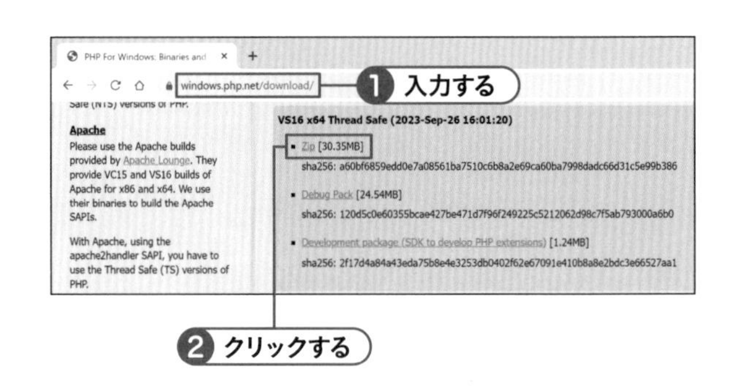

2 ファイルを展開する（その1）

ダウンロードしたインストールファイルを右クリックして［すべて展開 ...］を選択します❶。

Tips

他のZIP展開ソフトウェアを使用しても結構です。

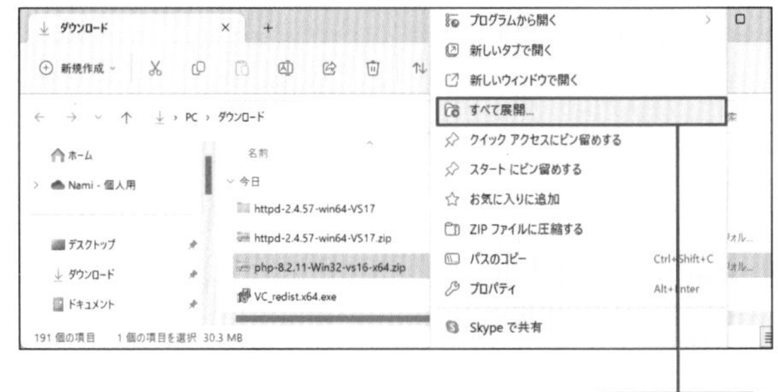

3 ファイルを展開する(その2)

展開先がダウンロードフォルダになっていること、[完了時に展開されたファイルを表示する]にチェックされていることを確認します❶。[展開]ボタンをクリックして展開します❷。

4 フォルダをリネーム・移動する

展開されたphp-8.x.xx-Win32-vs16-x64フォルダの名前を「php」にリネームして、「C:¥」に移動します❶。

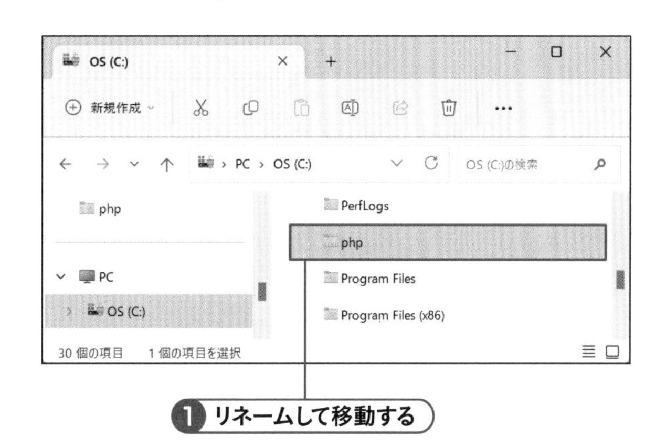

5 PHPの設定ファイル(php.ini)を配置する

PHPの設定ファイルを配置します。ダウンロードサンプルのsamplesフォルダにあるphp.iniをC:¥phpフォルダにコピーします❶。

> **Tips**
>
> php.iniファイルの元となるファイルは、C:¥phpフォルダにphp.ini-developmentという名前で用意されていますが、本書ではダウンロードサンプルにあるものを使用してください。

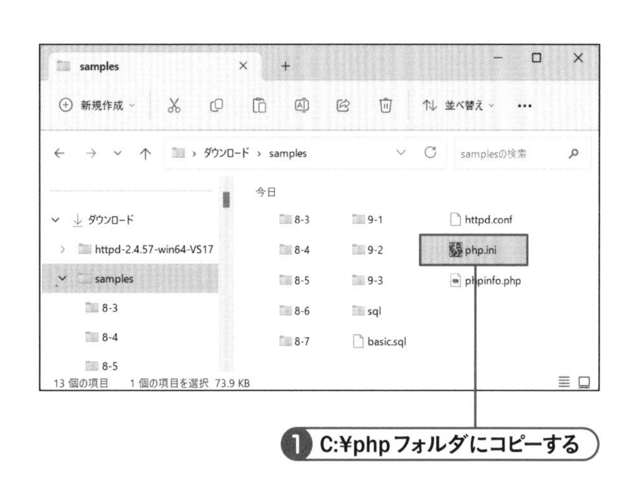

6 Apacheの設定ファイルhttpd.confを変更する

Apacheの設定ファイルを変更します。ダウンロードサンプルのsamplesフォルダにあるhttpd.confをC:¥Apache24¥confフォルダにコピーして、ファイルを上書きします❶。

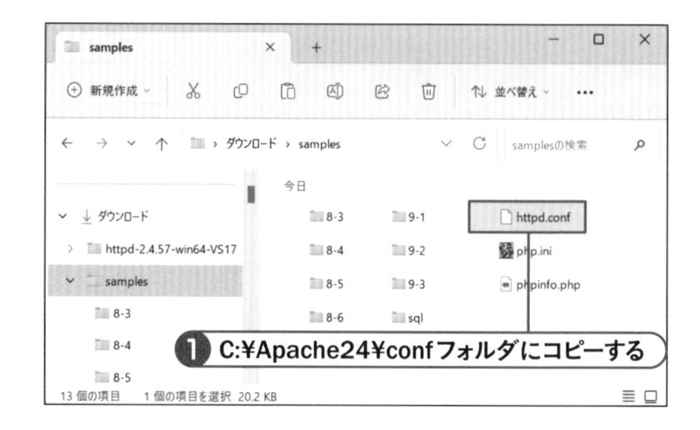

7 Apacheを起動する

設定ファイルを変更した場合は、必ずApacheを再起動する必要があります。**A-2**の手順5のように起動します❶。以上で、PHPを利用するための準備は完了です。

Tips

Apacheが起動している場合は、**A-2**の手順7のように停止してから起動してください。

PowerShell

```
PS C:\Users\nami-> C:\Apache24\bin\httpd.exe
```

❶ 入力して Enter キーを押す

8 PHPの動作を確認する

PHPが正しく動作しているか確認しましょう。ダウンロードサンプルのsamplesフォルダにあるphpinfo.phpをC:¥Apache24¥htdocsフォルダにコピーします❶。

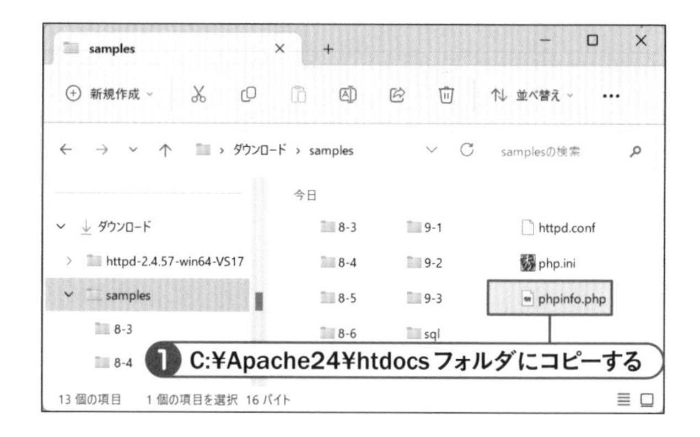

9 WebブラウザからPHPの動作を確認する

Webブラウザを起動し、「http://localhost/phpinfo.php」というURLでアクセスします❶。情報画面が表示されれば、PHPは正しく動作しています。

Visual Studio Codeのインストール

第8章と第9章でPHPのプログラムを取り扱いますが、プログラムを書いたり、保存する際にテキストエディタが必要です。テキストエディタにはいろいろな種類がありますが、ここでは本書で使用しているVisual Studio Code（以降、VSCode）のインストール方法を解説します。自分が慣れたテキストエディタを利用しても構いませんが、その場合は、本文の手順も適宜読み替えてください。

1 VSCodeのインストールファイルを準備する

Webブラウザで「https://code.visualstudio.com/」と入力し❶、VSCodeのWebサイトにアクセスします。「Download for Windows」をクリックすると❷、インストールファイルのダウンロードが開始します。

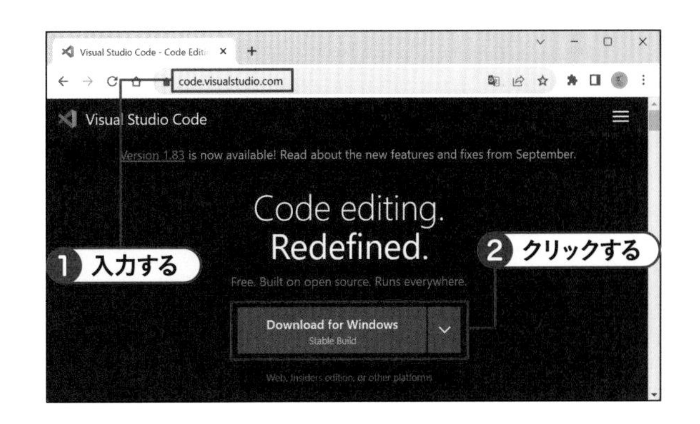

2 インストールファイルを実行する

VSCodeのインストールを行います。手順1でダウンロードしたVSCodeUserSetup-x64-x.xx.x.exeをダブルクリックします❶。

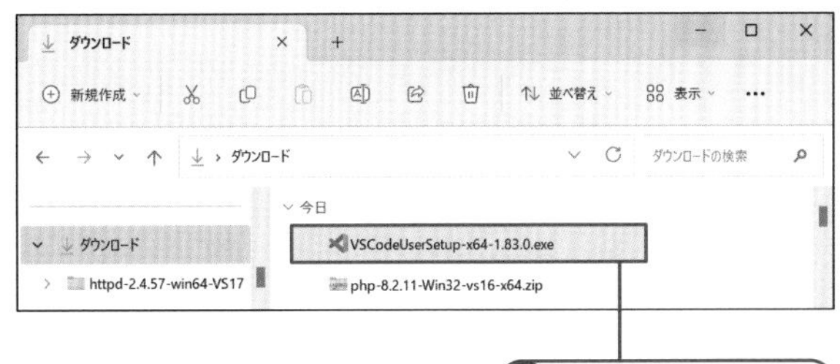

Tips

［ユーザーアカウント制御］画面が表示される場合は、［はい］をクリックします。以降インストールの途中で同様の画面が出てきたときは、［はい］をクリックして先に進めてください。

3 使用許諾契約書の同意

[使用許諾契約書の同意]画面が表示されます。使用許諾契約書を読んで、[同意する]を選択し❶、[次へ >]ボタンをクリックします❷。

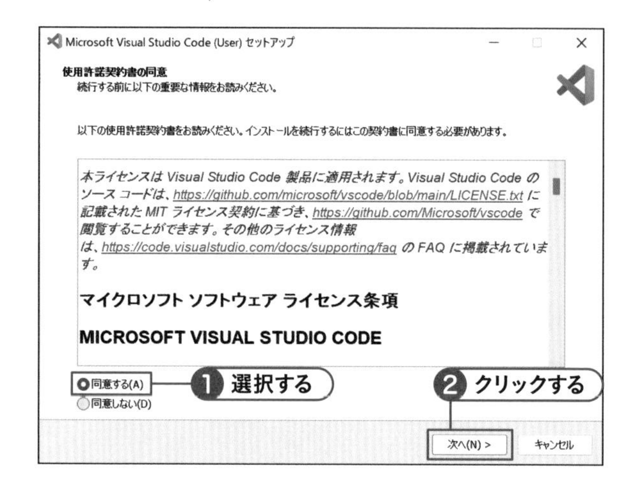

4 インストールフォルダの指定

インストール先を指定します。本書ではデフォルトの「C:¥Users¥<ユーザ名>¥AppData¥Local¥Programs¥Microsoft VS Code」のままとして、[次へ >]ボタンをクリックします❶。

Tips

以降、インストールの設定は、すべてデフォルトのまま進めていきますので、[次へ >]ボタンをクリックして次の画面に進めてください。

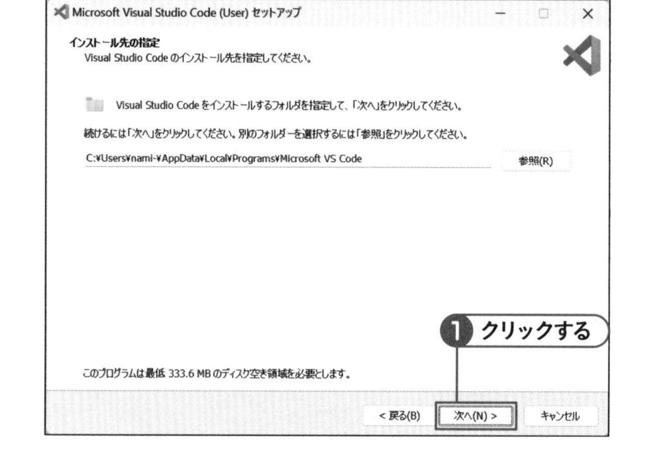

5 インストールを開始する

[インストール準備完了]画面が表示されたら、[インストール]ボタンをクリックして、インストールを開始します❶。進行状況が表示され、数分程度でインストールが終わります。

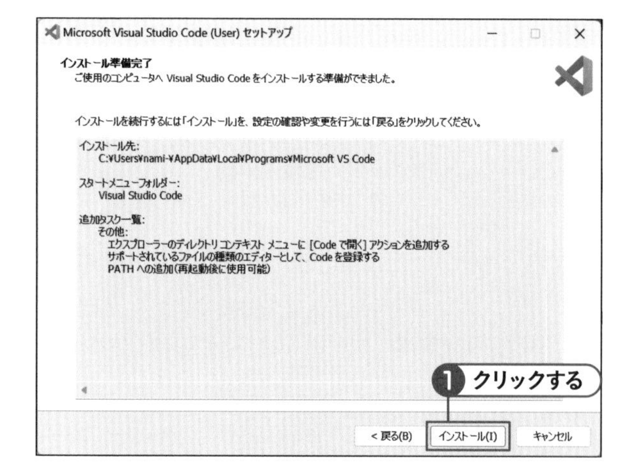

6 インストールを終了する

[Visual Studio Code セットアップウィザードの完了]画面が表示されます。[Visual Studio Codeを実行する]にチェックを付けて❶、[完了]ボタンをクリックして、インストールを終了します❷。

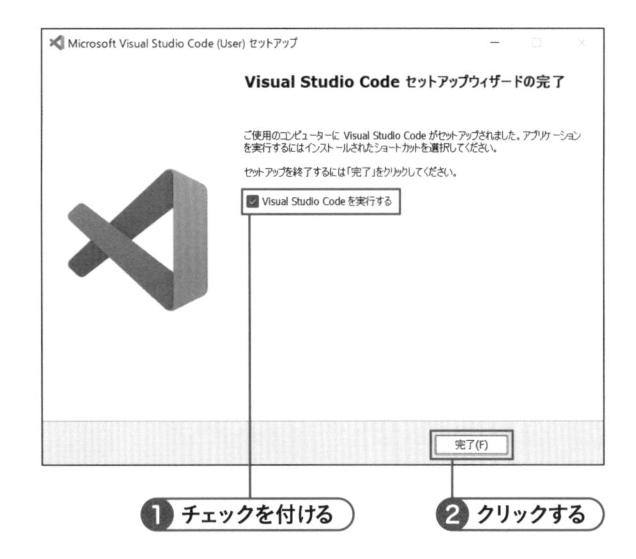

7 VSCodeの起動を確認する

VSCodeの起動を確認します。図のように表示されれば、インストールは成功です。

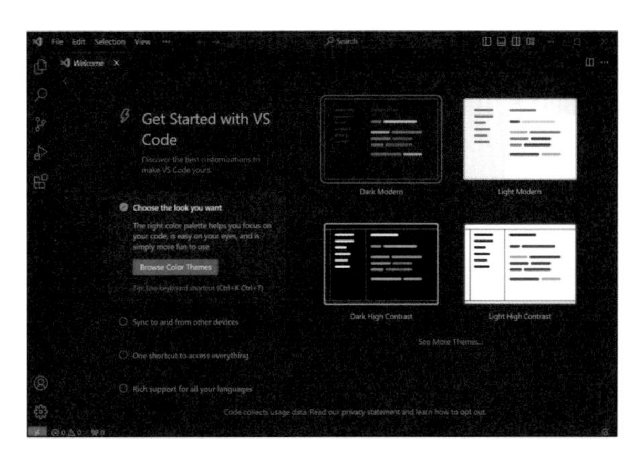

8 日本語化の準備をする

インストール直後の状態では、メニュー名などが英語で表記されています。使いやすくするために日本語化しておきましょう。

左のアクティビティバーから ([Extensions]ボタン)をクリックして❶、拡張機能の一覧を表示します。上の検索ボックスに「japan」と入力して❷、日本語関連の拡張機能が一覧表示されたら、[Japanese Language Pack for Visual Studio Code]欄の[Install]ボタンをクリックします❸。

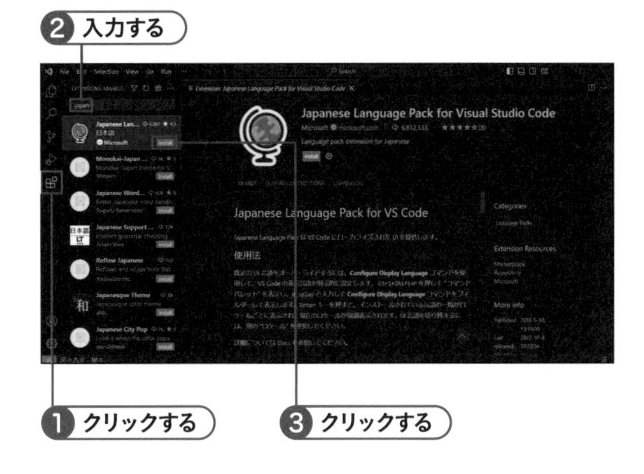

9 VSCodeを再起動する

画面右下にダイアログが表示されるので、[Change Language and Restart] ボタンをクリックします❶。

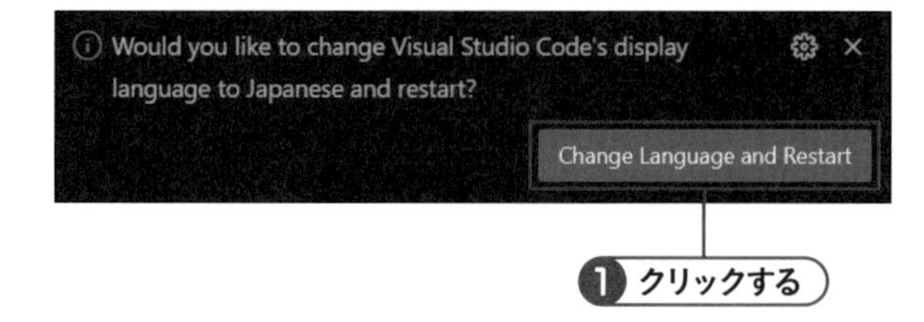

10 日本語化を確認する

VSCodeが再起動します。メニュー名などが日本語表記に替わっていれば、日本語化は成功です。

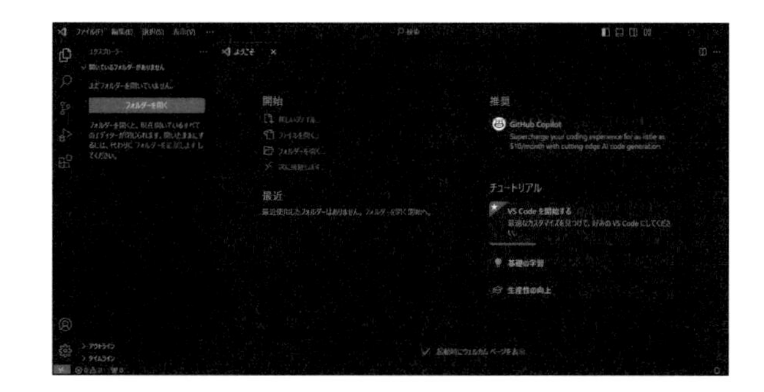

練習問題解答

第1章 練習問題解答

◉ 問題1

①○　②×　③×　④×　⑤○

解説

①正しい記述です。「目的を持って」という点が重要です。

②データの出し入れはデータベース管理システムの重要な機能ですが、そのほかにもユーザのアクセス管理や同時アクセス時のデータの保護など、データベース管理システムはデータベースの管理全般を行います。

③現在の主流はリレーショナルデータベースです。

④MySQLはリレーショナルデータベースに分類されます。

⑤正しい記述です。複数に分けたテーブルは主キーと外部キーとの紐づけによって、必要に応じて結合することもできます。

◉ 問題2

①テーブル　②レコード　③フィールド（カラム／列でも可）
④主キー（プライマリキーでも可）　⑤外部キー

➡ 19、21ページ参照

解説

ここで登場するキーワードはいずれも、リレーショナルデータベースを理解するうえでは基本的な用語です。19、21ページの図とも合わせて、頭に入れておきましょう。

第2章 練習問題解答

◉ 問題1

①×　②×　③×　④×　⑤×

解説

①MySQLには複数のデータベースが配置できます。

②mysqlクライアントはコマンドプロンプトなどで動作するコマンドラインツールです。

③SHOW DATABASE「S」です。細かいですが、複数形ですので注意です。

④テーブルではなく、データベースです。

⑤セキュリティ上の理由から、なんでもできてしまうrootユーザはできるだけ利用するべきではありません。

◉ 問題2

以下のようにmysqlクライアントを起動して、CREATE DATABASE命令を実行できていれば正解です。新規にデータベースを作成するには、mysqlクライアントにrootユーザでログインしてください。

解説

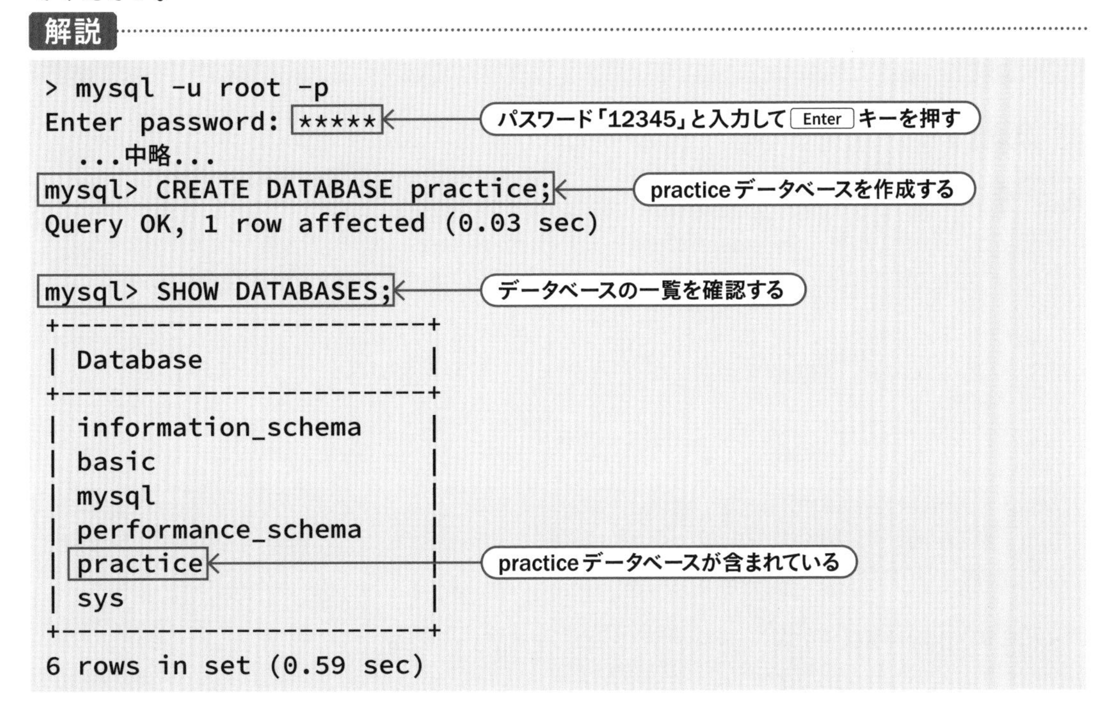

```
> mysql -u root -p
Enter password: *****
   ...中略...
mysql> CREATE DATABASE practice;
Query OK, 1 row affected (0.03 sec)

mysql> SHOW DATABASES;
+------------------------+
| Database               |
+------------------------+
| information_schema     |
| basic                  |
| mysql                  |
| performance_schema     |
| practice               |
| sys                    |
+------------------------+
6 rows in set (0.59 sec)
```

パスワード「12345」と入力して Enter キーを押す
practiceデータベースを作成する
データベースの一覧を確認する
practiceデータベースが含まれている

◉ 問題3

解説

mysqlクライアントを起動して、以下のような命令を実行できていれば正解です。新規にユーザを作成するには、mysqlクライアントにrootユーザでログインしてください。

```
mysql> CREATE USER hyamane@localhost ↵
    -> IDENTIFIED BY '12345';
Query OK, 0 rows affected (0.01 sec)

mysql> GRANT SELECT ON practice.* TO hyamane@localhost;
Query OK, 0 rows affected (0.01 sec)
```

hyamaneユーザがbasicデータベースにアクセスできないことを確認するには、以下のような手順で行います。

```
> mysql -u hyamane -p
Enter password: *****        ← パスワード「12345」と入力して Enter キーを押す
  ...中略...
mysql> USE basic;            ← basicデータベースに移動する
ERROR 1044 (42000): Access denied for user 'hyamane'@'localhost'
to database 'basic'
```

第3章 練習問題解答

◉ 問題1

解説

pianistテーブルを作成するには、mysqlクライアントから以下のような命令を実行してください。テーブルの確認には、SHOW TABLES／SHOW FIELDS命令のいずれかを使います。

```
> mysql -u root -p
Enter password: *****        ← パスワード「12345」と入力して Enter キーを押す
  ...中略...
mysql> USE practice;         ← practiceデータベースへ移動する
Database changed
mysql> CREATE TABLE pianist↵
    -> (name VARCHAR(20), birth DATE, death INT, award VARCHAR(50));
Query OK, 0 rows affected (0.11 sec)
                                         ↑ pianistテーブルを作成する

mysql> SHOW TABLES;          ← テーブルを確認する
+--------------------+
| Tables_in_practice |
+--------------------+
| pianist            |
+--------------------+
1 row in set (0.00 sec)

mysql> SHOW FIELDS FROM pianist;   ← テーブルを確認する
+-------+-------------+------+-----+---------+-------+
| Field | Type        | Null | Key | Default | Extra |
+-------+-------------+------+-----+---------+-------+
| name  | varchar(20) | YES  |     | NULL    |       |
| birth | date        | YES  |     | NULL    |       |
| death | int         | YES  |     | NULL    |       |
| award | varchar(50) | YES  |     | NULL    |       |
+-------+-------------+------+-----+---------+-------+
4 rows in set (0.02 sec)
```

◉ 問題2

解説

pidフィールドを追加し、awardフィールドを削除するには、mysqlクライアントから以下のような命令を実行してください。ここでは、「テーブルのフィールド構造を」と言われていますので、確認にはSHOW FIELDS命令を使います。

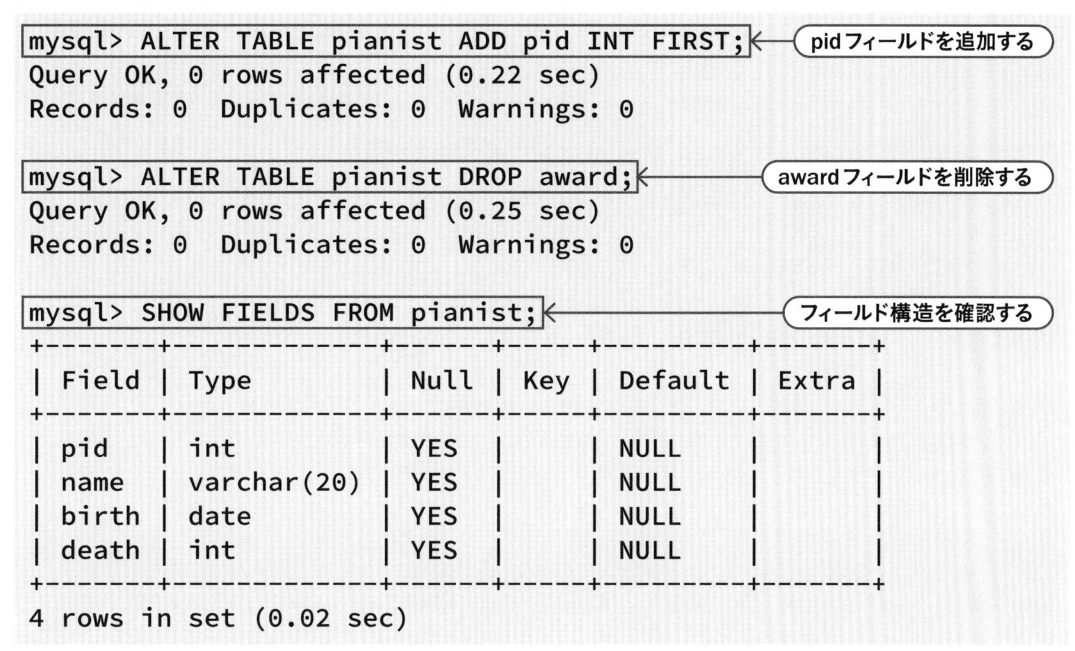

```
mysql> ALTER TABLE pianist ADD pid INT FIRST;
Query OK, 0 rows affected (0.22 sec)
Records: 0  Duplicates: 0  Warnings: 0

mysql> ALTER TABLE pianist DROP award;
Query OK, 0 rows affected (0.25 sec)
Records: 0  Duplicates: 0  Warnings: 0

mysql> SHOW FIELDS FROM pianist;
+-------+-------------+------+-----+---------+-------+
| Field | Type        | Null | Key | Default | Extra |
+-------+-------------+------+-----+---------+-------+
| pid   | int         | YES  |     | NULL    |       |
| name  | varchar(20) | YES  |     | NULL    |       |
| birth | date        | YES  |     | NULL    |       |
| death | int         | YES  |     | NULL    |       |
+-------+-------------+------+-----+---------+-------+
4 rows in set (0.02 sec)
```


結果として、以下のようなフィールド構造になっています。

フィールド名	データ型	概要
pid	INT	ピアニストコード
name	VARCHAR(20)	名前
birth	DATE	生年月日
death	INT	没年

◉ 問題3

解説

テーブルにレコードを登録するにはINSERT命令を、テーブルの中のレコードを確認するにはSELECT命令を、それぞれ実行します。INSERT命令には、フィールドリストを省略した構文と、省略せずにきちんと記述する構文とがあります。birthフィールドはシングルクォートで囲む必要がありますが、pidフィールドとdeathフィールドはシングルクォートで囲む必要はない点に注意してください。

```
mysql> INSERT INTO pianist
    -> VALUES (1, 'ホロヴィッツ', '1903-10-01', 1989);

mysql> INSERT INTO pianist (pid, name, birth, death)
    -> VALUES (2, 'リヒテル','1915-03-20', 1997);
Query OK, 1 row affected (0.05 sec)

mysql> SELECT * FROM pianist;
+------+--------------+------------+-------+
| pid  | name         | birth      | death |
+------+--------------+------------+-------+
|    1 | ホロヴィッツ | 1903-10-01 |  1989 |
|    2 | リヒテル     | 1915-03-20 |  1997 |
+------+--------------+------------+-------+
2 rows in set (0.00 sec)
```
省略構文でレコードを登録する
省略なしの構文でレコードを登録する
pianistテーブルの中身を確認する

第4章 練習問題解答

◉ 問題1

①主キー制約
②NULL
③NOT NULL制約
④デフォルト値
⑤外部キー制約
⑥主キー

解説

第4章で学んだ「制約」についてまとめています。それぞれの用語の説明や、構文の使い方をしっかり学んでおきましょう。

◉ 問題2

解説

あとから主キー制約を追加するには、ALTER TABLE命令を使います。主キーを追加したうえで、ここではINSERT命令を実行し、以下のようにエラーが確認できれば成功です（ただし、「第3章 練習問題」で同一のレコードをすでに登録していない場合はエラーに「なりません」ので、注意してください）。

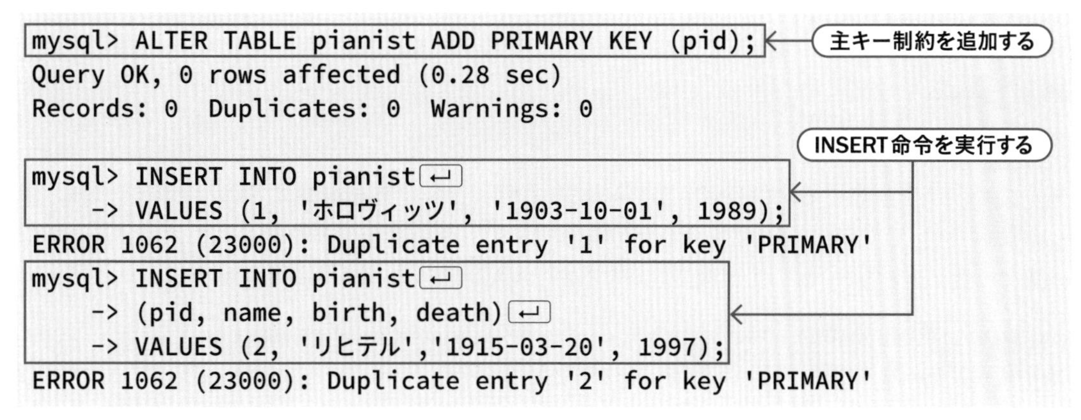

```
mysql> ALTER TABLE pianist ADD PRIMARY KEY (pid);
Query OK, 0 rows affected (0.28 sec)
Records: 0  Duplicates: 0  Warnings: 0

mysql> INSERT INTO pianist↵
    -> VALUES (1, 'ホロヴィッツ', '1903-10-01', 1989);
ERROR 1062 (23000): Duplicate entry '1' for key 'PRIMARY'
mysql> INSERT INTO pianist↵
    -> (pid, name, birth, death)↵
    -> VALUES (2, 'リヒテル','1915-03-20', 1997);
ERROR 1062 (23000): Duplicate entry '2' for key 'PRIMARY'
```

◉問題3

解説

あとからデフォルト値の設定を追加するには、ALTER TABLE命令を使います。デフォルト値を設定したうえで、birthフィールドを省略したレコード（内容はなんでもかまいません）を追加してみましょう。SELECT命令で確認したときに、デフォルト値が自動セットされていれば成功です。

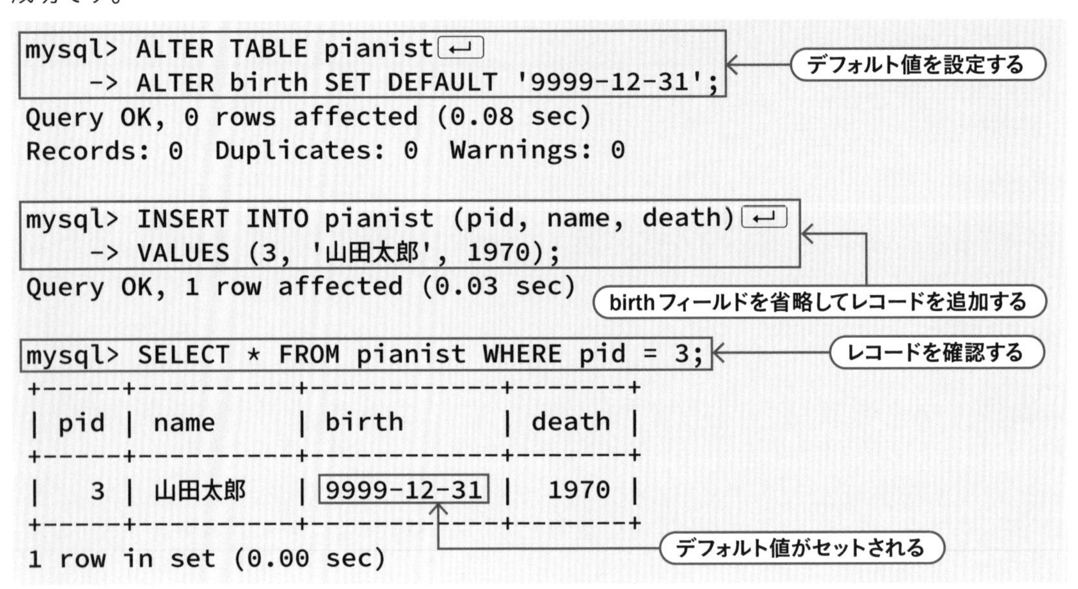

```
mysql> ALTER TABLE pianist⏎
    -> ALTER birth SET DEFAULT '9999-12-31';
Query OK, 0 rows affected (0.08 sec)
Records: 0  Duplicates: 0  Warnings: 0

mysql> INSERT INTO pianist (pid, name, death)⏎
    -> VALUES (3, '山田太郎', 1970);
Query OK, 1 row affected (0.03 sec)

mysql> SELECT * FROM pianist WHERE pid = 3;
+-----+----------+------------+-------+
| pid | name     | birth      | death |
+-----+----------+------------+-------+
|   3 | 山田太郎 | 9999-12-31 |  1970 |
+-----+----------+------------+-------+
1 row in set (0.00 sec)
```


◉問題4

解説

データベースを削除するのはDROP DATABASE命令、テーブルを削除するのはDROP TABLE命令の役割です。DROP DATABASE命令だけを実行してもテーブルごと削除されますが、ここでは問題文の指示どおり、「DROP TABLE」→「DROP DATABASE」の順番で命令を実行します。

```
mysql> DROP TABLE pianist;
Query OK, 0 rows affected (0.42 sec)

mysql> DROP DATABASE practice;
Query OK, 0 rows affected (0.08 sec)
```

pianistテーブルを削除する

practiceデータベースを削除する

第5章 練習問題解答

◉問題1

解説

データベースを作成するには、CREATE DATABASE命令を使います。また、データベースにダンプファイルを展開するには、SOURCEコマンドを使います。

ユーザに権限を与えるにはGRANT命令を使います。忘れてしまった人は、2-4を見直しましょう。

```
> mysql -u root -p
Enter password: *****
Welcome to the MySQL monitor.  Commands end with ; or \g.
...中略...

mysql> CREATE DATABASE practice;
Query OK, 1 row affected (0.01 sec)

mysql> GRANT ALL ON practice.* TO myusr@localhost;
Query OK, 0 rows affected (0.01 sec)

mysql> USE practice;
Database changed

mysql> SOURCE C:\data\basic.sql

mysql> exit;
```

ルートユーザでログイン

パスワード「12345」と入力して Enter キーを押す

practiceデータベースを作成

myusrユーザにすべての権限を付与

practiceデータベースに移動

practiceデータベースにデータを展開

◉問題2

解説

範囲を表すには比較演算子BETWEENを使います。論理演算子ANDを使って書くこともできますが、今回は問題文の指定から使いません。

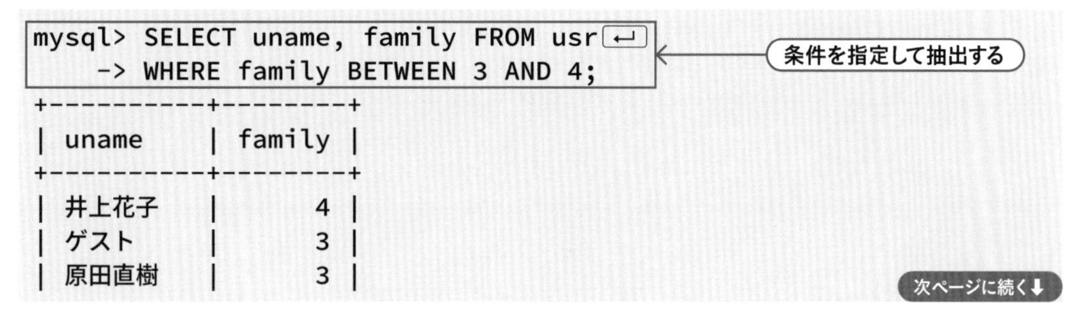

```
mysql> SELECT uname, family FROM usr ↵
    -> WHERE family BETWEEN 3 AND 4;
+----------+--------+
| uname    | family |
+----------+--------+
| 井上花子  |      4 |
| ゲスト    |      3 |
| 原田直樹  |      3 |
```


次ページに続く⬇

```
| 鈴木正一      |      4 |
| 山田祥寛      |      3 |
+----------+--------+
5 rows in set (0.00 sec)
```

別解として、次のように書いてもかまいません。

```
mysql> SELECT uname, family FROM usr↵
    -> WHERE family IN (3, 4);
```

◉ 問題3

解説

複数の条件式を組み合わせるには、論理演算子―ここでは「かつ」なので、AND演算子を使います。

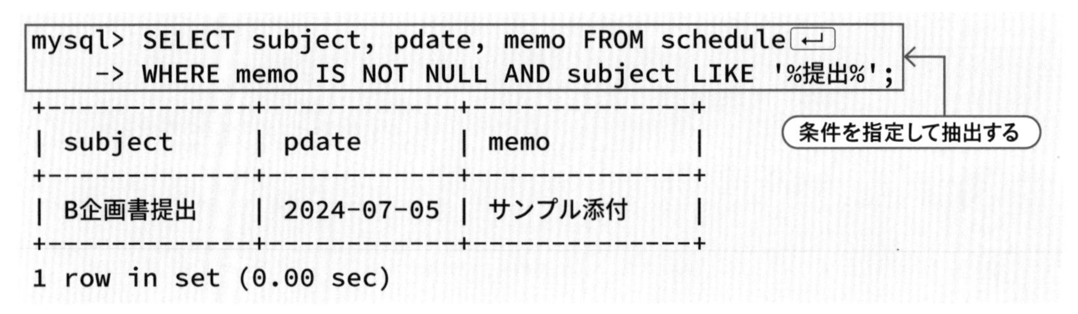

```
mysql> SELECT subject, pdate, memo FROM schedule↵
    -> WHERE memo IS NOT NULL AND subject LIKE '%提出%';
+-------------+------------+-------------+
| subject     | pdate      | memo        |
+-------------+------------+-------------+
| B企画書提出   | 2024-07-05 | サンプル添付  |
+-------------+------------+-------------+
1 row in set (0.00 sec)
```


◉ 問題4

解説

既存のレコードを更新するのは、UPDATE命令の役割です。134ページでは1つのフィールドを更新するだけでしたが、SET句ではカンマ区切りで複数のフィールドを更新することもできます。

```
mysql> UPDATE usr SET family = family + 1, passwd = '98765'↵
    -> WHERE uid = 'tsatou';
Query OK, 1 row affected (0.08 sec)
Rows matched: 1  Changed: 1  Warnings: 0
```

（レコードを更新する）

◉ 問題5

解説

既存のレコードを削除するのは、DELETE命令の役割です。SELECT命令と同じく、DELETE命令でも論理演算子を含んだ複合的な条件式を指定することができます。

```
mysql> DELETE FROM schedule
    -> WHERE uid = 'yyamada' AND pdate < '2024-07-01';
Query OK, 1 row affected (0.42 sec)
```

レコードを削除する

第6章 練習問題解答

◉ 問題1

①uid = 'yyamada'
②pdate DESC, ptime DESC
③3

➡144、148ページ参照

解説

このように、WHERE、ORDER BY句を組み合わせることもできます。問題文では「日時の新しいスケジュール」とあるので、ORDER BY句には、pdateフィールドだけではなく、ptimeフィールドもソートキーとして加える必要がある点に注意してください。

◉ 問題2

解説

レコードを集計するにはGROUP BY句を使います。ここではもっとも古いスケジュール日付と言っているので、集計関数MINで日付(pdateフィールド)を計算しましょう。

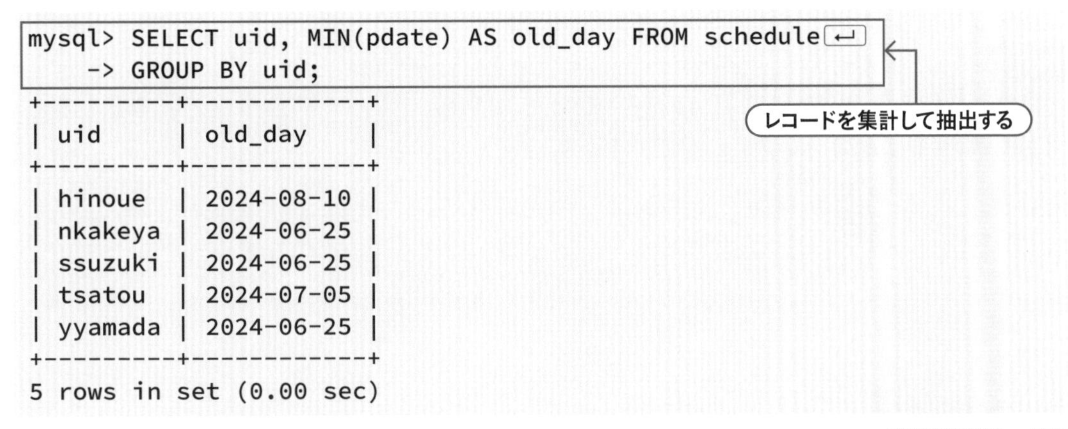

```
mysql> SELECT uid, MIN(pdate) AS old_day FROM schedule
    -> GROUP BY uid;
+---------+------------+
| uid     | old_day    |
+---------+------------+
| hinoue  | 2024-08-10 |
| nkakeya | 2024-06-25 |
| ssuzuki | 2024-06-25 |
| tsatou  | 2024-07-05 |
| yyamada | 2024-06-25 |
+---------+------------+
5 rows in set (0.00 sec)
```

◉問題3

解説

MySQLでは、本文に登場しなかったさまざまな関数が用意されています。そういった関数も基本的な記法さえ理解していれば、構文を見るだけで利用できるようになります。関数は、取得フィールドに対してだけではなく、条件式の中など、命令のありとあらゆる部分で利用できます。

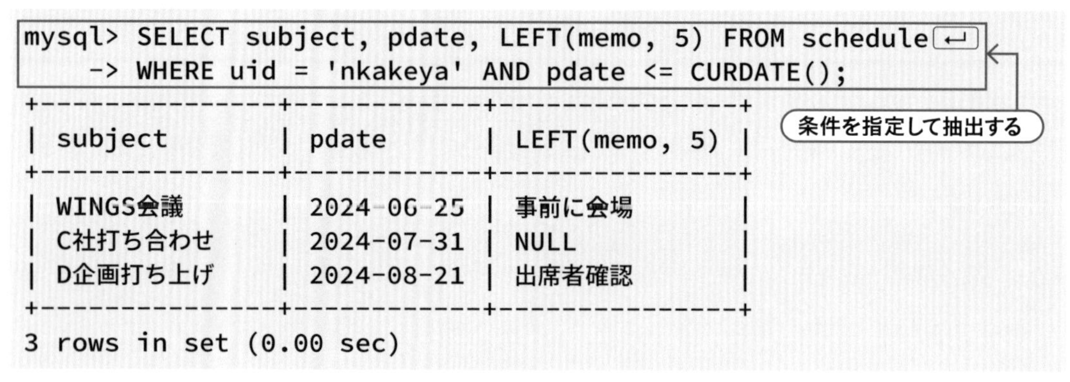

```
mysql> SELECT subject, pdate, LEFT(memo, 5) FROM schedule
    -> WHERE uid = 'nkakeya' AND pdate <= CURDATE();
+--------------+------------+---------------+
| subject      | pdate      | LEFT(memo, 5) |
+--------------+------------+---------------+
| WINGS会議    | 2024-06-25 | 事前に会場    |
| C社打ち合わせ | 2024-07-31 | NULL          |
| D企画打ち上げ | 2024-08-21 | 出席者確認    |
+--------------+------------+---------------+
3 rows in set (0.00 sec)
```


※結果は、今日の日付が2024年8月21日以降である場合のものです。

第7章 練習問題解答

◉問題1

①s.subject, c.cname, s.pdate
②AS
③INNER JOIN
④s.cid = c.cid

➡166ページ参照

解説

内部結合を行う場合、テーブルには別名を付けて、「別名.フィールド名」のように表記すると、SELECT命令をよりコンパクトに記述できます。

◉ 問題2

解説

内部結合に関する問題です。できあがった命令もやや長くなってきましたが、INNER JOIN句の部分と、WHERE句とを切り離して考えれば、1つ1つの部分でやっていることは単純です。まずは、条件なしで結合した命令を書いてみるなどして、順にSELECT命令を組み立てていくようにするとわかりやすいでしょう。

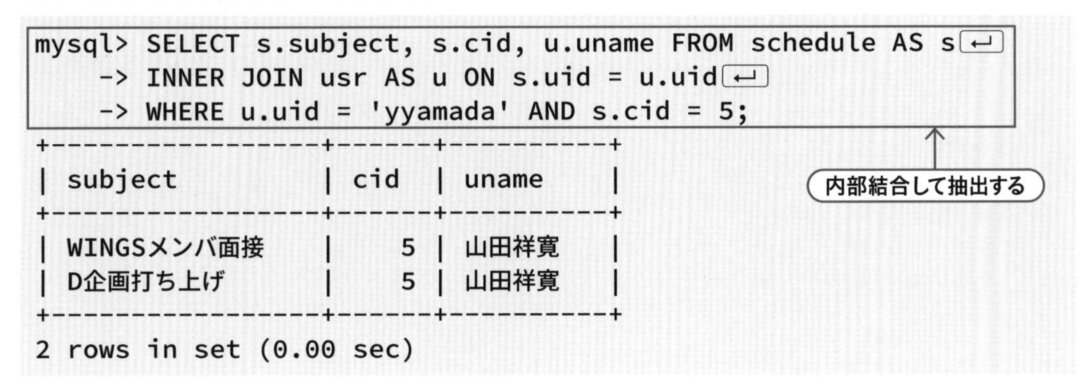

```
mysql> SELECT s.subject, s.cid, u.uname FROM schedule AS s↵
    -> INNER JOIN usr AS u ON s.uid = u.uid↵
    -> WHERE u.uid = 'yyamada' AND s.cid = 5;
+------------------+------+----------+
| subject          | cid  | uname    |
+------------------+------+----------+
| WINGSメンバ面接  |    5 | 山田祥寛 |
| D企画打ち上げ    |    5 | 山田祥寛 |
+------------------+------+----------+
2 rows in set (0.00 sec)
```

内部結合して抽出する

◉ 問題3

解説

サブクエリに関する問題です。サブクエリを書くときには、まずはメインクエリを書いて、そのうえでサブクエリを埋め込むようにするとわかりやすくなります。

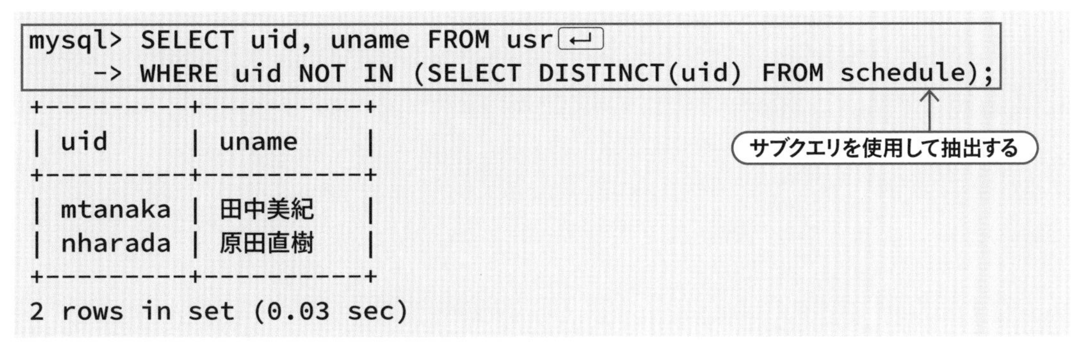

```
mysql> SELECT uid, uname FROM usr↵
    -> WHERE uid NOT IN (SELECT DISTINCT(uid) FROM schedule);
+---------+----------+
| uid     | uname    |
+---------+----------+
| mtanaka | 田中美紀 |
| nharada | 原田直樹 |
+---------+----------+
2 rows in set (0.03 sec)
```

サブクエリを使用して抽出する

◉ 問題4

解説

インデックスを作成するのはCREATE INDEX命令、インデックスの利用状況を確認するのはEXPLAIN命令の役割です。インデックスの利用状況を確認するには、インデックスを作成するフィールド（ここではpdateフィールド）を使った条件式を指定します。

```
mysql> EXPLAIN SELECT uid, subject, pdate FROM schedule ↵
    -> WHERE pdate = '2024-07-31'¥G
*************************** 1. row ***************************
           id: 1
  select_type: SIMPLE
        table: schedule
   partitions: NULL
         type: ALL
possible_keys: NULL
          key: NULL
      key_len: NULL
          ref: NULL
         rows: 10
     filtered: 10.00
        Extra: Using where
1 row in set, 1 warning (0.00 sec)

mysql> CREATE INDEX idx_pdate ON schedule (pdate);
Query OK, 0 rows affected (0.32 sec)
Records: 0  Duplicates: 0  Warnings: 0

mysql> EXPLAIN SELECT uid, subject, pdate FROM schedule ↵
    -> WHERE pdate = '2024-07-31'¥G
*************************** 1. row ***************************
           id: 1
  select_type: SIMPLE
        table: schedule
   partitions: NULL
         type: ref
possible_keys: idx_pdate
          key: idx_pdate
      key_len: 4
          ref: const
         rows: 2
     filtered: 100.00
        Extra: NULL
1 row in set, 1 warning (0.00 sec)

mysql> DROP INDEX idx_pdate on schedule;
Query OK, 0 rows affected (0.22 sec)
Records: 0  Duplicates: 0  Warnings: 0
```

第8章 練習問題解答

◉ 問題1

①× ②× ③○ ④× ⑤×

解説

①「クライアント」は「サーバ」の間違いです。

②動的なページでは、応答すべきファイルがあらかじめ用意されているわけではありません。応答の内容を「動的に」作成してクライアントに送信します。

③正しい記述です。

④PHPはWebページを作成するための言語なので、データベースにアクセスするにはSQLが必要です。

⑤たとえば、IISのようなWebサーバでもPHPは利用できます。

◉ 問題2

解説

以下の点が誤りです。

- スクリプトを囲むのは、<?php...?>
- 変数名$1xは正しくありません（変数名の2文字目は数字ではいけません）
- コード2行目の末尾にセミコロンがありません

なお、Printは慣例的な表記はprintですが、これは「間違い」ではありません。PHPでは命令の大文字／小文字は区別しないからです。

◉ 問題3

①PDO
②mysql:host=localhost;dbname=basic;charset=utf8
③query

解説

データベースに接続するにはPDOクラスを使います。②の接続文字列はデータベース環境によって書き換える必要がありますので、きちんと書き方を覚えておきましょう。

第9章 練習問題解答

◉ 問題1

①PDO
②query
③while
④$row = $stt->fetch()
⑤htmlspecialchars

➡240ページ参照

解説

テーブルからレコードを取り出す典型的なコードです。「接続」→「SELECT命令の発行」→「レコードのフェッチ」→「値の出力」、という流れの定石を今一度押さえておきましょう。

◉ 問題2

①prepare
②:uid, :subject, :pdate, :ptime, :cid, :memo
③$stt->bindParam
④execute

➡250ページ参照

解説

テーブルにレコードを登録する典型的なコードです。パラメータをあとから関連付けるためのプレイスホルダは、「:名前」の形式でSQL命令の中に埋め込むことができます。

サンプルファイルについて

本書で利用しているサンプルファイルは、以下のページからダウンロードできます。サンプルの動作を確認したい場合、長いコードの入力を簡略化したい場合にご利用ください。

https://gihyo.jp/book/2024/978-4-297-13919-3/support

ダウンロードサンプルは、以下のようなフォルダー構造になっています。

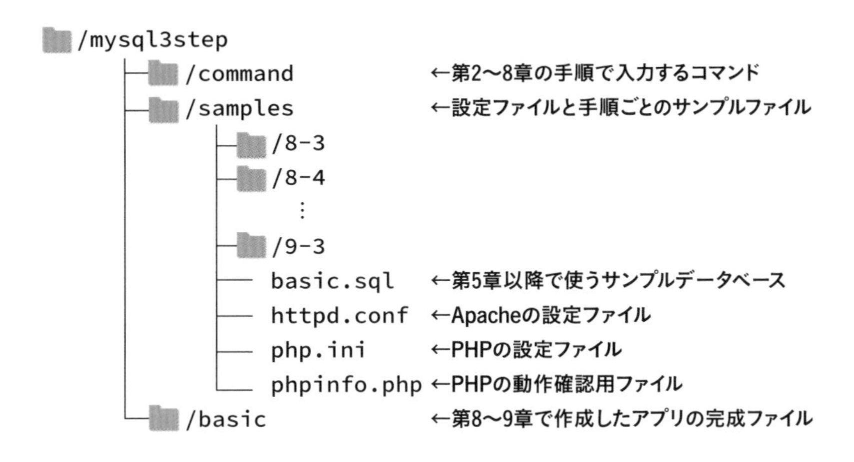

basicフォルダには第8～9章で作成したアプリの完成版が収録されています。basicフォルダごと「C:¥Apache24¥htdocs」フォルダにコピーすれば、本書の全手順を終えた完成ファイルがセットされます。

ソフトウェアおよびサンプルファイルについては、Windows 11 Pro上で動作を確認しています。それ以外の環境では動作しないこともありますので、あらかじめご了承ください。

COLUMN 旧バージョンのインストールファイル入手先

旧バージョンのインストールファイルは、それぞれ以下のURLから入手できます。動作検証バージョンについては、8ページを参照して、該当バージョンのファイルをダウンロードしてください。

- MySQL　https://downloads.mysql.com/archives/community/
- Apache　https://archive.apache.org/dist/httpd/
- PHP　https://windows.php.net/downloads/releases/archives/
- VSCode　https://visual-studio-code.jp.uptodown.com/windows/versions

索引

■記号

■A〜B

■C〜E

■F〜L

■M〜O

■P～W

■あ行

■か行

■さ行

■た行

■な行

■は行

■ま行

■や行

■ら〜わ行

略歴

［著　者］ **WINGSプロジェクト　山田 奈美**（やまだ なみ）
広島県福山市出身。武蔵野音楽大学卒業。自宅にてピアノ教室＆プログラミング教室を主宰し、子どもから大人まで指導。3つの仕事を抱えて多忙な日々を送っている。

［監修者］ **山田 祥寛**（やまだ よしひろ）
千葉県鎌ヶ谷市在住のフリーライター。Microsoft MVP for Visual Studio and Development Technologies。執筆コミュニティ「WINGSプロジェクト」代表。書籍執筆を中心に、雑誌/サイト記事、取材、講演までを手がける多忙な毎日。最近の活動内容は公式サイト（https://wings.msn.to/）を参照。

◉ブックデザイン：小川 純（オガワデザイン）
◉カバーイラスト：日暮 真理絵
◉DTP：安達 恵美了
◉編集：春原 正彦

3ステップでしっかり学ぶ
MySQL入門［改訂第3版］

2010年　1月25日　初　版　第1刷発行
2018年　3月　2日　第2版　第1刷発行
2024年　2月　7日　第3版　第1刷発行

著　者　WINGSプロジェクト　山田 奈美
監修者　山田 祥寛
発行者　片岡　巌
発行所　株式会社技術評論社
　　　　東京都新宿区市谷左内町21-13
　　　　電話　03-3513-6150　販売促進部
　　　　　　　03-3513-6160　書籍編集部
印刷／製本 図書印刷株式会社

定価はカバーに表示してあります。

ISBN978-4-297-13919-3 C3055
Printed in Japan

●お問い合わせについて
本書の内容に関するご質問は、下記の宛先までFAXまたは書面にてお送りください。なお電話によるご質問、および本書に記載されている内容以外の事柄に関するご質問にはお答えできかねます。あらかじめご了承ください。

〒162-0846
東京都新宿区市谷左内町21-13
株式会社技術評論社　書籍編集部
「3ステップでしっかり学ぶ
MySQL入門［改訂第3版］」質問係
FAX番号　03-3513-6167

なお、ご質問の際に記載いただいた個人情報は、ご質問の返答以外の目的には使用いたしません。また、ご質問の返答後は速やかに削除させていただきます。

URL●https://book.gihyo.jp/116